家具设计资料集

The Illustrated Handbook
of Furniture Design

上海大师建筑装饰环境设计研究所

康海飞　主编

同济大学 出版社
TONGJI UNIVERSITY PRESS

图书在版编目（CIP）数据

家具设计资料集 /康海飞主编. -- 上海：同济大学出
版社，2015.8
ISBN 978-7-5608-5878-4

Ⅰ.①家…　Ⅱ.①康…　Ⅲ.①家具—设计—资料—汇
编　Ⅳ.①TS664.01

中国版本图书馆CIP数据核字（2015）第148833号

家具设计资料集

上海大师建筑装饰环境设计研究所　康海飞　主编

出 品 人　支文军

责任编辑　胡　毅（huyi@china.com）

责任校对　徐春莲

封面设计　陈益平

排版制作　朱丹天

出版发行　同济大学出版社　www.tongjipress.com.cn

　　　　　（地址：上海市四平路1239号　邮编：200092　电话：021-65985622）

经　　销　全国各地新华书店、建筑书店、网络书店

印　　刷　上海中华商务联合印刷有限公司

开　　本　890mm×1240mm　1/16

印　　张　27.75

字　　数　888000

版　　次　2015年8月第1版　　2015年8月第1次印刷

书　　号　ISBN 978-7-5608-5878-4

定　　价　98.00元

内容提要

　　本书是国内外第一部家具设计资料图集，可谓举世之作。全书汇入 5 000 余个优秀、经典的家具设计图块，囊括古今中外各个时期、各种风格的家具设计图及文字介绍，包括国外从古埃及、古罗马到文艺复兴、巴洛克、洛可可、新古典主义、现代欧美，中国从商周到明、清、民国、仿古典、新中式等各个时期风格各异的家具，内容非常丰富。此外，书中还汇入了家具装饰艺术、五金配件、家具结构、家具人体功能尺寸等相关资料。全书内容新颖，图文并茂，资料丰富，通俗易懂，是一部相当实用的工具书。

　　本书可供家具、建筑、室内装饰、环境艺术、景观园林、工艺美术、舞台美术、车辆、船舶等行业的设计师、工程师、施工人员及大专院校的师生和广大爱好者参考使用。

编委会

主　　任：康海飞

委　　员（按姓氏笔画排序）：

王逢瑚　邓背阶　叶　喜　申黎明　关惠元　刘文金

陈忠华　李克忠　李光耀　宋魁彦　张大成　张宏健

张彬渊　张亚池　吴晓琪　吴智慧　吴贵凉　薛文广

戴向东　周　越

编委会委员由同济大学、西南交通大学、中国美术学院、东北林业大学、南京林业大学、中南林业大学、北京林业大学、西南林业大学、浙江农林大学等单位的 17 位教授、3 位副教授组成，其中有博士生导师 12 位、硕士生导师 5 位。

主　　编：康海飞

副 主 编：石　珍

主编单位：上海大师建筑装饰环境设计研究所

设计策划：康熙岳　竺雷杰

技术指导：康国飞　周锡宏　葛轩昂

参　　审：刘国庆　许志善　汪伟民　李　松　张　振

设计人员（按工作经历排序）：

康淑颖　吴易侃　虞　佳　赵月姿　葛中华　王　敏

魏　娇　郑冬毅　孔一凡　吴　洁　张　霞　张　瑾

王　豪　王俊杰　陈伟俊　崔　彬　张倍勤　周　琦

施　颖　查　英　都嘉亮　易建军　金佳岚　吴琦凤

陈潘丹　黄舒静　岑　怡　金文雯

前　言

家具是人类社会生活和物质文化生活的一部分，家具的发展是世界各国、各地区不同历史时期文化艺术、建筑风格、审美情趣、科学技术和生活方式的综合体现。设计家具的目的就是要最大限度地满足人类日益增长的物质和文化生活的需要，丰富和提高人们的审美能力。

家具设计是指家具在功能、形式、材料、工艺及成本等条件制约下绘成图样方案的总称。使用功能、造型艺术、材料和技术条件是构成家具设计的四个基本要素，它们共同构成家具设计的整体。唯有功能、形式和价值结合成为一体的家具设计才是成功的设计。家具设计也需要与多学科结合，如人体工程学、材料学、美学等科学知识与艺术知识，才能提高到一个更高更新的水平。现代工业的发展使得家具成为艺术设计与工业设计高度发挥的结晶。

中国是世界家具业第一生产大国，最高年生产值达到 10 100 亿元人民币，约占全球家具业年产值 40% 的份额。目前，中式家具正在由仿明清家具向新中式家具及新海派家具转型；西式家具业基本上都是仿欧美家具，缺少中国人独创的家具风格，因此家具产品难以进入米兰国际家具展。我国家具设计师肩负着重大的使命。

我国中式家具有着悠久的历史和优良的传统，在世界上自成体系，它的完美而高超的艺术水平赢得了人们的赞赏。我们应当吸收其中精华，融汇贯通，借此充实自己的设计，同时吸收国外优秀家具设计作为我们的借鉴，将它融化在我们民族家具的设计里。此外，必须研究家具的"民族性"、"时代性"、"艺术性"、"多样性"、"实用性"，并且熟悉家具生产的新材料、新工艺、新设备，充分发挥家具艺术的独创性，继续发扬中国传统家具的艺术风格，把高新技术与新设备、新材料与新风格结合起来，开发出既能体现时代气息，又带有浓郁民族特色，适应于现代工业化生产的中式家具形式，越是民族的，越是世界的，使中国家具大量地走向世界。

本书在 2008 年版《家具设计资料图集》的基础上根据读者的反馈意见修订而成，全书具有非常丰富的家具图样以及简洁的文字论述，表达直观，容易掌握，理论与实际相结合，达到了实用的效果。家具虽是一个传统行业，但它的新品种、新材料、新设备、新工艺发展速度迅猛，设计涉及的内容较多，知识广泛。本书由于篇幅有限，很多内容尚未收编，有待再版时补充。鉴于我们编写的水平有限，难免存在疏漏和不足之处，希望广大读者批评指正。读者咨询电话：021-56310018

康海飞

编者的话

　　本书是为了满足当前家具设计、生产、教育、科研等多方面需要而撰写的。全书收编了大量家具图样，内容丰富，涵盖了国内外古今家具设计优秀作品，能让读者开阔眼界和思路，可以在揣摩领会之后，于实际设计过程中借鉴，这是学习和应用家具设计的捷径。

　　家具与人们的生活、工作、学习、旅游、休息等息息相关。因此，无论建筑、室内装饰、景观、园林、展示、艺术、工业、车辆与船舶等行业都离不开家具设计。本书内容适合以上各个行业的设计师、工程师、工艺美术师、画家、施工人员，以及大专院校师生和广大爱好者阅读参考。

　　家具的种类繁多，本书中家具图样基本上是按照家具各个时期的风格、家具的使用场合和家具的使用材料进行分类。

　　根据家具各时期的风格分类，中国家具可分为商、周、秦、汉、魏晋、隋、唐、五代、宋、元、明、清、民国、现代等；国外家具可分为古代、中世纪、文艺复兴、巴洛克、洛可可、新古典主义、反传统运动、功能主义、后现代主义等。

　　根据使用场合分类，家具可分为民用家具和公用家具两大类。民用类家具是人们居家生活所必需的各种类型家具，按使用场合划分为客厅家具、餐厅家具、书房家具、卧室家具、儿童房家具、厨房家具、卫生间家具等。公用类家具是公共建筑室内外供人们使用的家具，按使用场合划分为办公家具、商业家具、餐饮家具、宾馆家具、公共建筑家具、学校家具、室外家具等。公共建筑家具是指歌舞厅、影剧院、报告厅、礼堂、体育馆、车站、码头等供大众使用的家具；室外家具泛指专供室外的平台、广场、露天停车场、街道、路边或半室外的阳台、走廊等使用的家具。

　　根据使用材料分类，家具可分为木材类家具、人造板类家具、竹藤类家具、金属类家具、塑料类家具、玻璃类家具、石材类家具、软垫类家具、纸类家具、复合材料家具等。

　　近几年在中国市场上最为流行的家具，中式有海派家具、新中式家具、仿明清家具；西式有美式家具、新欧式家具、新古典家具等。

《家具设计资料集》编委会

目录

前言

编者的话

国外古代及近代家具篇

01　国外古代前期家具

埃及 2

希腊 4

罗马 6

02　欧洲中世纪家具

拜占庭 8

哥特式 10

03　欧洲文艺复兴时期家具

意大利 12

法国 14

英国 16

德国 17

西班牙、葡萄牙 21

04　巴洛克家具

法国路易十四时期 22

德国 24

英国 26

英国威廉·玛丽时期 27

05　洛可可家具

法国路易十五时期 29

英国 34

英国乔治时期 37

德国 41

意大利 44

西班牙 45

美国殖民时期 46

06　新古典主义家具

法国路易十六时期 47

法国执政内阁时期 51

法国帝政时期 53

英国罗伯特·亚当风格 57

英国赫普尔怀特风格 59

英国谢拉顿风格 60

英国摄政时期 62

英国维多利亚时期 66

07　欧式家具装饰艺术

人物纹样 67

植物纹样 69

动物纹样 71

台面 73

柜面 74

顶帽 76

床屏 77

椅背 79

扶手 83

脚型 85

线型 88

锁孔 89

金属拉手 90

国外现代家具篇

08　国外现代设计大师家具
吉瑞特·里特维德 ·················· 96
马塞尔·布劳耶 ···················· 97
密斯·凡·德·罗 ·················· 98
勒·柯布西耶 ······················ 99
阿尔瓦·阿尔托 ··················· 100
埃罗·沙里宁 ····················· 101
查尔斯·伊莫斯 ··················· 102
阿诺·雅克比松 ··················· 103
奥托·瓦格纳 ····················· 104
安东尼·高迪 ····················· 105
查尔斯·瑞恩·麦金托什 ········· 106
让·努韦尔　约瑟夫·霍夫曼 ····· 107
沃尔特·格罗皮乌斯　罗伯特·文
丘里 ····························· 108
盖·奥兰蒂 ······················· 109
弗兰克·盖里 ····················· 110
约瑟夫·弗兰克　理查德·迈耶
································· 111
马里奥·博塔 ····················· 112
其他著名大师 ···················· 113

09　现代欧美家具
美式民用家具 ···················· 140
新欧式民用家具 ·················· 144

10　欧美家具结构
椅子结构 ························· 148
沙发床垫构造 ···················· 151
沙发结构 ························· 152
翼状沙发椅结构 ·················· 153
转椅结构 ························· 154

中国古代及近代家具篇

11　中国古代前期家具
商、周时期 ······················ 156
春秋战国时期 ···················· 157
秦、汉、三国时期 ················ 158

12　中国古代中期家具
两晋、南北朝时期 ················ 159
隋、唐、五代时期 ················ 160

13　中国古代后期家具
宋代 ····························· 161
辽、金时期 ······················ 162
元代 ····························· 163

14　中国古代明式家具
椅类 ····························· 164
凳类 ····························· 167
桌类 ····························· 168
案类 ····························· 171
几类 ····························· 173
床榻类 ··························· 174
柜架类 ··························· 175
其他类 ··························· 177

15　中国古代清式家具
椅类 ····························· 178
凳类 ····························· 181
桌类 ····························· 183
案类 ····························· 186
几类 ····························· 187
床榻类 ··························· 189
柜架类 ··························· 191
其他类 ··························· 193

16　中国近代民国家具
椅类 ····························· 195
桌台类 ··························· 198
床榻类 ··························· 201
柜架类 ··························· 202
沙发类 ··························· 206

17　中国仿古典家具
桌类 ····························· 207
椅类 ····························· 208
凳类 ····························· 209
案类 ····························· 210
几类 ····························· 211
床榻类 ··························· 212
柜架类 ··························· 213
其他类 ··························· 219

中国现代家具篇

18　明清家具装饰艺术

用不同材料装饰家具……………220
结子纹样……………224
牙板纹样……………225
牙头纹样……………226
站牙（底座）纹样……………227
角牙纹样……………228
横材和立柱的端头纹样……………229
椅背纹样……………230
案桌挡板纹样……………231
挂檐纹样……………232
门罩纹样……………233
围栏纹样……………234
柜面……………235
雕花纹样……………237
木雕书法……………238
金属拉手……………239
线型……………240
脚样……………241

19　明清家具结构

榫接合……………242
零件接合……………243
拼接结构……………246
攒边结构……………247

20　新中式民用家具

卧室家具……………250
客厅家具……………251
餐厅家具……………252
书房家具……………253

21　中国现代民用家具

玄关鞋柜……………254
客厅家具……………255
客厅沙发……………256
餐厅家具……………259
卧室家具……………262
书房家具……………265
儿童家具……………267
组合家具……………269
套装家具……………270
厨房家具……………271
浴室家具……………275
户外家具……………277
铁艺家具……………279
藤艺家具……………283

22　中国现代公用家具

会议室家具……………286
报告厅家具……………288
接待前台……………290
办公家具……………292
学校家具……………297
幼儿园家具……………300
实验室家具……………304
图书馆家具……………307
展览家具……………312
商业家具……………314
会场家具…………320
影剧院家具……………322
剧场休息沙发……………325
餐饮家具……………326
宾馆家具……………331
宴会厅家具……………338
娱乐家具……………341
KTV包房家具……………343
医院家具……………345
寺院家具……………350
法院家具……………352
宿舍家具……………354
候客家具……………357
办公椅……………361
钢管椅……………364
折叠床……………366
曲木椅……………368
钢制柜架……………372

23 现代家具装饰艺术

木材与藤材 ……………… 374

金属与玻璃、石材等 ……… 375

织物与皮革 ……………… 376

24 现代家具结构

抽屉、脚盘结构 …………… 377

部件装配结构 …………… 378

榫结构 …………………… 380

木材连接 ………………… 382

覆面空心板结构 ………… 383

基本知识篇

25 明清家具构件名称

椅、插屏、柜架、墩 ……… 386

桌、案、凳、几 …………… 387

床、橱、镜台、几、面盆架 …… 388

26 现代家具五金件

五金件名称 ……………… 389

五金配件 ………………… 390

27 家具人体功能尺寸

客厅、影音室 ……………… 405

卧室 ……………………… 406

厨房 ……………………… 407

卫生间 …………………… 409

会议室、接待室 …………… 410

办公室 …………………… 411

一般餐厅 ………………… 415

中式餐厅 ………………… 417

日式餐厅 ………………… 418

西餐厅、酒吧 ……………… 419

咖啡厅 …………………… 420

茶吧、茶坊 ……………… 421

宾馆大堂、宾馆客房 ……… 422

棋牌室、KTV包房 ………… 423

美发厅、美容院 …………… 424

银行营业厅 ……………… 425

图书馆 …………………… 426

影剧院、报告厅 …………… 428

病房 ……………………… 429

牙科诊所、儿童医院 ……… 430

儿童房、青少年房、幼儿园 …… 431

商店 ……………………… 432

参考文献 …………………… 433

国外古代及近代家具篇

古埃及家具，一般指的是公元前27世纪—公元前4世纪时期的埃及家具。古埃及的贵族们，在古王国时期就开始使用椅子、凳子和床等家具，并在上面饰以金、银、宝石、象牙、乌木，还做了细致的雕刻，如菲尔斯女王的黄金床和坐椅等。埃及宫廷的家具是统治者地位的象征，在精雕细刻之后，还要涂以亮丽的水性涂料，贴上金箔，嵌上宝石、瓷片。古埃及人最擅长贴金箔技术。

埃及的家具，如桌椅、柜子、棺椁等，都是经过油漆的。柜子和珍宝箱大多以色彩明快的几何图形装饰。装饰较为华美的椅子，则镶嵌着象牙或珍珠母。其装饰图案的风格多采用工整严肃的木刻狮子、行走兽蹄形腿、鹰柱头与植物图案等。在古埃及家具中雕刻装饰最精致的是图坦卡蒙王坐椅。王坐椅腿为雕刻动物腿，两侧扶手为狮子身，靠背上的贴金浮雕是表现主人生前生活的场景。

古埃及家具早期主要以折凳为主，这种折凳的四腿如剪刀状分两组交叉，脚踏接地部位常用鸭嘴图案的雕刻装饰。矮凳和矮椅为较普遍使用的坐椅形式，两者均由四根方腿组成，座位多采用木板或草编制成。早期的椅子靠背很低，在后背与座面间以金属压条加以固定，并饰以漂亮的金属钉或象牙钉。靠背上还饰以彩绘，进行雕刻、镶拼、镶嵌珠宝、瓷片等，椅子腿部则以多种动物腿形出现。到后期，出现了软垫高背靠椅。

古埃及的床和榻，以结实的木结构支撑，床架的两块侧板上打上扁长的孔，将棕绳或皮绳穿过小孔编成床面，床面上铺上厚厚的床垫和褥子，再罩上亚麻布的床单。

箱柜也有多种形式，包括长方形柜子、珍宝箱以及形似柜子的棺椁等，有的箱子采用藤条、棕绳、蒲草和柳条编织，有的还饰以木雕、彩绘或加以镶嵌，装饰得十分美丽。

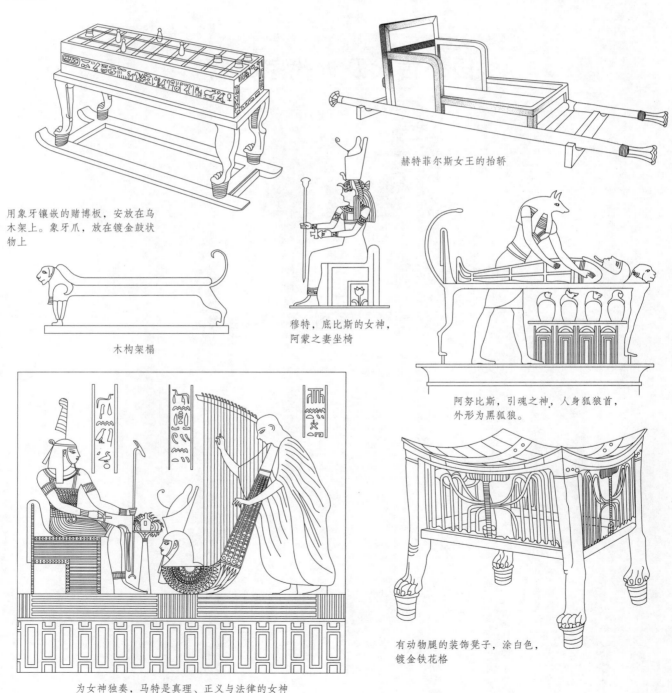

用象牙镶嵌的赌博板，安放在乌木架上。象牙爪，放在镀金鼓状物上

木构架榻

赫特菲尔斯女王的抬轿

穆特，底比斯的女神，阿蒙之妻坐椅

阿努比斯，引魂之神，人身狐狼首，外形为黑狐狼。

为女神独奏，马特是真理、正义与法律的女神

有动物腿的装饰凳子，涂白色，镀金铁花格

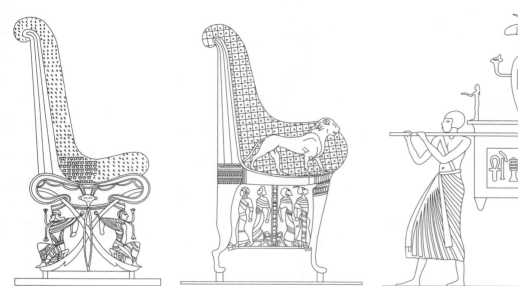

软垫高背靠椅

古埃及壁画中的大扛箱

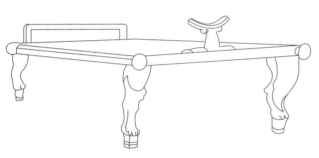

赫特菲尔斯女王的黄金床和坐椅

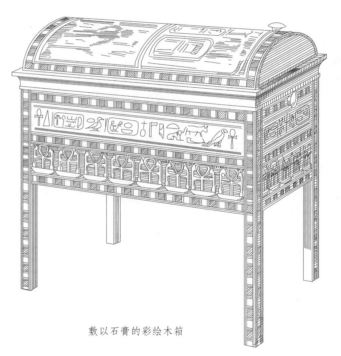

敷以石膏的彩绘木箱

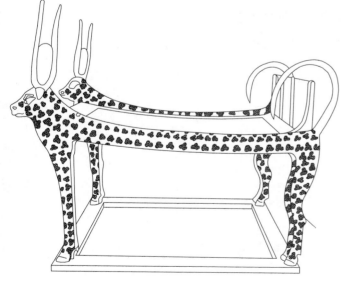

神牛床，木制，涂石膏粉和镀金

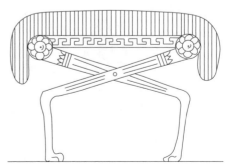

×形兽爪脚的软垫折叠凳

古希腊家具吸收了东方文化艺术，经历了数千年的锤炼才形成自己独特的艺术风格，为人类留下了丰厚的遗产。它是欧洲古典家具的源头之一，它实现了功能与形式的统一，表现出了自由活泼的气氛，线条简洁、流畅，造型轻巧，构图合理，比例恰当，力学结构和受力状态良好，使用舒适方便。

在家具装饰的风格上，也可看出埃及艺术风格的应用。古希腊家具的用材主要以木材为主，包括橄榄木、雪松、榉木、枫木、乌木、水曲柳、针叶材等；兼用青铜、皮革、亚麻布、大理石等材料，同时还采用象牙、金属、龟甲等作装饰材料。古希腊家具多采用精美的油漆涂饰，最常见的装饰是在蓝色底漆上画着代表希腊装饰特色的棕榈带饰和"————"形花纹图案。雕刻图案起初是从埃及风格衍生出来的宝座椅式样，其脚形已经完全动物化了，有时椅子的脚、腿部为雕刻动物翅形、人面狮身或一些类似的图案。

古希腊艺术最完善的时期是公元前5世纪，其家具上的装饰图案也形成了自己独特的风格。宝坐椅、床榻的直方腿显然是纯希腊风格的。腿一般雕刻有玫瑰花结和一对棕叶饰。

座具形式主要有三种，即宝座、椅子和凳子。椅子最能代表古希腊的工艺技术水平，当时最具特色的椅子是克里斯莫斯椅，它是一种雅致的、结构十分漂亮匀称的椅子，其靠背的线条极为优美。后来，不论任何地方只要是一件受希腊风格影响的家具，那么它一定是这种克里斯莫斯椅风格的再现。

这时的凳多加上了软垫，另外还有一种×形腿折叠凳，这种凳在古埃及时就已被人们所喜爱，到古希腊时则应用更加广泛，形式也更加丰富多样。主要有三种不同的形式：一种是以动物腿形出现的交叉式，一种是以动物腿形出现的不交叉式，第三种是无装饰直腿交叉式。这类凳的折叠座面都用皮绳等编织而成。

榻是古希腊比较常见的家具形式之一。榻的两头或一头有头靠，框架和四腿通常为大理石或青铜制成，再镶嵌以象牙、龟甲、贵金属等作装饰，榻面多以皮绳或皮带绷成，由于榻的尺寸较高，所以前面大多要放置一个脚凳。

古希腊的桌子，低矮而又可以活动，供桌和餐桌多为铜质，由四条腿构成。

希腊沙发椅由埃及的床发展而来，但是床的踏脚板和独立的头靠已经没有了。腿加长，主要呈矩形结构，而不是弯曲的或雕刻的，头部更高，形成支柱。一些沙发有独立的青铜色头靠。头靠由细绳和皮条组成的骨架和厚靠垫组成。整个沙发用装饰华丽的羊毛或亚麻布制品所覆盖。长沙发椅的腿与栏杆用木料、宝石或金属装饰或镶嵌；一种特别令人喜爱的基本花纹图案是有扇形叶的矮棕榈。椅脚用象牙或银制成。希腊人曾创作出一张有吸引力的小圆桌，有三只带蹄的鹿腿造型。

多种多样的凳子中，一种轻便可折叠的凳子特别让人喜爱，还有一种很受欢迎的凳子，它有四条镟木腿，有时候用枨进行加固。还有许多与椅子或者睡椅相匹配的低凳，其造型特点是小的、向外弯曲的、有狮子爪的动物腿。

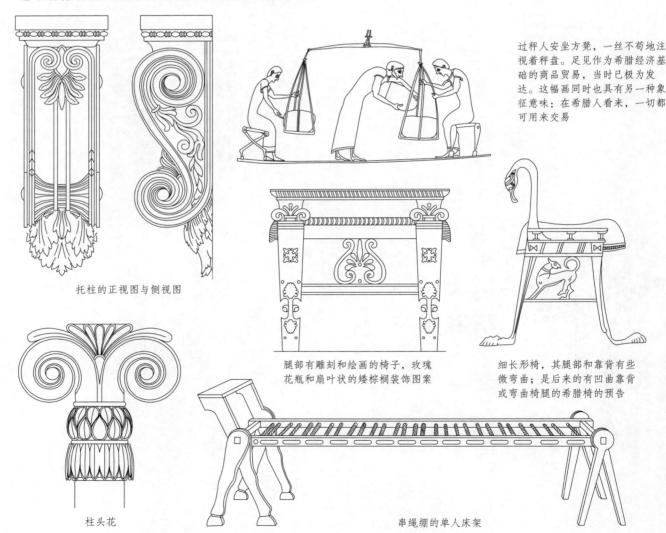

过秤人安坐方凳，一丝不苟地注视着秤盘。足见作为希腊经济基础的商品贸易，当时已极为发达。这幅画同时也具有另一种象征意味：在希腊人看来，一切都可用来交易

托柱的正视图与侧视图

腿部有雕刻和绘画的椅子，玫瑰花瓶和扇叶状的矮棕榈装饰图案

细长形椅，其腿部和靠背有些微弯曲；是后来的有凹曲靠背或弯曲椅腿的希腊椅的预告

柱头花

串绳绷的单人床架

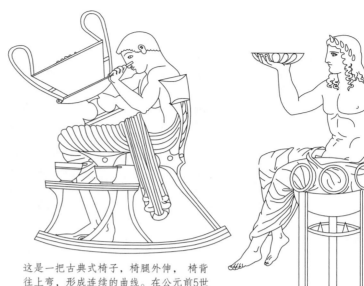

这把折叠凳的架做成了交叉的动物腿和爪形，座板为革或棉布
（约公元前470年，底尔菲博物馆）

这是一把古典式椅子，椅腿外伸，椅背往上弯，形成连续的曲线。在公元前5世纪时腿下无底座，椅背上部有一水平宽板可将肩部靠上，旁边三角小桌的曲线和椅子一样（"椅子和小桌"瓶罐彩绘，公元前475—公元前450年，米兰，托诺收藏）

公元前6—公元前5世纪希腊浮雕上的家具形象

教员为学生教授文学、算术、音乐等课程。希腊公民常常兴致勃勃地去看戏

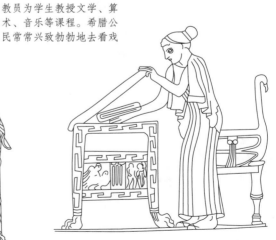

有动物脚的装饰箱；镟木腿扶手椅，靠背上端为鸟头造型，有两块厚座垫
（公元前5世纪洛可里的赤陶浮雕）

罗马艺术的历史地位就是传递了希腊艺术，但只是简单地重复并发挥或丰富希腊发达的造型和装饰。他们仅在靠椅、躺椅和几种具有特色的桌子形式及材料等几个方面有所创新。

罗马家具中常见的装饰方法有雕刻、镶嵌、绘画、镀金、贴薄木片、油漆等。装饰图案主要有：圆雕的带翼状人或狮子、胜利女神、花环桂冠、天鹅头或马头、动物脚、动物腿、植物、柱头、勋章、人物、海豚及水禽等；罗马家具中较常用的图案是莨苕叶形，这种图案的特性在于把叶脉轻琢慢雕，看起来高雅、自然；另外也用漩涡形装饰家具，这在后来的家具中很常见。

罗马椅的座面一般较高，多与脚凳并用。从罗马宝坐椅中衍生而来的最有意义的椅子形式是18世纪的桶形椅，其靠背和扶手连为一体，罗马宝坐椅对后来欧洲椅子设计的影响是很大的。

折叠凳是罗马家具设计的一大贡献，其腿部弯曲成×形，常用青铜制成，偶尔也设计一个低靠背。罗马脚凳主要偏于扁长方盒子形，侧面常有富丽的装饰。有时每个角上有一个完整的圆雕天使，或狮身人面像，或一个想像的带翼的动物及一些类似图案。

古罗马时期的榻与床头逐渐升高，形成近似今天的床头，镶制形式的腿与完全接地的水平棒相连接，瓦形头靠顶端最常见的是马头或骡头。下端一般为圆雕头像，头靠顶端偶尔也可见天鹅头。青铜榻的尾部与头靠相似，并进行华丽的装饰，常见的有用银镶嵌的花、叶、神话故事中的事物等。

罗马桌子其腿为曲线形，且有富丽的装饰。罗马人也设计了圆形或长方形的桌面，中间仅有一只腿支撑。桌面呈圆形，腿形为三条动物腿形，这些桌子或三腿桌在设计过程中变化多样。细长的青铜腿桌，装饰华丽，可称之为精致的工艺品。

罗马箱子其外形与埃及和希腊箱子相似。橱体为长方形，四只短脚，装搁板和橱门。

罗马艺术是历史上吸收其他民族文化特征而形成自己艺术特色的典范。古罗马的家具艺术对于后来的影响很大，文艺复兴时期及新古典主义时期都是由于受罗马艺术风格的影响而兴起的。

罗马式样的家具是整个罗马帝国时代工匠们创造出来的。公元1世纪末期时，有着高背和厚垫座、造型独特的罗马沙发出现了。低矮的脚凳同长沙发椅、椅子和凳子配套使用。

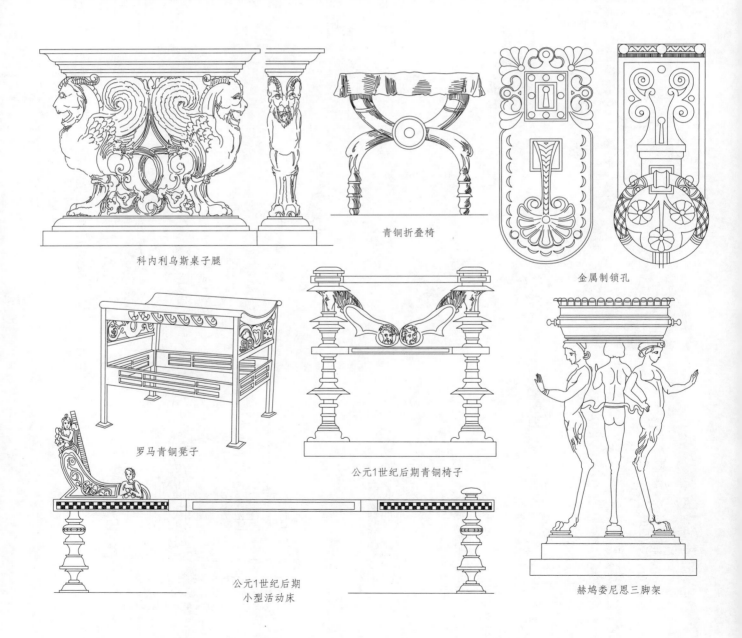

科内利乌斯桌子腿

青铜折叠椅

金属制锁孔

罗马青铜凳子

公元1世纪后期青铜椅子

公元1世纪后期
小型活动床

赫鸠娄尼恩三脚架

棕榈片条雕刻饰带

高度程式化的涡卷式叶簇装饰

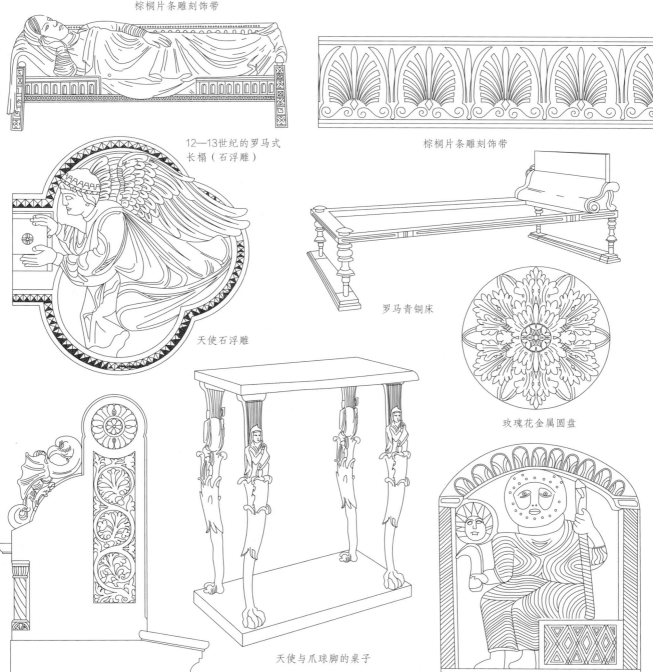

12—13世纪的罗马式
长榻（石浮雕）

棕榈片条雕刻饰带

天使石浮雕

罗马青铜床

玫瑰花金属圆盘

座位侧面装饰

天使与爪球脚的桌子

在突尼斯发现的农神巴勒纪念石碑

拜占庭帝国的家具装饰基本形式上继承了希腊后期的风格。值得注意的是采用了象牙雕刻装饰，镟木技术和象牙雕刻在拜占庭手工艺中极为重要。拜占庭家具风格出现于11—12世纪，其主要特点是采用了由建筑的"拱脚"衍生出来的"连拱廊"。连拱由一系列断的柱状拱顶组成，常做成浅浮雕或透雕，整个装饰由菱形、半圆形、圆形图案嵌入表面。家具装饰图案也吸收了东方风格。十字架、鸽子、羊、狮子、大象等动物图案和圆圈、连珠纹、绳纹、回纹等几何图案都是当时十分流行的家具装饰纹样。家具仅限衣箱、桌和椅、大柜和床，其所有权归教堂和贵族，一般平民的生活状况与古代埃及相似。

座具变成了当时反映身份的象征，仅出身高贵的阶层才坐在椅子上，典型的代表作品是象牙雕刻王座。

拜占庭风格以精致的象牙浮雕著名。象牙镶板嵌入许多物品中——衣柜、小箱、圣骨箱甚至门上。最有代表性的是被称为"马克西米御座"的椅子，它有一个不同寻常的桶形基座，罗马式样的靠背成曲线，其主要特点是饰以流动的树叶和水果雕刻图案，并散缀着鸟和动物。

这时期各种用途的箱子，从小的珠宝箱到大的贮藏箱都有，那些大贮藏箱也可被用作坐椅、床或桌子。大多数是框架结构，饰以嵌板、彩绘，或者嵌入精致的木料、金、银或象牙，有些则是满饰象牙片。

桌子的品种很多，令人喜爱的是一种融书桌和读经桌为一体的设计：一是采用书桌通常有一个附带搁板的柜子的设计；二是采用读经桌用装合页的臂膀以支撑桌子的设计，以此调整不同坐姿的需要。

床有精心制作的镟木支撑架，其他的在结构上是建筑式的，有帐架和柱子。富人拥有做工精细、有刺绣纹饰的床单、毯子、被子和床罩。

君士坦丁堡以金银细工闻名，这是当时的圣物盒

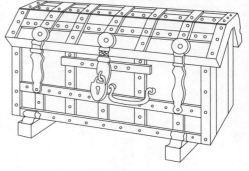

斜屋顶盖箱子

拜占庭象牙雕刻王座

建筑装饰的花鸟与十字架

建筑装饰的卷草纹样

用狮身装饰的×形椅子

6世纪马克西米御座

早期拜占庭象牙雕刻王座

学者坐在一张方腿凳上，小桌子有车出花形的腿
和十字形撑具，并有1/5中心腿。书柜的门有嵌
板，门廊上方有三角顶

皇帝模仿基督，上图是卡娜的婚礼邀请最重要的人物
到皇宫进餐，因此贵族出高价购买受邀请的权利，坐
上这个装饰着黄金镶嵌画的餐桌

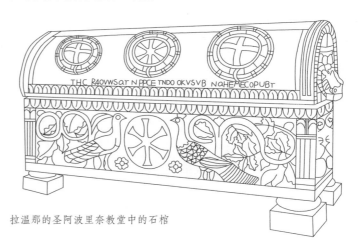

一张大的木质装饰御座，有长枕垫和踏脚处

拉温那的圣阿波里奈教堂中的石棺

这一时期的家具艺术如同建筑的缩影，重复地展示着建筑的形式，表里如一地刻画出哥特式艺术风格的含义。

哥特式装饰，直至14世纪始家庭家具才尝试着采用哥特式尖拱花饰，以浅浮雕的形式来装饰箱柜等家具的正面。而在一些柜子的沉重顶盖上多数刻有四叶式图案，在较晚一些年代的作品中，则多采用尖拱、窗饰及早期哥特式的怪兽、人物等图案装饰。当时使用的木材主要有：榆木、山毛榉、橡木，同时使用的还有金属、象牙、金粉、银丝、宝石、大理石、玻璃等材料。

哥特式家具的主要成就在于其精致的浮雕、透雕、平刻相结合的装饰图案及其所具有的寓意性和神秘性。其雕刻装饰以植物叶饰为主，所选用的图案多为自然界的植物，包括茎、叶和藤，枫树叶、葡萄叶、香菜、水芹叶、玫瑰花形、名人肖像、折叠亚麻布图案和建筑中的窗花图案等。最常见的有三叶饰，象征着圣灵、圣父和圣子的三位一体；四叶饰代表圣经的四部福音；五叶饰则代表五使图书等。

哥特式椅子与建筑的形式也紧密结合，特别是哥特式教堂中的主教坐椅、唱诗班的坐椅及教徒们做弥撒的坐椅，都与整个教堂的建筑及室内气氛相协调。

一般的箱柜均比较矮，多为平顶，正面多采用浅浮雕装饰，并广泛应用金属合页进行连接和装饰。

此时的床多由顶盖和幕帘围合进行装饰和保持其封闭的状态，这种床既可用于就寝，又可作为主人会见一些身份较高的客人的场所，豪华的顶盖床取代了以往显示权威的坐椅。

哥特式家具是一个特定的历史时期宗教思想的产物，其火焰式和繁茂的叶饰雕刻装饰，是兴旺、繁荣和力量的象征，具有深刻的寓意性。哥特式家具是人类彻底地、自发地对结构美追求的结果，它是一个完整、伟大而又原始的艺术体系，并为后来的文艺复兴时期家具奠定了坚实的基础。

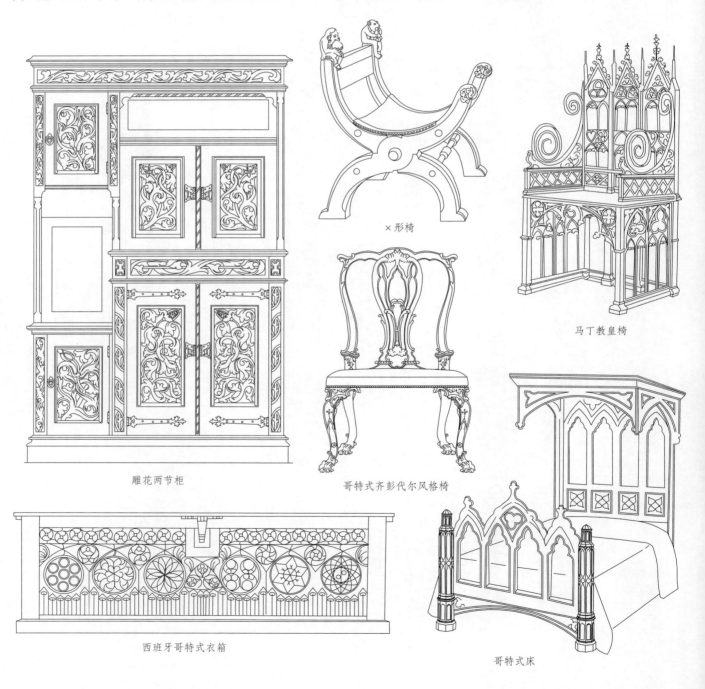

雕花两节柜

×形椅

哥特式齐彭代尔风格椅

马丁教皇椅

西班牙哥特式衣箱

哥特式床

法国哥特式橡木柜，有精致的铁锁薄板

矩形凳座

薄木雕刻品

建筑上装饰的尖头拱

模仿建筑装修
花格造型的圆
形靠背椅

建筑上装饰的圆头拱

大型衣橱

15世纪后期法国御座

法国哥特式碗柜

　　意大利文艺复兴时期最著名、最精致的家具是一种意大利式的大箱子，这是传统的婚礼箱。最华丽的一些箱子来自佛罗伦萨的工坊。装饰豪华的大箱子在婚礼仪式中起到重要的显示地位的作用。早期的大箱子只是用绘画嵌板作装饰，有些大箱子是涂有金色的精心雕刻的浮雕作品，题材为螺旋形饰、毛茛叶饰的壁缘、水果和花卉的垂花饰，像丘比特那样的裸体儿童图案等其他古典装饰；另外的大箱子则以精细的镶嵌工艺为特点。

　　椅式箱是大箱子的发展。它在原有的大箱上添加了木靠背和扶手，使箱座变成了原始的沙发。它是17世纪最早的沙发，另一种由大箱子发展而来的家具是一种小的橱，叫衣橱。16世纪开始出现橱柜。

　　16世纪末出现了搁脚凳，是一种可移动的轻便椅子，它的风格有独创性，具有直立深雕刻靠背。木头桌子采用火焰状的和相当弯曲的装饰纹样，一半是动物，一半是人物，富有动感的结构。意大利房屋直到19世纪才有独立的餐厅，雕刻木餐具桌代替了简单的用褶布装饰的桌子。这种餐具桌通常尺寸很大，以古典样式进行装饰，流行于16世纪。

意大利文艺复兴时期胡桃木嫁妆箱

意大利文艺复兴早期扶手椅

意大利文艺复兴时期高低片床

意大利文艺复兴时期桌子

意大利文艺复兴早期桌子

意大利文艺复兴时期桌子

意大利文艺复兴时期椅子

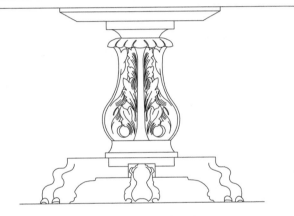

意大利文艺复兴早期圆桌

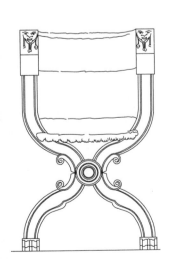

意大利文艺复兴时期×形椅

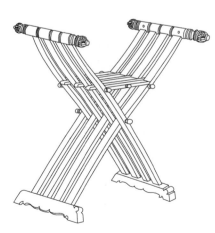

意大利文艺复兴早期×形椅

意大利文艺复兴早期两节柜

法国文艺复兴时期高椅

奢华和时髦雕刻的方式是法国文艺复兴时期家具最流行的装饰形式。普利马提乔发展了一种独特的法国风格家具，有大量的古典装饰、毛茛叶饰、旋涡饰、沉重的垂花饰，以及神秘的生物图案，如狮身人面像，有女人面孔及鸟翅与爪的怪物，头、翼似鹰，躯体似狮之怪兽，四肢修长的美丽少女等。

餐具柜的前身是"碗橱"，在中世纪时用来陈放酒具和碟子。亨利二世开始，餐具柜在设计上变得更加建筑化。它经常被看作是一个衣柜。餐具柜的结构变得更封闭，并且分为两层，因此它有时被称作"两层架衣橱"。衣柜上有大量风格主义的古典装饰雕刻；有时则用大理石、珍贵木材或象牙镶嵌板，显得更加华丽。垂直线由长方柱或雕刻人形组成，上半部的顶层常饰有一个裂开的三角顶，中间嵌有一个图形雕饰。

"意大利桌"普遍流行，这是一种有丰富雕刻装饰的大型桌子。矩形桌面，放在两个大而笨重的支撑物上面，支撑物上刻有神秘的动物或人物图案，旋涡形装饰的底座由一个撑架连接。在撑架和桌面之间的这段空间还通常由另外的雕刻装饰或拱形柱连接。能拉出活边的桌子，它可以伸展两倍的长度，桌子是有四个镟木腿的框架结构，镟木腿底部有一个撑架连接，上面有壁缘。在桌面下的两边隐藏着一个可以拉出来的活边，置于光滑的木架上。当两个活边被拉到位时，主要桌面就落在它们的中间。

沉重的御座仍然长久使用，×形椅也在流行，但出现了新的形式。扶手椅的座面置放在四个柱子上，底部有个撑架连接这些柱形腿。扶手的一端常雕刻公羊头，很优雅地弯曲着，以便更好地支撑坐者的肘部。特别为妇女设计的是一种称为"饶舌"的椅子，经常被称作是聊天椅或闲话椅，它有一个高而窄的靠背，一个不寻常的梯形座部和宽而弯曲的扶手。

床由一个木框架和四个立柱组成，框架的四个角支撑着罩篷，布帘便从罩篷上垂挂下来。床柱变得出奇精致，被雕刻成女像或者萨宾胸像，靠头板装饰着精致的雕刻。

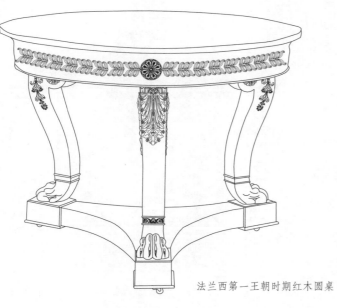

法兰西第一王朝时期红木圆桌

法国文艺复兴时期花坊

法国文艺复兴晚期长方桌

法国文艺复兴晚期椅子

法国文艺复兴晚期椅子

法国16世纪雕刻装饰的胡桃木餐台

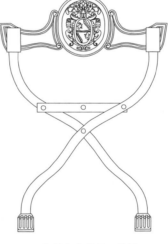

法国文艺复兴×形椅

法国文艺复兴晚期椅子

法国文艺复兴时期两节柜

法兰西第一王朝时期红木圆桌

在1500年，英国最流行的家具属于典型的哥特式后期形式，材料为橡木，采用常见的框架镶板的结构，并以其典型的窗格花饰和折叠亚麻布装饰。1500年以后，从亨利八世起，就可以看出文艺复兴的影响，而这种风格的正式传入，则始于伊丽莎白一世时代。

这一时期家具的共同特色是喜欢采用巨型的瓶状支柱，经常装饰着槽纹和莨苕叶饰，腰部弧度极大，反而显得臃肿，既不轻巧也不匀称。采用纯粹直线和严肃结构的橱柜家具，其外貌朴素而粗糙。在英国中产阶级家庭里，仍然常见使用旋腿坐椅。小桌子、椅子和宫廷橱等都为陈放家庭餐具而设计。撑架的形状或者像纹章的兽形，或者是球茎形状。直到16世纪末，柜子才出现了现代模式，有封闭的门。

大床以造型巨大著称，也是伊丽莎白时代过度雕刻的反映，前端因有精心雕刻的床头板而除去了柱子。镶嵌工艺也是一种受喜爱的床头板的装饰形式。

英国家具作品的特点是过分地装饰，几乎在任何一件家具上都不留未装饰区域。最突出的装饰是使用窄带折叠成的纹饰形式。

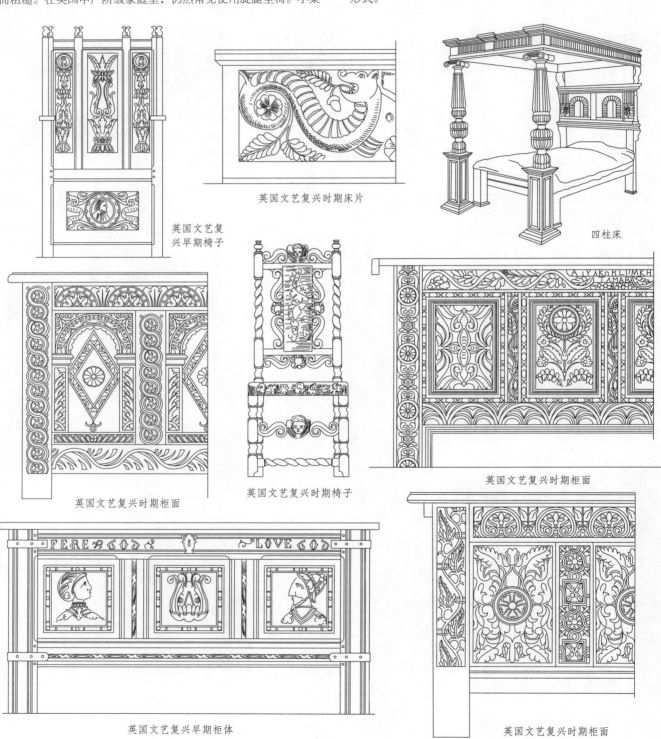

英国文艺复兴早期椅子

英国文艺复兴时期床片

四柱床

英国文艺复兴时期柜面

英国文艺复兴时期椅子

英国文艺复兴时期柜面

英国文艺复兴早期柜体

英国文艺复兴时期柜面

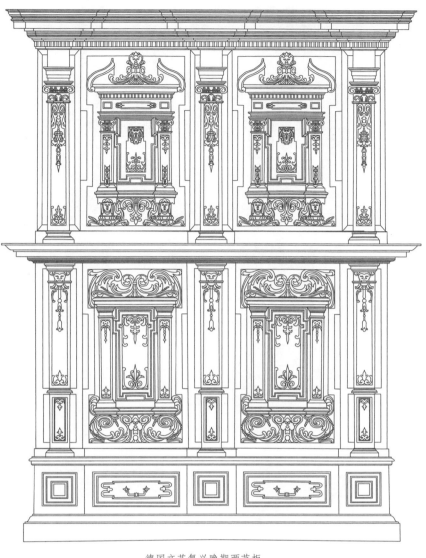

德国文艺复兴晚期两节柜

德国北部和南部的文艺复兴家具有着明显区别，北方家具与法国北部和英国的家具相类似，南部家具则与意大利的北部家具相类似。区别主要在于材料的选用上。硬木，尤其是橡木主宰了北部家具。南部，用软木，如松木和落叶松木做家具很普遍，并喜欢镶嵌或者表面彩绘。任何雕刻装饰都属于浅浮雕一类，人们习惯用雕刻的藤叶或绞成若干股的带状图案覆盖结构上的横直面，并让大部分镶板表面保持简洁。

到了16世纪中叶，德国的南、北部都采用了"古典"风格，德国的橱柜和小书桌都拥有很大的市场需求量。宫殿的装饰中，流行着一种采用多种彩色木头构成的类似亭子的装饰。

在德国南部，橱柜是作为艺术作品而非普通的家具，它们既包含了细木工们和镟匠们的技术，又包含了金银匠、象牙雕刻师、雕刻师和珠宝匠们的技巧。

比较流行的雕刻图案是：可爱的奇异动物、有翅小天使、涡卷形装饰和蔓藤组成的叶饰等。这一时期的家具常用深浮雕和圆雕，偶尔采用镀金，进一步增加了雕刻图案的精美性。尽管所有文艺复兴式图案均被采用，但优先采用的是纹章、战袍、盾形纹章、涡卷饰、奇异的人像和女像柱。文艺复兴时期几乎把所有的古典装饰图案均应用于家具装饰中，例如：扭索、蛋形、短矛、串珠线脚及树叶；流行的装饰有莨苕叶、叶状平纹、花、果、叶饰、蔓藤花饰、圆花饰、涡卷形装饰；大型图案有圆形浮雕、垂花边饰、菱形花饰、半柱等；奇形怪状的人和动物图案有带翅小天使、丘比特、男像柱、女像柱、胸像柱、假面、海豚、狮头羊身蛇尾饰、森林女神等；还有许多外来图案，如狮身人面像、鸟身女妖、仙女、垂花和水果、头盔、宗教故事、历史、寓言故事和花园风光、婚礼场面等都是常见的装饰图案题材。

德国文艺复兴早期两节柜

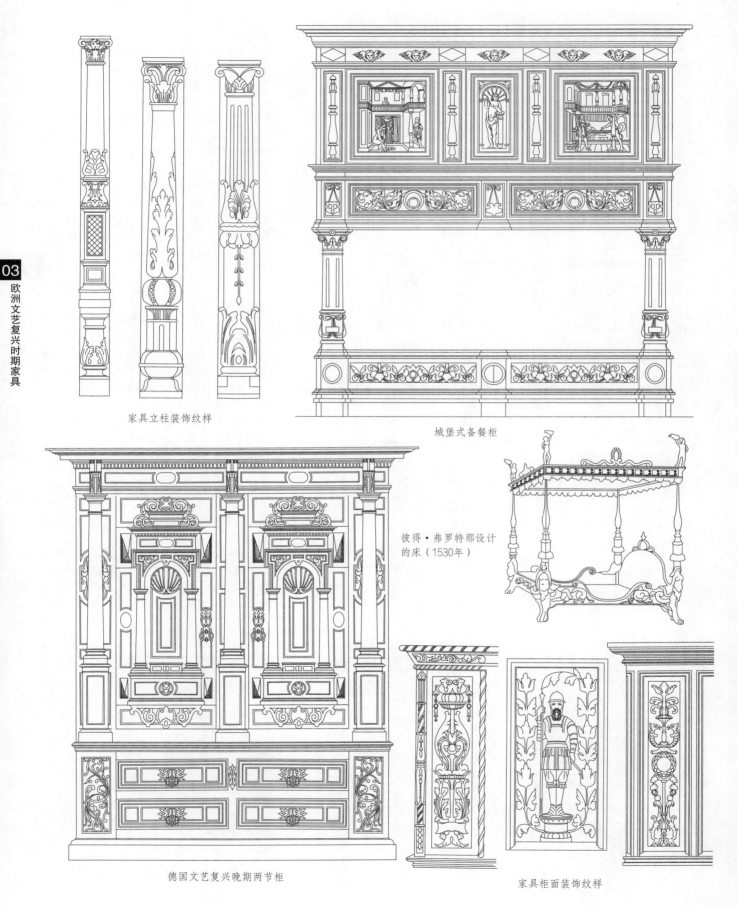

家具立柱装饰纹样

城堡式备餐柜

彼得·弗罗特那设计
的床（1530年）

德国文艺复兴晚期两节柜

家具柜面装饰纹样

德国文艺复兴早期三节柜

德国文艺复兴晚期两节柜

德国文艺复兴时期长台

德国文艺复兴早期大衣橱

03

欧洲文艺复兴时期家具

德国文艺复兴晚期×形椅

德国文艺复兴时期扶手椅

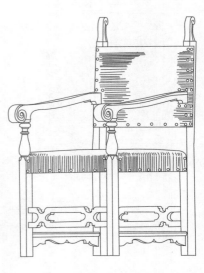

德国文艺复兴早期扶手椅

德国文艺复兴时期高脚柜

德国文艺复兴晚期两节柜

西班牙和葡萄牙同为欧洲西南部国家。西、葡两国的地理位置和血缘系统完全相同，家具形式也一致。

文艺复兴时期的西班牙家具风格独特，因此，其他国家的一些家具和装饰形式都趋于西班牙化。穆德哈尔式工艺是西班牙装饰中的典型形式。在15世纪末在西班牙的摩尔人掌握了家具装饰的高超技术，他们以彩色木料、象牙和骨料作镶嵌材料，镶嵌的纹饰是精致细小的几何形体，普遍用于长久流行的木箱以及正在流行起来的新橱柜装饰上。另一种装饰形式是金银镶嵌。这是一种用精致的涡卷形花和叶子并伴有古典风味的小型花瓶图案的镶嵌装饰。在红丝绒底上做的锻铁或刺铁间或是银质的浮雕装饰是西班牙装饰品的另一特点。有时木箱装饰用丝绒衬底。

西班牙的另一种杰出的家具是雕花立橱。这种立橱放下前板会露出许多小抽屉，表面装饰豪华。这块可放下的前板落在向外伸的支撑体上便可用作书写台面。两侧有装饰化的环形铁把手，雕花立橱常被当作装有珍贵小物品的旅行箱和移动书桌。

富有特色的西班牙椅子在这一时期得到了发展。在16世纪早期，一种×形或者结构复杂的椅子"胯椅"，常被饰以摩尔镶嵌工艺。最富有特色的西班牙椅出现在这一世纪中期，称作修道士的椅子或者"僧侣椅"，座面和靠背上覆盖着用装饰钉固定的兽皮，或者覆盖着有流苏边饰的花布。织物是主要装饰材料，但伸长的前撑架是凸花细木或用雕刻装饰的。

西班牙文艺复兴时期高脚柜

西班牙文艺复兴时期高脚柜图块

西班牙文艺复兴时期高脚柜图块

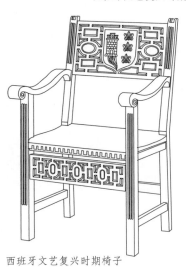
西班牙文艺复兴时期椅子

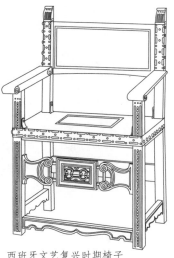
西班牙文艺复兴时期椅子

葡萄牙、西班牙文艺复兴时期橱柜

巴洛克艺术风格起源于16世纪的意大利，但巴洛克家具的成长却不在意大利本土。巴洛克风格家具的序幕在佛兰德斯的安特卫普首先揭开，于1630—1640年间在荷兰兴起，紧接着传播到法国、英国、德国等国家。所以说巴洛克风格的家具诞生在意大利，成长在佛兰德斯，成熟在法国。特别是路易十四时期的巴洛克家具最负盛名，为巴洛克时期家具的典型代表。

巴洛克建筑艺术上的一些构成特征，如动感曲线、涡卷装饰、圆柱、壁柱、三角楣、人像柱、圆拱等都十分广泛地应用于家具构成中。

巴洛克家具的装饰图案十分丰富，比较常见的有：涡卷饰、刻扁、盘蜗饰、大形叶饰旋涡、螺旋纹、纹带、C形旋涡、S形旋涡、纹章、爱神裸体像、有翅小天使、奇异的形体和头像、不规则的珍珠牡蛎壳、美人鱼、人鱼、半人半鱼海神、海马、叶翼和花环、动物腿和脚等。

具有典型路易十四时期风格特征的是扶手椅，多用于宫廷及贵族家中。这些椅子精雕细琢，椅子的靠背一般为长方形，扶手向下弯曲，扶手终端呈粗大的涡旋形，坚固的腿部有粗大的拉档相连接，呈现出一种庄重、强健、稳定的气氛。椅后背总是用织物完全包衬，并延续到座面后部。外形成涡旋形的盘状或栏状腿也是其特征之一。早期的拉档大多数为H形，有时在略低于座位部位再加一个前拉档。透空模塑状椅扶手几乎总是在终端为涡旋

状，自由向下弯曲，其与涡旋或盘台状扶手支撑件相协调。多采用镀金或银的钉子固定，钉子帽具有很好的装饰效果。椅子的座面一般为包衬坐垫，常常具有长长的流苏。

17世纪是床最辉煌的时代。在宫廷中，贵族的床具有优美的图案，但一般的平民有一件不很庄严的床和低廉的挂幕就满足了。许多商人家庭都有特别美丽的床。到路易十四王朝末期，由四个杆支撑的华盖床才开始流行，并一直到路易十六王朝末期。

桌类是当时常见的家具，并是室内装饰的主体家具，形体极度奢侈和笨重，桌面经常采用多种木材或金属和龟甲壳镶嵌装饰。腿多为S形曲线，上端以涡卷形雕饰收尾，两腿间连接中心雕饰有扇形贝壳纹样，应用线条柔顺的带枝树叶和涡卷莨苕叶装饰等，将古希腊装饰艺术与巴洛克风格融合在一起。一般的桌面由高档的大理石构成，束腰、腿和拉档都采用雕刻装饰并镀金。当时，各种各样的专用桌已大量出现，如：牌桌、赌桌、办公桌和梳妆桌等。

石棺式小衣柜是由鲍里为路易十四行宫中的卧室所设计，采用了乌木、龟甲壳镶嵌装饰和镀金青铜支架，有两个呈现肚状的又长又大的抽屉，脚部为四个矮短的直方脚。四个大型曲线腿靠角部是模塑青铜件。有两个或三个门的低大衣柜，是那时必备的家用家具，衣箱仍是那时常见的婚用嫁妆。

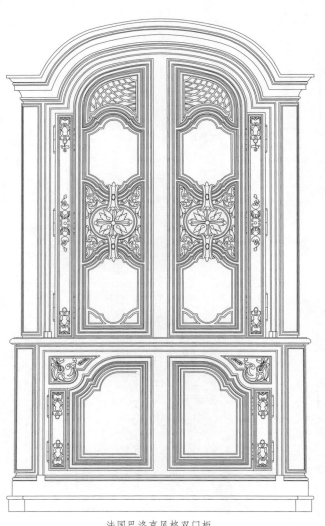

法国巴洛克风格双门柜

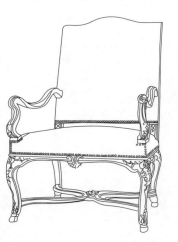

法国路易十四时期橡木扶手椅

法国巴洛克风格扶手椅

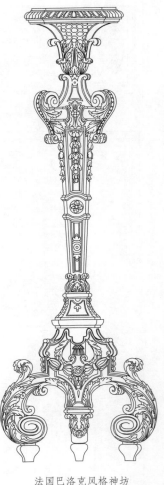

法国巴洛克风格神坛

法国路易十四时期缎子包
裹装饰扶手椅

法国巴洛克风格沙发

法国路易十四时期带有写字台的木刻衣柜

法国巴洛克风格方桌

法国路易十四时期扶手椅

法国巴洛克风格花样桌

法国路易十四时期壁炉屏风

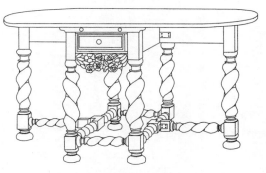

德国巴洛克早期椭圆桌

巴洛克艺术风格的家具设计大多由建筑师为适应建筑和室内装饰的需要而进行的，因此，在家具的构成上，更多地表现出巴洛克建筑艺术的构成特点。

德国巴洛克式家具装饰的趋势是打破古典主义严肃、端正的静止状态，形成浪漫的曲直相间、曲线多变的生动形象，并集木工、雕刻、拼贴、镶嵌、镟木、缀织等多种技法为一体，追求豪华、宏伟、奔放、庄严和浪漫的艺术效果。

德国巴洛克早期双门柜

德国巴洛克早期双门柜

德国巴洛克早期低柜

德国巴洛克风格扶手椅

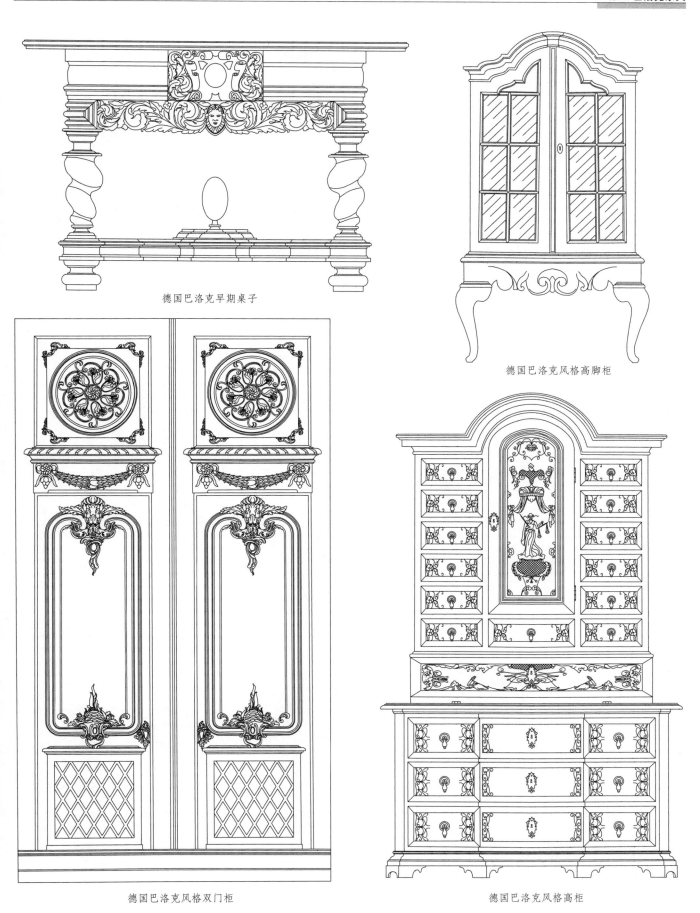

德国巴洛克早期桌子

德国巴洛克风格高脚柜

德国巴洛克风格双门柜

德国巴洛克风格高柜

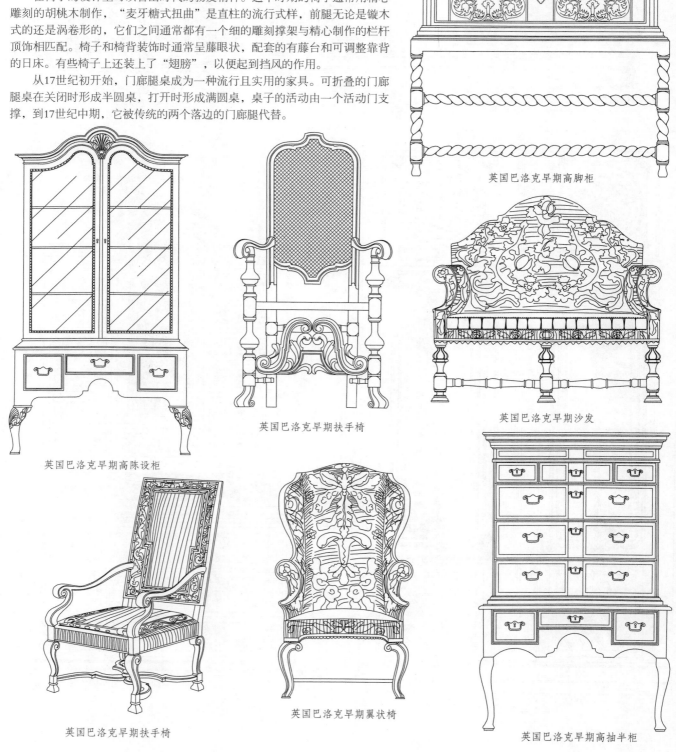

査理二世曾在法国路易十四宫廷和荷兰流亡生活，1660年又回到英国恢复了统治，他在室内装饰和家具艺术中引进了路易十四时期的巴洛克风格，又开始豪华的社交生活，使用宫廷型的奢华家具。巨宅中使用的豪华四柱床，其所装饰的极度华丽的刺绣帷幔和精美流苏，最能说明这种风气的真貌。此外，宫廷碗柜多用精选木材制成；宫廷坐椅大部分都采用华丽的雕刻贴金椅背椅框和天鹅绒或其他华贵织物包衬的座位。

由于精美薄板、镶嵌细工和拼花木板的流行，家具细木工取代了一般的木匠手艺。橱柜是英国王权复兴时期重要的表示权威的家具，它基本上是法国和荷兰的模式。

在椅子的设计上可以看出时代的勃发精神。这个时期的椅子通常用精心雕刻的胡桃木制作，"麦牙糖式扭曲"是直柱的流行式样，前腿无论是镟木式的还是涡卷形的，它们之间通常都有一个细的雕刻撑架与精心制作的栏杆顶饰相匹配。椅子和椅背装饰时通常呈藤眼状，配套的有藤台和可调整靠背的日床。有些椅子上还装上了"翅膀"，以便起到挡风的作用。

从17世纪初开始，门廊腿桌成为一种流行且实用的家具。可折叠的门廊腿桌在关闭时形成半圆桌，打开时形成满圆桌，桌子的活动由一个活动门支撑，到17世纪中期，它被传统的两个落边的门廊腿代替。

04
巴洛克家具

英国巴洛克早期高脚柜

英国巴洛克早期高陈设柜

英国巴洛克早期扶手椅

英国巴洛克早期沙发

英国巴洛克早期扶手椅

英国巴洛克早期翼状椅

英国巴洛克早期高抽半柜

　　巴洛克风格对英国家具产生的影响是缓慢的。威廉·玛丽时期的家具仍然是伊丽莎白时代的风格。裙架椅和×形扶手椅及与之匹配的脚凳被制作出来，它们完全覆盖着用镀金钉子钉牢的缀有流苏边饰的织物。最初完全装上垫子的长椅出现在1620年的诺尔，有座垫和靠背。

　　随着王朝的复兴，新思想注入了家庭艺术中。查理二世在他被流放法国和荷兰期间，养成了一种奢华和舒适的趣味。他回到英国后，把巴洛克风格的华丽也一同带回了英国，并被英国设计家急切地采用到设计之中。威廉·玛丽时代甚至出现了在英国制作的最高背的椅子，对应着这时期高耸的假发和头饰，椅背的高度有时是座位到地面高度的两倍半。脚部有球爪形、梨形、兽爪形、涡卷形等，腿间横档多为×形。雕刻图案常以叶饰、花纹、C形涡卷纹和螺旋纹为主题。

　　柜体的正面是黑漆底彩绘金银红绿等多彩的中国花鸟风土人物，四周用金色的合页、面页、包角点缀，既起装饰作用，又具有使用功能，使整件家具豪华生动、富丽堂皇。

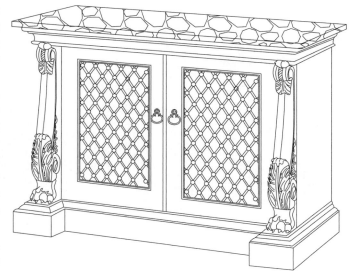

1830年英国威廉四世时期大理石桃花心木边柜

1830年英国威廉四世时期紫檀桌

英国威廉四世时期红木长卧椅

17世纪英国巴洛克梳妆台

17世纪英国巴洛克收藏柜

04
巴洛克家具

英国威廉四世时期圆形红木小桌

英国威廉·玛丽时期高脚柜

19 世纪英国桃花心木扶手椅

英国威廉·玛丽时期长方桌

英国威廉·玛丽时期高脚柜

1835年英国威廉四世时期桃花心木靠背沙发

英国威廉·玛丽时期抽屉桌

法国路易十五时期新型家具不断产生，其中特别值得注意的是女用斜盖高腿写字台、收藏信件的橱柜、墙角五屉橱、小型梳妆台、夜桌，以及圆形和方形的工作台等家具。其最大贡献是将最高的美感与最大的舒适效果灵巧地结合在一起，使椅子成为一件非常完美的作品。它的优美椅身由曲线柔和并雕饰精巧的靠背、座位和弯腿共同组成，配上色彩淡雅奇丽的丝缎或刺绣包衬，不仅在视觉上传达了极端奢华高贵的感觉，在实用与装饰效果的配合上亦发挥到空前完美的程度。

法国洛可可家具还采用一种表面镀金的铜质装饰技法。这种镀金铜饰采用泥模翻制而成。由于塑造泥模的工人极为自由，故能获得圆滑流畅的优美效果，尤其是翻铸出来的铜模经过镀金以后，更能显示出奢华高贵的感觉，使摄政时期的丝织业等严肃装饰逐步走向全面没落，而发展成整面或带状涡旋装饰，或四周布满叶饰及齿饰等典型的洛可可装饰纹样，由富丽奢华的路易十五风格蜕变成清新典雅的路易十六风格。从此，光辉灿烂的洛可可时期家具在法国宣告结束。

这一时期的椅子具有优美的连续曲线和线脚形式；框架体上常有雕刻花卉和叶饰图案，如曲线形靠背椅、伯吉尔椅、长椅、梳妆椅、躺椅。床类、桌类、梳妆桌、小衣柜、五斗柜抽屉上装有洛可可风格的镀金青铜拉手和锁孔，完整的方状立梃上的镀金青铜装饰件一直延续到垫脚部位。

法国路易十五时期翼状椅

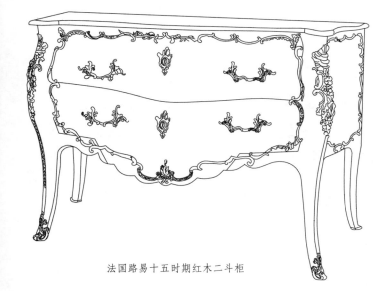

法国路易十五时期红木二斗柜

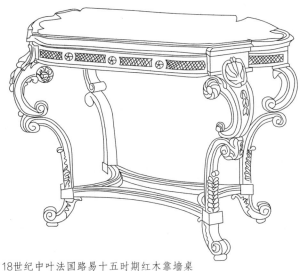

18世纪中叶法国路易十五时期红木靠墙桌

法国路易十五时期翼状椅

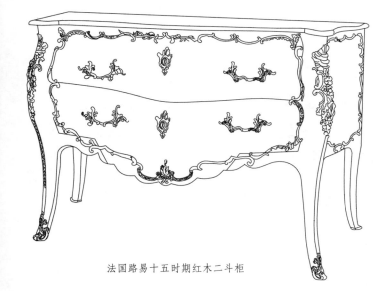

法国路易十五时期紫檀沙发

05

洛可可家具

法国路易十五时期红木矮柜

法国路易十五时期顶部为纪念坛外形的矮柜

18世纪中叶法国路易十五时期红木靠墙桌

法国路易十五时期二斗小衣柜

法国路易十五时期长桌

法国路易十五时期胡桃木大写字台

法国路易十五时期椅子

法国路易十五时期黄檀小抽屉柜

法国路易十五时期写字桌

法国路易十五时期扶手椅

法国路易十五时期沙发椅

05

洛可可家具

法国路易十五晚期胡桃木高脚柜

18世纪中期法国路易十五时期靠墙桌

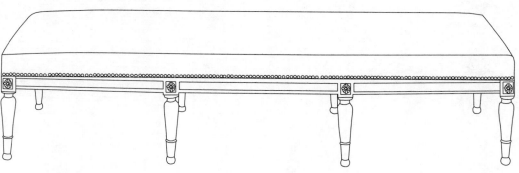

18世纪法国路易十五时期桃花心木长沙发凳

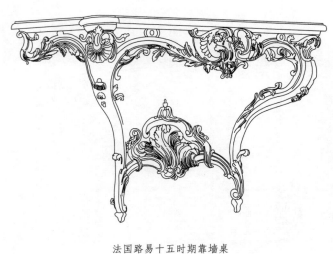

法国路易十五时期靠墙桌

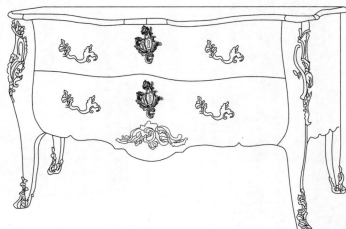

法国路易十五时期胡桃木二斗柜

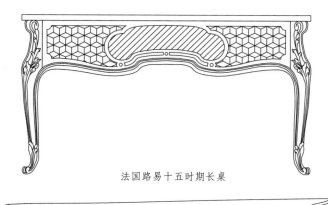

法国路易十五时期长桌

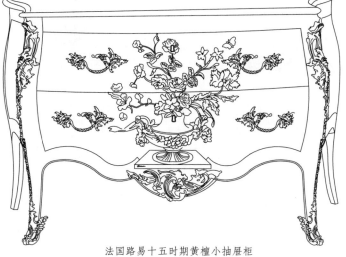

法国路易十五时期黄檀小抽屉柜

法国路易十五时期木饰板书柜

法国路易十五时期长沙发椅

05

洛可可家具

英国家具在洛可可时期，特别是以英国设计史上第一位伟大家具设计家齐彭代尔为中心的时期获得辉煌的发展，这一时期被称为"乔治早期"。

英王乔治一世即位之初，英国宫廷和贵族的家具以模仿巴黎的豪华型家具为主。当时的主要家具，如高脚柜、瓷器柜、抽屉柜、桌椅等，多数采用蹄形脚，脚部曲线逐渐向上端引申扩大，其优美外形不仅象征着对于上端压力的承受，表现出站立时的刚毅和强劲气势，而且更强烈地显示着英国家具兼顾实用目的和装饰效果的特色。

托马斯·齐彭代尔原是木刻师，其作品在乔治二世首次问世以来，由于设计优美，制作精巧，使他成为英国家具设计界一流的设计师兼制作人，成为英国新兴家具设计的巨匠。齐彭代尔开始创作家具的初期，适逢英国家具开始进入"桃花心木时代"，另一方面也正是洛可可风格从法国传入的初期。齐彭代尔一生所设计和制作的家具，无论在种类及数量上均极庞大，其中最著名的为"齐彭代尔式"坐椅，它共有三种典型的式样。一是最具

代表性的靠椅，主要特色是坐椅宽大、灵巧，采用方肩或螺纹刻饰；靠背顶部为优美的弓形，椅背竖靠板常直接连接在椅座后端，并采用透雕的丝带和涡旋装饰；弯腿的膝部常采用莨苕叶或涡旋装饰，接以优美的球爪脚。二是"梯形背椅"，采用方形靠背和直腿；靠背由四或五枝透雕或刻饰的横板构成，腿间设有撑板，其中以铺衬鞍形座者为最佳。三是中国式靠椅，采用方形结构和穿花格子雕刻装饰，具有轻巧的感觉。齐彭代尔式靠椅的椅座多数采用质料轻柔的材料作包衬处理，其中最常用的是丝、缎和锦缎等，偶尔也采用红色皮革或马鬃来处理坐椅。

齐彭代尔的著名家具还有三角支座的饼形茶桌、斜面排桌活动的拼合餐桌、回纹边小桌等。此外，他将桌形写字台和书架作为一种复合设计，由于比例完美，做工精细，被认为是他的最佳作品之一。曲面衣柜和书桌，虽然以模仿法国为主，但却依然具有齐彭代尔的特殊风格。

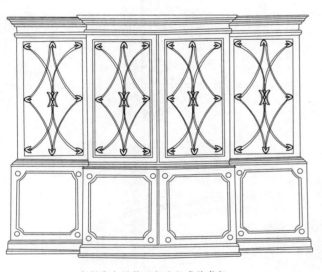

齐彭代尔风格四部分组成的书柜

英国洛可可书写柜

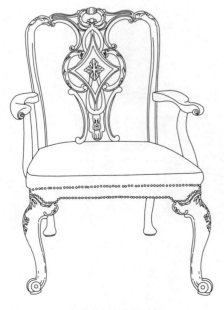

齐彭代尔风格扶手椅

齐彭代尔风格靠背椅

英国齐彭代尔风格哥特式椅

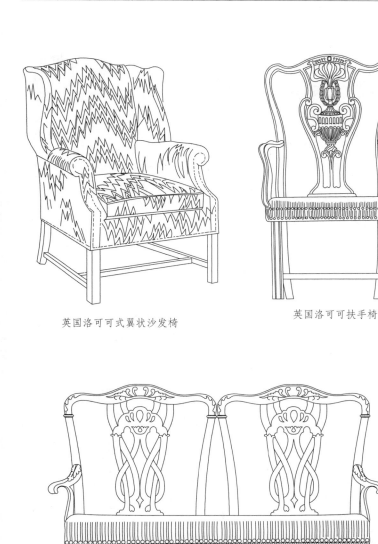

英国洛可可式翼状沙发椅

英国洛可可扶手椅

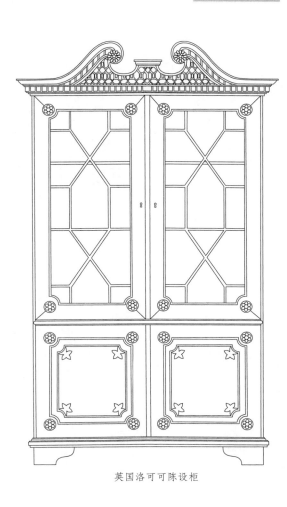

英国洛可可陈设柜

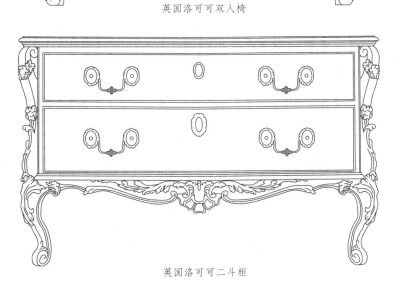

英国洛可可双人椅

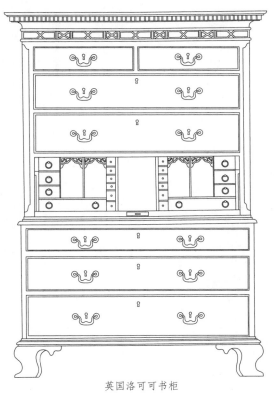

英国洛可可二斗柜

英国洛可可书柜

英式米诺卡有齐彭代尔风
格靠背椅

英国骆驼背状的沙发椅

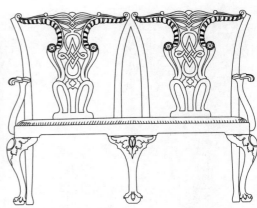

英国洛可可双人椅

18世纪中期红木扶手椅

英国洛可可式高脚柜

18世纪后期英国风格的抽屉小矮衣柜

英国洛可可写字台

带文雅凳腿的齐彭代尔风格凳

在乔治时期，英国的家具设计一方面依承着巴洛克，另一方面则同时吸收外来的养分，特别是洛可可风格的影响，创造出许多杰作，因而赢得了"家具创作的黄金时期"的总称，在英国设计史上，这段辉煌的时期就被称之为"乔治时期"。

当时的主要家具，如高脚柜、瓷器橱、抽屉柜、桌椅等，多数采用蹄形脚。但在透雕的扶手和靠背上面却改用洛可可式的岩石装饰。同时，齐彭代尔的大部分作品，均巧妙应用洛可可式的螺纹和涡纹装饰，并与许多特殊的反复线条结合在一起，进而发展成为一种他自己的特殊风格：采用透雕的丝带和涡旋装饰，弯腿的膝部常采用莨苕叶或涡旋装饰，接以优美的球爪腿。

1750年后英国改为采用著名的球爪脚，其中中国式弯脚十分流行，一时成为英国家具的最大特色之一。家具的刻饰也只限于膝部等几个重要特殊部位。

英国乔治三世时期红木衣柜

英国乔治二世时期胡桃木陈列柜

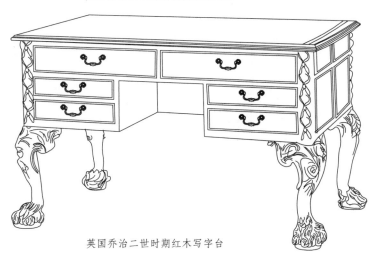

英国乔治二世时期红木写字台

英国乔治二世时期桃花心木橱柜

05
洛可可家具

1825年英国乔治四世时期桃花心木石棺酒箱

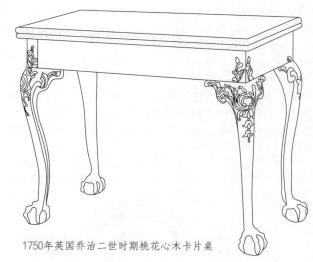

1750年英国乔治二世时期桃花心木卡片桌

05
洛可可家具

1755年英国乔治二世时期桃花心木柜

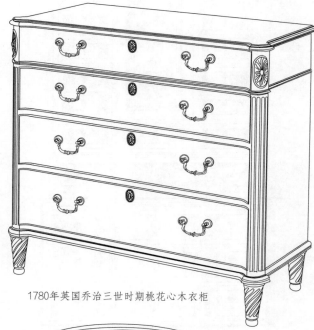

1780年英国乔治三世时期桃花心木衣柜

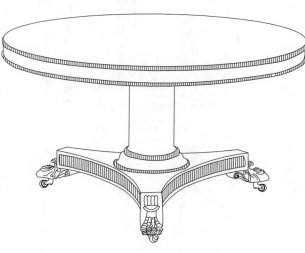

1825年英国乔治四世时期紫檀图书馆桌

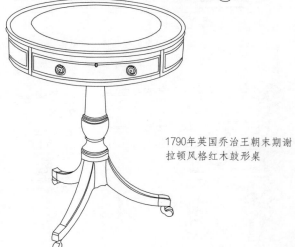

1790年英国乔治王朝末期谢拉顿风格红木鼓形桌

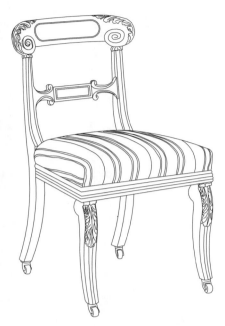

1775年英国乔治三世时期椭
圆形桃花心木花盆架

1785年英国乔治三世时期椴木和镶嵌细工
半圆形旁桌

1815年英国摄政时期桃花心木椅

1745年英国乔治二世时期桃花心木酒冷却器

英国乔治二世时期桃花心木衣柜

英国乔治四世时期桃花心木酒箱

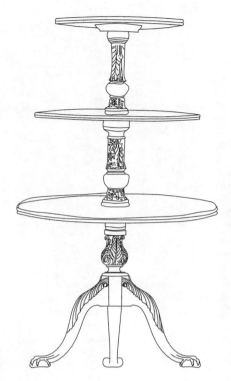

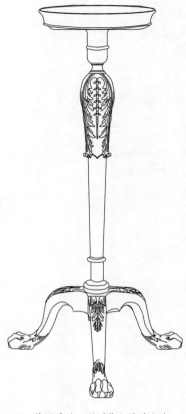

英国乔治四世时期红木马形屏风

英国乔治四世时期红木餐点架

英国乔治二世时期红木高灯架

05

洛可可家具

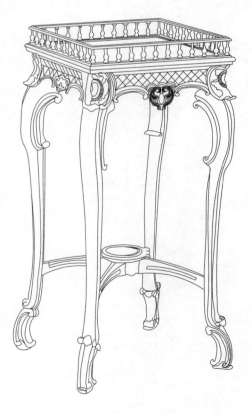

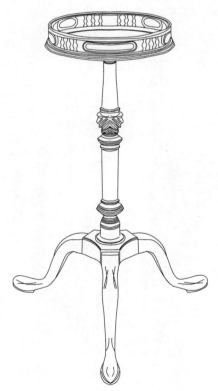

1760年英国乔治三世时期桃花心木凳形小桌

英国乔治二世时期红木高灯架

1830年英国乔治四世时期圆形回转桃花心木书架

　　迷人的洛可可风格的传播越过了国界，德国在那时分成许多小国，它们以不同程度效忠于住在维也纳的哈布斯堡皇帝。洛可可风格很快被德国采用，但由于每位君主都要将他个人的趣味加在宫廷上，因而产生了许多的种类。德国洛可可风格也分为两种明确的风格，一为巴伐利亚洛可可，另一为腓特烈（或者称波茨坦）洛可可。

　　南部最优秀的设计家是弗朗索瓦·库韦利斯，他在关注了家具和装饰的每一个细节后，使它们两者之间达到了高度的和谐。他采用金银丝花边覆盖色彩清淡的墙以及彩色五层衣柜，这种方法完善了他的室内设计，他力求家具形状与那些护墙板和镜子的形状相呼应，整体效果是风格化的、梦幻般的。

　　洛可可风格进入德国北部是在1740年，其中最著名的设计师和雕刻师是约翰·奥古斯特·纳黑尔。他的室内设计以一种奇异的闪烁风格表现出来。他设计的家具虽然相当沉重且不舒适，座位很深，但是却有着独特的丰富感和韵味。

德国洛可可靠背椅

弗朗索瓦·库韦利斯设计的衣柜
（1761年，在白底上雕刻着镀金木）

带书架写字台

胡桃木衣柜

洛可可式大衣柜

洛可可时期的扶手椅

洛可可时期的扶手椅

德国洛可可风格食品橱

洛可可时期的椅子

德国洛可可风格皮具橱

意大利乌木雕花大衣柜

18世纪中期，法国所掀起的洛可可运动，以及伴随着这种运动所崇尚的浮夸和奢侈的生活风气，越过阿尔卑斯山推向意大利半岛，并在意大利的上层阶级中产生了极端狂热的反应，在这种新兴刺激之下，家具风格也洛可可化。

意大利的洛可可风格有种通俗闹剧气氛，特别体现在威尼斯的家具中。意大利的艺人完全地夸张了法国洛可可的特点，在小型的家具脚上形成了一个重头，甚至臃肿的外观。特别是在正式接待室中的沙发，它们有各种尺寸系列，有些可以坐十个人。它们常与多种椅子靠背配套，由顶部蜿蜒的横栏相连。意大利工匠们还将他们的兴趣转到五层柜上，在象牙色、蓝色和绿色底上绘上色彩生动的花卉。威尼斯是18世纪漆饰家具的中心。一种较便宜的假漆作替代物，在制作时，常将著名艺术家设计的彩色剪纸图片胶在丙烯底料上并上光油。

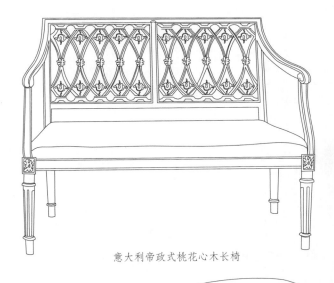

意大利帝政式桃花心木长椅

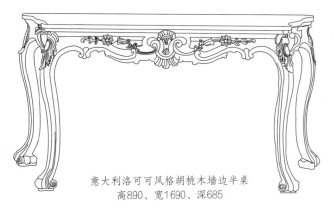

意大利洛可可风格胡桃木墙边半桌
高890、宽1690、深685

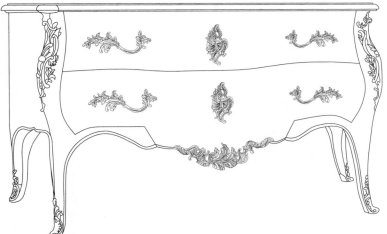

18世纪意大利包裹镀金米色矮柜

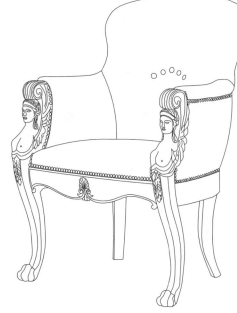

意大利桃花心木书桌椅

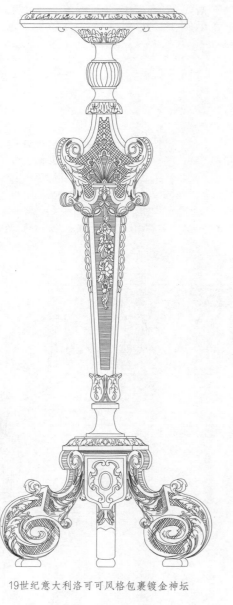

铟金彩绘大衣柜

19世纪意大利洛可可风格包裹镀金神坛

19世纪意大利洛可可风格包裹
镀金神坛

意大利洛可可风格胡桃木墙边三斗桌

铟金彩绘衣柜

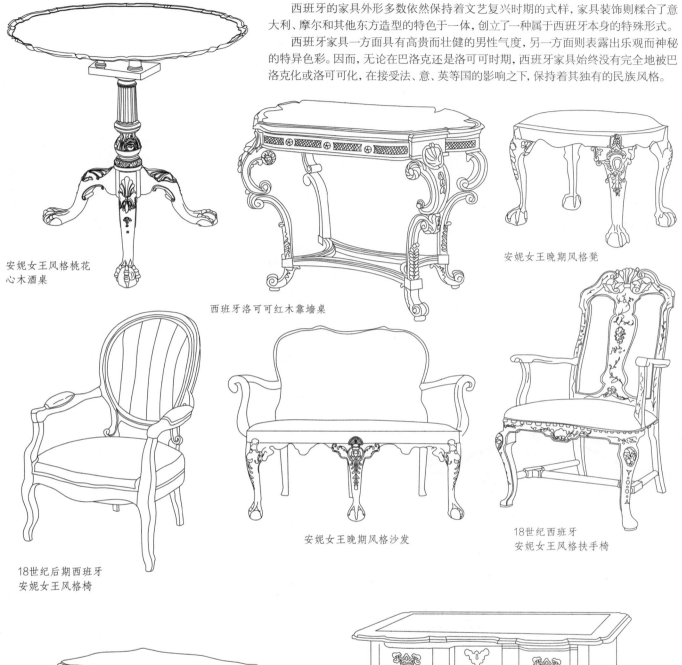

西班牙的家具外形多数依然保持着文艺复兴时期的式样，家具装饰则糅合了意大利、摩尔和其他东方造型的特色于一体，创立了一种属于西班牙本身的特殊形式。

西班牙家具一方面具有高贵而壮健的男性气度，另一方面则表露出乐观而神秘的特异色彩。因而，无论在巴洛克还是洛可可时期，西班牙家具始终没有完全地被巴洛克化或洛可可化，在接受法、意、英等国的影响之下，保持着其独有的民族风格。

安妮女王风格桃花心木酒桌

西班牙洛可可红木靠墙桌

安妮女王晚期风格凳

18世纪后期西班牙安妮女王风格椅

安妮女王晚期风格沙发

18世纪西班牙安妮女王风格扶手椅

05
洛可可家具

西班牙洛可可靠墙桌

1750年安妮女王风格樱桃木矮屉柜

经过1700—1725年以模仿英国为主的过渡时期之后，美国家具的形式开始接受了英国、荷兰以及中国的影响，进入了巴洛克和洛可可时期。美国式巴洛克风格既然是以英国安妮女王式和早期齐彭代尔式为模仿对象，则在形式上并无特殊的创新，其最大特色表现在膝部雕刻着螺纹饰的弯脚上面。

殖民时期的座椅式样是典型的安妮女王式和齐彭代尔式，在形式上采取圆肩和中央雕刻竖板合成靠背，包衬的蹄形座位，螺纹膝和弯腿及西班牙腿。采用弓形顶和花竖板组成靠背，前宽后窄的梯形座位，莨苕叶饰膝部的弯腿部和球爪脚，具有庄重雄厚的效果。桌子除了采用折叠圆桌和旋腿折叠圆餐桌以外，常将边桌和方形折叠餐桌的高度和式样做成一种能拼合的形式。当时流行的茶桌有著名的齐彭代尔式三脚饼形茶桌、桶鼓形桌盘形茶桌等。牌桌多附装有活动铰折板，以供多人同时使用。贮藏家具以高脚柜和低矮脚柜为典型代表，高脚柜上端由四或五列抽屉组成，顶端以裂口山形墙装饰；底座由一大一小两列抽屉组成，接以弯腿，上端及底座抽屉中央常采用螺纹装饰；矮脚柜实际上与高脚柜的底座形式相同，只是通常较小而已。

美国殖民时期谢拉顿风格椅

美国殖民时期谢拉顿风格与亚当风格的扶手椅

美国安妮女王风格枫木高脚抽斗柜

美国齐彭代尔时期红木子母高衣柜

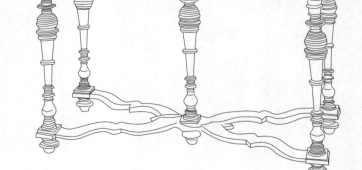

1750年殖民地时期紫檀边桌

新古典主义家具虽然早在路易十五时期已经开始，但到成熟阶段实际上是在路易十六时期，因此这种风格的家具被称为路易十六风格。

法国路易十六时期家具的最大特色在于放弃曲线结构和虚饰，而将设计重点放在水平和垂直的结构本体上面。路易十六时期家具强调在功能上加强结构的力量，无论采用圆腿、方腿，均采用逐渐向下缩小的形式，甚至在腿部采用槽纹。家具外框倾向于采用长方形，使其在空间与活动上更加符合实际使用的需要。家具在表面装饰上很少用镀金的青铜饰件，而是多用拼木镶嵌涂漆的手法进行装饰。装饰图案多采用古典的纹饰，如檐饰、柱式、花绶、莨苕叶饰、月桂叶饰、棕榈叶等纹样。

椅子腿部采用圆形或方形断面的直线形式，端部较细，靠背主要有方形、梯形、把手形、帽子形、椭圆形、盾形、球拍形等，扶手和前腿采取连贯的形式，腿的造型采用由上而下逐渐收缩的古典柱式。座面也是圆形或方中带圆的形式，即座框略呈弯曲状，扶手和座面、靠背都有软衬垫织物。桌类家具有写字台、小桌、长方桌、圆形工作台、梳妆台等，多用直线结构，腿部方形或圆形由上向下逐渐收缩，显得纤巧、灵秀、优美。床的形式变得简洁、轻盈，而且雕刻装饰较少；床腿同样采用凹槽或螺旋槽，腿端则雕成水果或花卉式样。柜类家具也很有特色，以直线为主，非常简练、秀美。

法国路易十六时期胡桃木书架

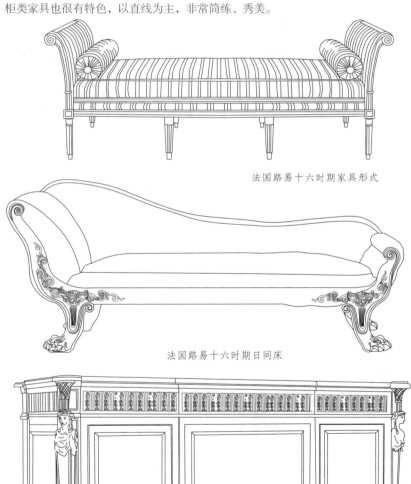

法国路易十六时期家具形式

法国路易十六时期日间床

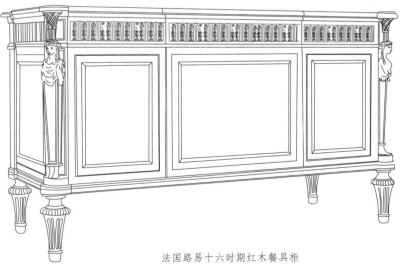

法国路易十六时期红木餐具柜

法国路易十六时期胡桃木扶手椅

06
新古典主义家具

法国路易十六时期圆形高脚衣柜

法国路易十六时期胡桃木书桌

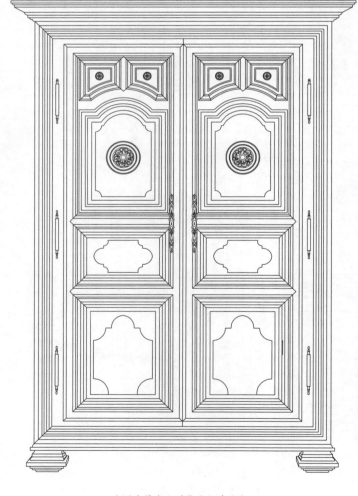

法国路易十六时期小红木衣柜

法国路易十六时期文艺复兴风格胡桃木四柱床

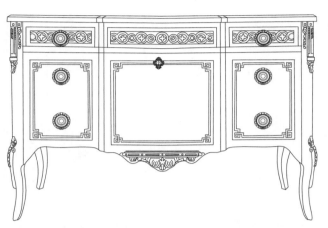

法国路易十六时期镶嵌红木、悬铃木、柠檬木的三斗柜

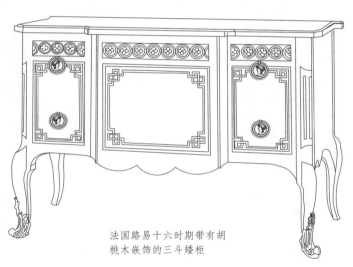

法国路易十六时期带有胡
桃木嵌饰的三斗矮柜

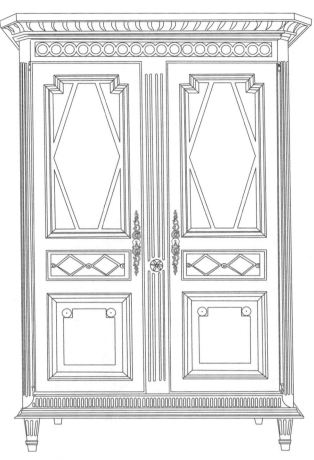

法国路易十六时期胡桃木二门衣柜

法国路易十六时期红木餐具柜

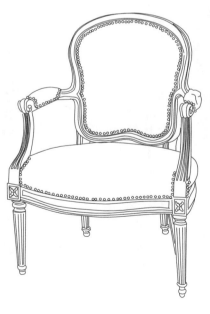

法国路易十六时期小提琴构造胡桃木扶
手椅

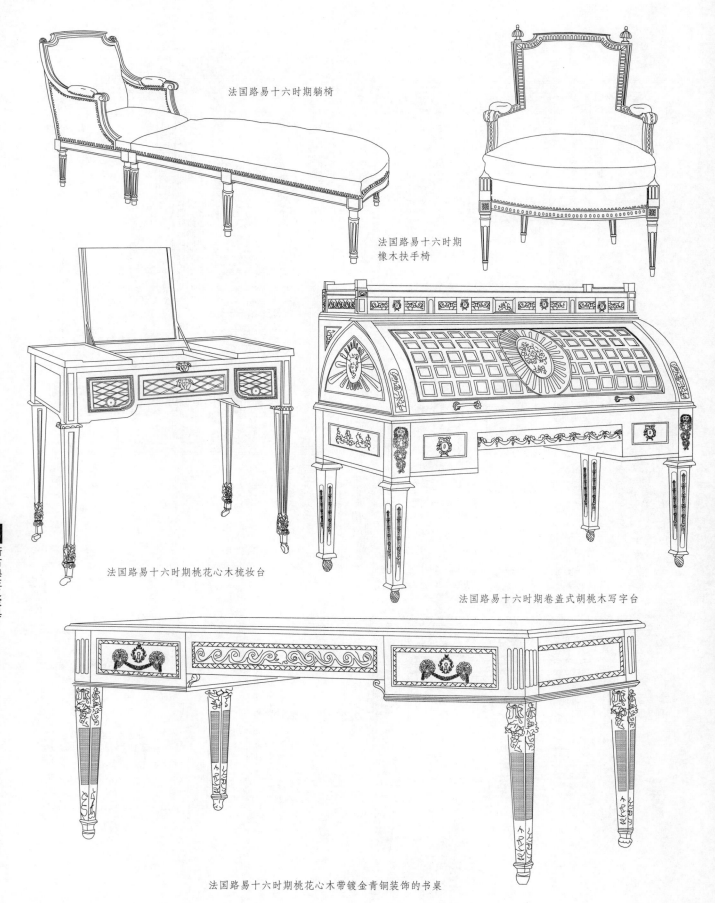

法国路易十六时期躺椅

法国路易十六时期
橡木扶手椅

法国路易十六时期桃花心木梳妆台

法国路易十六时期卷盖式胡桃木写字台

法国路易十六时期桃花心木带镀金青铜装饰的书桌

法国执政内阁时期家具，是路易十六时期进入帝政时期的一个过渡性阶段，虽然短暂，但对于装饰和家具风格的演变具有重大的影响。

法国执政内阁时期家具的最大特色，就是将设计的重点转向以希腊与罗马为背景的纯粹古典造型上面。许多新型的靠椅、沙发和其他家具均以优美的希腊靠椅为设计的依据。许多象征革命的图案也变成家具上面最流行的装饰，其中包括：自由帽、矛、箭、鼓、号角、把握的手以及三角形等。在家具材料方面多数采用本土出产的果树、橡木、胡桃木等。从整体上来说，它只能算是进入帝政时期的一种过渡性的风格。

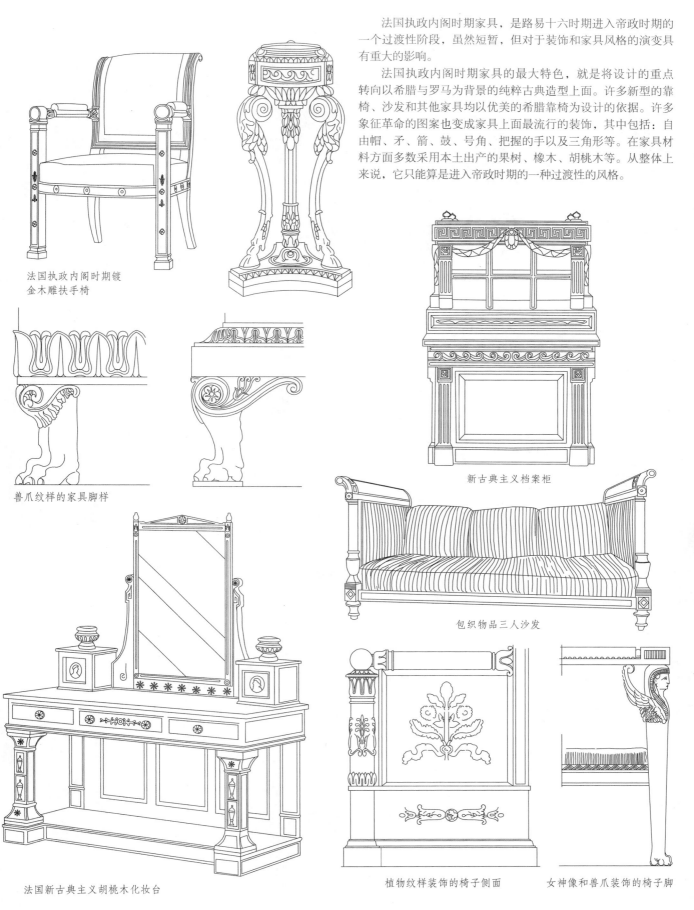

法国执政内阁时期镀金木雕扶手椅

兽爪纹样的家具脚样

新古典主义档案柜

包织物品三人沙发

法国新古典主义胡桃木化妆台

植物纹样装饰的椅子侧面

女神像和兽爪装饰的椅子脚

法国执政内阁时期镀金木雕扶手椅

18世纪法国翼状沙发椅

法国执政内阁时期桃花心木大书桌扶手椅

1810年帝国时期镀金天鹅长腿凳

法国新古典主义时期时髦妇女用的白日榻

18世纪法国执政内阁时期花盆架

雕刻长躺椅

06
新古典主义家具

法国帝政时期家具设计，恪守着严格的对称法则。例如，有翼的胜利女神，两手举同样的花环，衣服的左右设计得完全对称。帝政式风格是一种彻底而广泛的复古运动，模仿古代艺术的形式，盲目地将柱头、半柱、檐板、螺纹架、饰带等古典装饰细部强加在家具的框架上面。

帝政式的装饰常常与拿破仑本身有关。代表拿破仑的"N"字常嵌饰在花环之中作为家具重要装饰，代表雅典皇后的蜜蜂也常被拿破仑主义者纳入装饰。其他主要图案有：埃及的金字塔、狮身人面像、荷花、棕叶；希腊罗马的莨苕叶饰、花环、忍冬叶、月桂、凤梨、鹰、天鹅、狮首、半狮半怪兽等。

家具表面处理以显露木纹为原则，贴片方式亦受重视。装饰部分以铜饰为主，但浓重的雕刻、彩绘、贴金、镶木、旋木等其他技法也应用在家具的装饰上面。

沙发多采用高直背和涡卷扶手装饰，框架上刻饰着古典花饰。床架采用狮身人首形式，天盖上常装饰着武士头盔等奇异雕刻，围幔采用华丽的花饰和流苏，有厚重华丽的感觉。桌子以圆桌最多；另外有一种女像柱长方桌则纯为模仿同类古典建筑的产品。

法国帝政时期新古典三人椅

法国帝政时期新古典扶手椅

法国帝政时期圆形桃花心木基座桌

法国帝政时期新古典扶手椅

法国帝政时期新古典椅子

法国帝政时期桃花心木青铜镀金的灯台座

法国帝政时期包裹镀金扶手椅

06
新古典主义家具

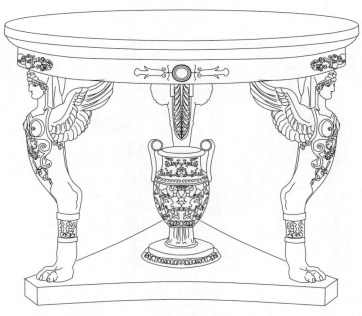

法国帝政时期桃花心木底座圆桌

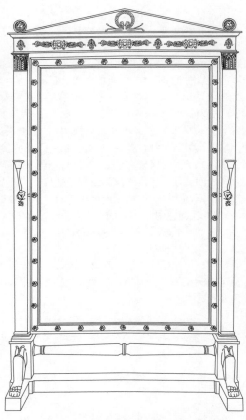

法国帝政时期桃花心木带有青铜装饰的镜子
高2070、宽1210、深205

法国帝政时期新古典椅子

法国帝政时期新古典扶手椅

法国帝政时期新古典台脚

法国帝政时期桃花心木梳妆台

法国帝政时期新古典扶手椅

法国帝政时期桃花心木轻便镜子

19世纪法国青铜和大理石枝
状大烛台

法国帝政时期新古典台脚

法国帝政时期桃花心木底座圆桌

法国帝政时期新古典圈椅

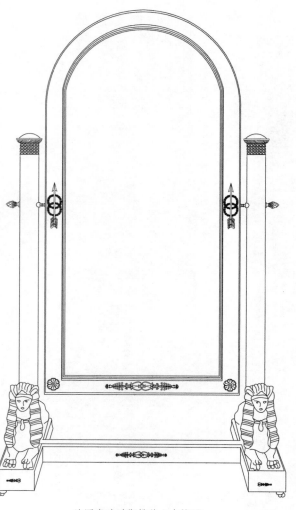

法国帝政时期桃花心木镜子

法国帝政时期新古典二节柜

亚当是一位特别注重建筑、室内、家具风格统一的建筑家，在室内空间构成上特别强调家具的作用。

亚当风格家具的特点是典雅、优美，不仅形式上具有古典风格的特色，而且在结构和装饰上都作了合理的处理，其多用直线结构，线条明晰而稳健、简单而朴素。家具腿为上粗下细，表面平整，用油漆、贴金或镶嵌装饰。亚当风格家具的装饰题材以带有装饰的圆盘形和椭圆形、三角扇形、垂花形、悬挂帐幕状、叶形装饰、竖琴、人体、狮身人面像、维纳斯、月亮女神、丘比特等古典题材以及路易十六式的槽纹等纹样为主。软垫织品常用花缎、锦缎、带花纹或条状的丝绸。

亚当风格椅子的腿呈细条、尖形，有圆腿也有方腿，常刻有凹槽。椅脚为块状或马蹄状脚，圆腿则采用车脚或弯曲脚，椅子很少使用腿拉档。靠背有方形、卵形等多种形式。

亚当风格桌子一般长而狭，装饰主要集中在望板上。直腿上雕有凹槽或采用车腿，有些桌子甚至设计成多于四条腿，亚当所设计的很多靠墙小桌，多为半圆形。大理石桌面在当时颇为盛行。

亚当最成功的大型家具是壁炉架、餐具柜、书柜等，他以古典建筑为蓝本，吸取门窗上的三角形或拱形檐饰及古典柱式的檐部等的风格。

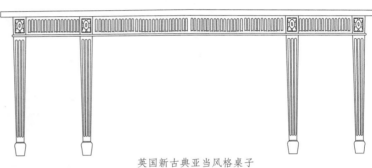

英国新古典亚当风格扶手椅

英国新古典亚当风格桌子

英国新古典亚当风格桌子

英国新古典亚当风格小柜

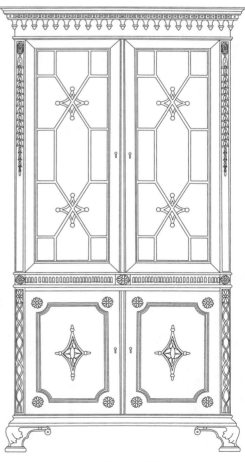

英国新古典亚当风格陈设柜

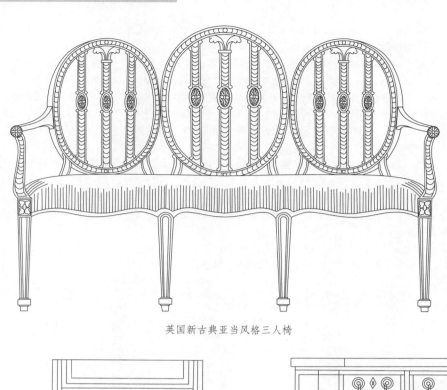

英国新古典亚当风格三人椅

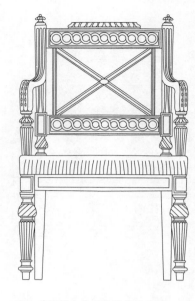

英国新古典亚当风格扶手椅

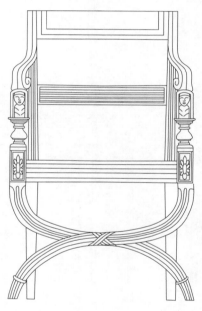

英国新古典亚当风格扶手椅

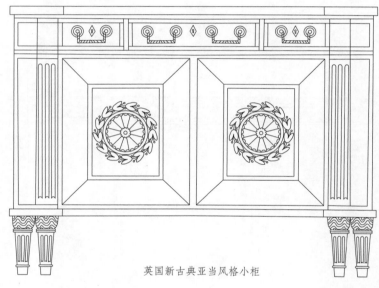

英国新古典亚当风格小柜

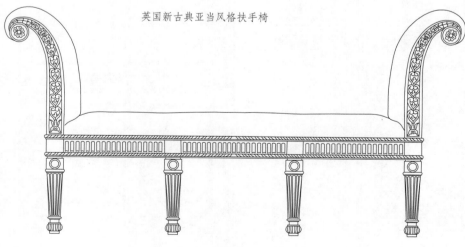

英国新古典亚当风格长凳

英国新古典亚当风格扶手椅

英国的赫普尔怀特设计的家具比例协调优美、造型纤巧优雅，兼具古典式的华丽和路易十六式的纤巧。

赫普尔怀特的风格特点集中体现在椅子的设计上，特别是椅子靠背设计独具匠心，有盾牌形、卵形、心形、圆形、椭圆形等多种形状，但尤以盾牌形最能体现其特色。椅背的装饰物有羽毛标志、麦穗、古琴、花瓶、棕叶、窗头花格等图案，都是透雕镂空，很少有软靠垫。椅腿以直线形方或圆断面为主，腿上有沟槽，脚型有尖脚、马蹄脚等。后腿多为方脚且向后弯曲呈军刀状。座面常呈扇形，座框前面一般为弓形、波浪状，少许有直线形，其表面有精巧的装饰图案。

椅子材料以桃花心木为主，也用椴木、桦木、枫木、紫檀等。多数椅子的座面都包覆有条纹或不同颜色相间的方格花纹面料，面料有棉布、亚麻布、丝绸等。

赫普尔怀特设计的桌子，桌面都是椭圆、矩形等几何图形。餐桌左右有折叠翻版、中间有抽屉，这就是在那个时代流行于英国的彭布罗克桌、茶几桌、妇人用工作桌等。

赫普尔怀特还设计了不同形式的组合型家具，如将装饰架、书架、梳妆桌、衣柜等功能组合在一起的家具。

英国赫普尔怀特风格半圆桌（立面图）

英国赫普尔怀特风格椅子

英国赫普尔怀特中式风格书架

英国赫普尔怀特风格门头装饰

英国赫普尔怀特风格扶手椅

英国赫普尔怀特风格长凳

英国赫普尔怀特风格餐具柜

谢拉顿（1751—1806）活跃的时代正是英国家具的黄金时代。他的思想对于改变法国路易十六时期、帝政时期家具设计起到了主导作用。

他的设计博采众家之长，特别是一些新功能家具。例如，梳妆台兼作牌桌、书架兼书桌的写字台，还有折叠盖写字台。他设计的家具以直线为主导地位，强调纵向线条，喜爱用上粗下细的圆腿，而且各种家具腿的顶端常用箍或轮子。谢拉顿的椅子精细而优美，尺寸比例适度，大部分椅子的靠背呈方形，有精巧的雕刻。靠背的形式有格子式、奖杯式、竖琴式、车木杆式（栅栏式）、盾牌式、卵形式，靠背板总是安在靠背下横档上。椅背的中背板往往高于椅背上顶档，座面略呈方形，前宽后窄，软垫椅子的座框外露，座垫放在座框上。谢拉顿的餐具柜和桌子等都是采用上粗下细的细长腿，腿之间很少有拉档。书柜通常在顶部设计成山形顶，柜门采用玻璃花格。

在大而平的或者有些弯曲的表面，通常用的是置于椭圆或菱形图案里的有反差的精美薄板，这些图案由黑色或者黄铜色线条和箍带边衬托。他也将黄铜以陈列的形式用于餐桌、书桌和工作桌上。

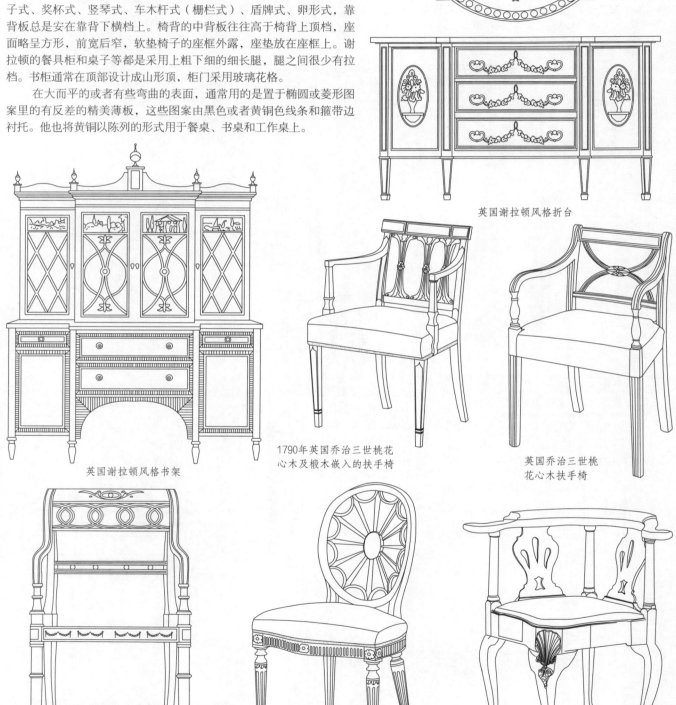

英国谢拉顿风格折台

英国谢拉顿风格书架

1790年英国乔治三世桃花心木及椴木嵌入的扶手椅

英国乔治三世桃花心木扶手椅

英国谢拉顿风格扶手椅

1780年英国乔治三世时期桃花心木轮子背面椅

1725年英国乔治时期胡桃木三角扶手椅

英国谢拉顿风格半圆桌

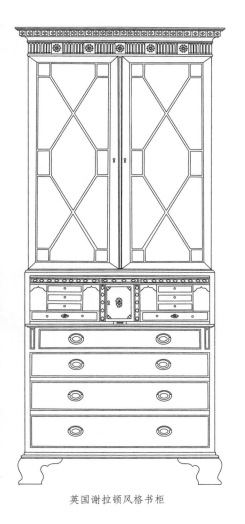

英国谢拉顿风格书柜

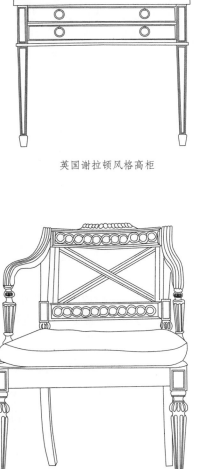

英国谢拉顿风格高柜

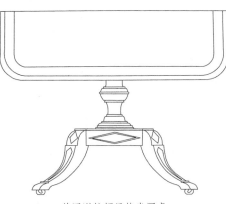

英国谢拉顿风格半圆桌

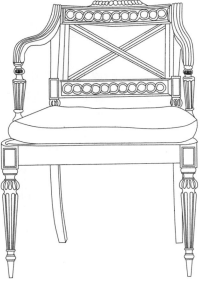

英国谢拉顿风格扶手椅

1796年英国谢拉顿风格橡木扶手椅

1820年英国乔治四世时期桃花心木书桌椅

英国摄政时期丝绸缎子包裹沙发

英国摄政时期包裹天鹅绒的沙发

英国摄政时期紫檀沙发桌

英国摄政时期木雕桌

英国摄政时期丝绸缎子包的沙发

英国摄政时期紫檀陈列柜
高1900、宽1060、深465

1815年英国摄政时期
黑檀色镀金扶手椅

英国摄政时期胡桃木扶手椅

英国摄政时期桃花心木椅

1815年英国摄政时期
紫檀和桃花心木椅

英国摄政时期黑檀色及包
裹镀金描画的×形扶手椅

1810年英国摄政时期
包裹镀金的烛台架

1815年英国摄政时期紫檀木游戏桌
高610、宽1400、深450

1815年英国摄政时期木材模
拟青铜和包裹镀金的烛台架

英国摄政时期木材雕刻躺椅

英国摄政时期紫檀二重唱乐谱架

1810年英国摄政时期雕刻凳
高550、宽1080、深750

英国摄政时期镀金青铜装饰的抽屉柜

1820年黑檀和胡桃木串起镀金狮子头坐凳

英国摄政时期的四件
青龙木和紫檀套桌

1810年英国摄政时期桃花心木沙发桌
高1035、宽1700、深500

1830年新古典主义风格红木床

英国摄政时期木雕桌

英国摄政时期紫檀木桌

英国摄政时期镀金青铜装饰的抽屉柜

1890年英国维多利亚女王时期包裹青铜镀金的胡桃木墙边桌

1850年英国维多利亚女王时期胡桃木椅

1840年英国维多利亚女王时期紫檀和大理石面中心桌
高720、宽730、深730

1890年英国维多利亚时期红木长餐桌

1870年英国维多利亚时代中期榉木三角橱
高940、宽800、深550

英国维多利亚时期红木办公桌

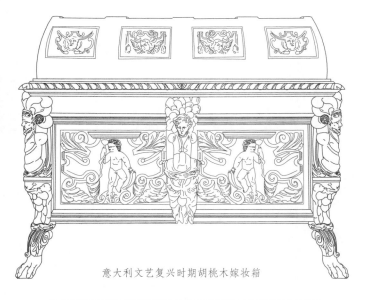

意大利文艺复兴时期胡桃木嫁妆箱

议会椅，镀金，1313年

法国路易十六时期有黄铜
镶嵌装饰的办公用衣柜

英国新古典主义时期桌子

法国路易十六时期红木餐具柜

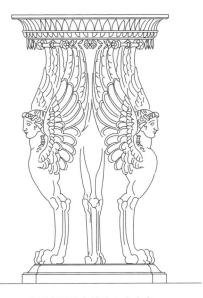

美国帝国时期桃花心木小桌

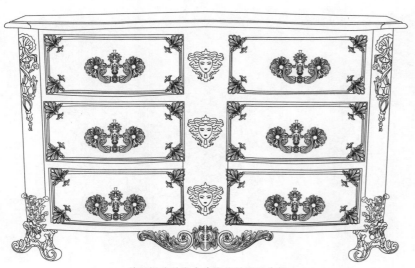

英国摄政时期木片镶饰矮腿三斗柜

英国16世纪后半期橡木扶手椅

法国路易十五时期黄檀木小抽屉柜

法国路易十四时期壁炉屏风

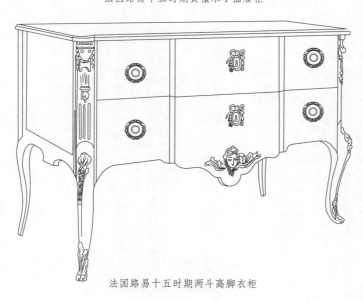

法国路易十五时期两斗高脚衣柜

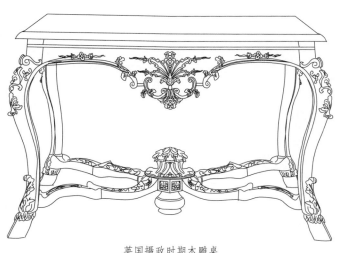

英国摄政时期木雕桌

意大利乌木雕花大衣柜

1755年英国乔治二世桃花心木柜

法国路易十六时期胡桃木书桌

法国18世纪卧室装饰长卧椅

07

欧式家具装饰艺术

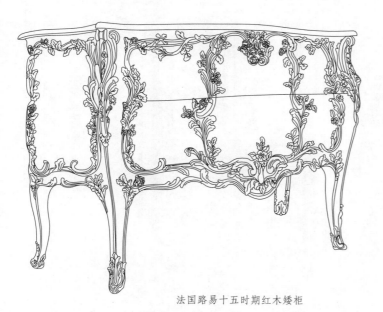

法国路易十五时期红木矮柜

1871年新巴洛克式花架

19世纪意大利洛可可风格包裹
镀金神坛

法国路易十六时期胡桃木书架

英国乔治四世时期红木马形屏风

法兰西第一王朝时期红木扶手椅

法兰西第一王朝时期红木圆桌

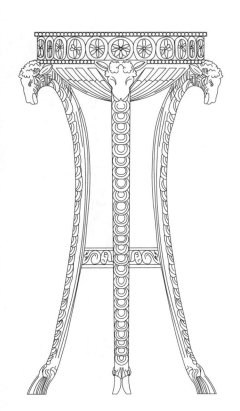

20世纪英国青铜镀金的灯台

埃及苏丹卡灵王王座
（埃及早期扶手椅）

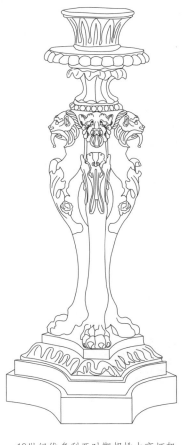

19世纪维多利亚时期胡桃木高灯架

07
欧式家具装饰艺术

欧洲文艺复兴时期路易十三橡木桌

1815年英国摄政时期黑檀色
镀金扶手椅

1810年法国帝政时期镀金
天鹅长腿凳

1740年英国乔治二世桃
花心木三脚架酒桌

英国詹姆士一世时期橡木扶手椅

1810年英国摄政时期包裹
镀金的烛台架

意大利罗马风格大理石中心桌面

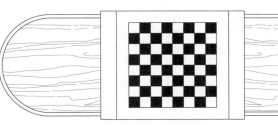

英国乔治王朝末期椴木餐具桌

法国路易十五时期黄檀边桌

威廉四世时期大理石镶嵌的圆桌面

1840年英国维多利亚女王时期
紫檀和大理石面中心桌

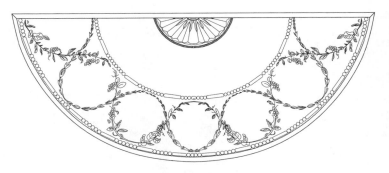

1785年英国乔治三世椴木和镶嵌细工半圆形旁桌

07

欧式家具装饰艺术

法国路易十六时期红木五斗柜

法国路易十五时期镀金青铜雕花黄檀小抽屉柜

法国路易十六时期镶嵌红木、悬铃木、柠檬木的三斗柜

1750年西班牙安妮女王时期樱桃木矮屉柜

法国路易十五时期红木矮柜

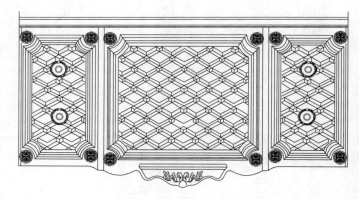

法国路易十五末期菱形多彩图案镶嵌的三斗柜

18世纪意大利包裹镀金米色矮柜

法国路易十五晚期红木三斗小柜

07
欧式家具装饰艺术

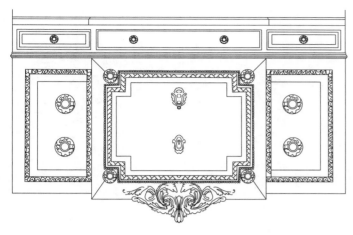

法国路易十五时期黄檀小衣柜

法国路易十五时期黄檀小抽屉柜

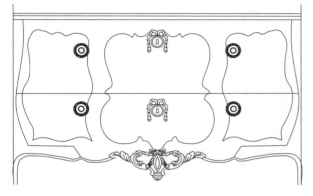

法国路易十五时期二斗高脚衣柜

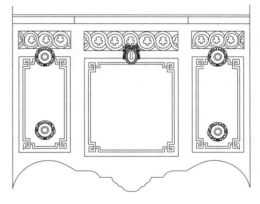

法国路易十五晚期胡桃木三斗小柜

法国路易十五晚期胡桃木高脚柜

法国路易十六时期红木三斗柜

法国路易十五时期黄檀小抽屉柜

路易十六时期紫檀木五斗柜

07
欧式家具装饰艺术

英国乔治二世时期桃花心木衣柜

英国乔治三世时期红木衣柜

美国齐彭代尔时期
红木子母高衣柜

美国安妮女王风格
枫木高脚抽斗柜

英国乔治二世桃花心木橱柜

18世纪后期英国风
格抽屉小矮衣柜

英国乔治三世时期桃花心木陈列柜

英国乔治二世时
期胡桃木陈列柜

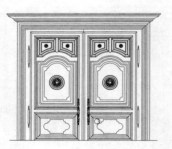

法国路易十六时期小红木衣柜

法国路易十四时期外形带
有写字台的木刻衣柜

1770年荷兰桃花心木大衣柜

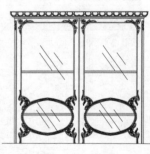

法国摄政时期紫檀陈列柜

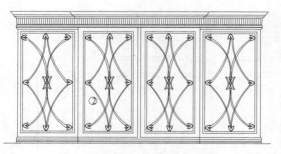

齐彭代尔风格四部分组成的书柜

1770年荷兰桃花心木大衣柜

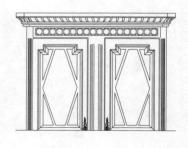

法国路易十六时期胡桃木二门衣柜

中世纪罗马式的床屏

中世纪罗马式的床屏

1830年新古典主义风格红木床

法国路易十六时期文艺复兴风格胡桃木四柱床

1870年布列塔尼风格橡木床架

法国巴洛克风格床低片

07

欧式家具装饰艺术

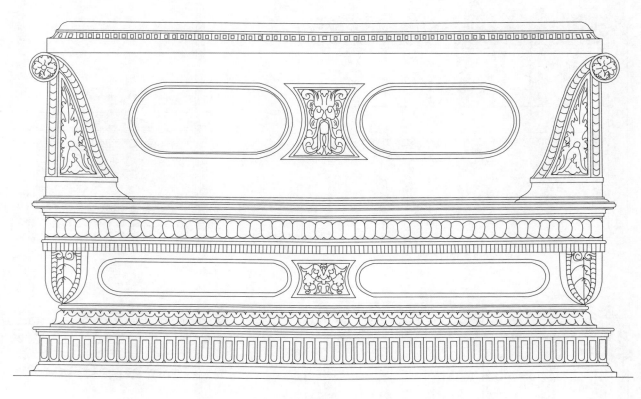

意大利文艺复兴时期的床屏

意大利文艺复兴时期的床屏

法国路易十六时期镀金木制椅

18世纪晚期英国查尔斯四世丝绸包裹椅

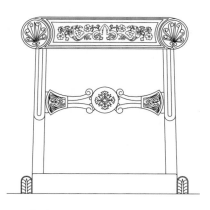

1820年英国乔治四世紫檀和镶嵌细工椅

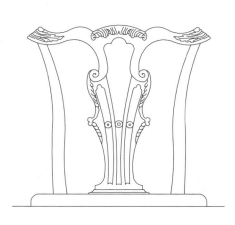

齐彭代尔风格文雅直背椅

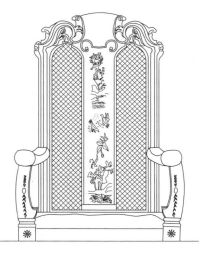

法国路易十五时期红木扶手椅

哥特式齐彭代尔风格椅

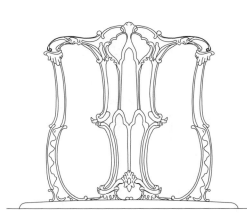

英国齐彭代尔风格哥特式椅

英国赫普尔怀特风格靠背椅

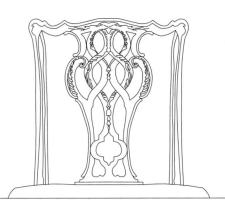

英国齐彭代尔风格靠背红木椅

07

欧式家具装饰艺术

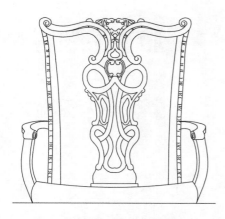

1760年英国乔治三世桃花心木扶手椅

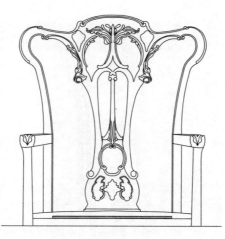

齐彭代尔风格红木扶手椅

齐彭代尔风格文雅直背椅

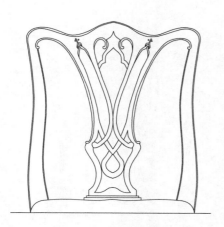

齐彭代尔风格靠背椅

美国殖民时期谢拉顿风格椅

美国殖民时期谢拉顿风格与亚当风格扶手椅

齐彭代尔风格靠背椅

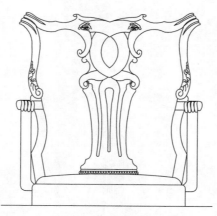

1750年英国乔治二世胡桃木扶手椅

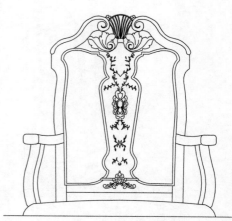

18世纪西班牙安妮女王风格扶手椅

英式米诺卡有齐彭代尔风格靠背椅

英国米诺卡有赫普尔怀特风格靠背椅

法国路易十六时期镀金木制椅

英国米诺卡有齐彭代尔风格靠背椅

法国执政内阁时期桃花心木大书桌扶手椅

1740年费城安妮女王胡桃木椅

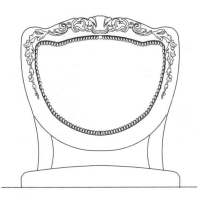

1850年英国维多利亚女王时期胡桃木椅

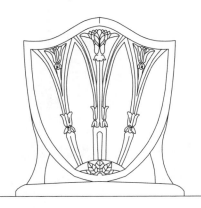

英国摄政时期包裹镀金桃花心木椅

1780年乔治三世桃花心木轮子背面椅

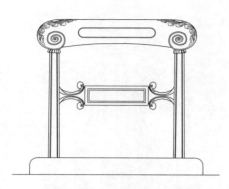

1815年英国摄政时期桃花心木椅

1820年意大利桃花心木椅

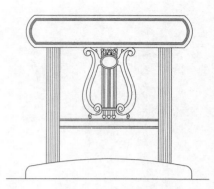

英国摄政时期桃花心木椅

1815年英国摄政时期紫檀和桃花心木椅

英国赫普尔怀特风格红木扶手椅

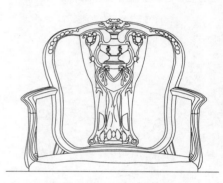

法国路易十六时期胡桃木扶手椅

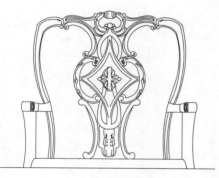

法国齐彭代尔扶手椅

齐彭代尔风格文雅直背扶手椅

18世纪后期西班牙安妮女王风格椅

19世纪后期伊莎贝拉风格椅

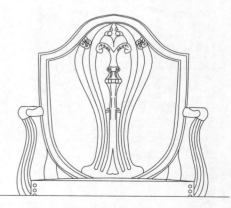

英国赫普尔怀特风格盾形靠背扶手椅

椅子扶手

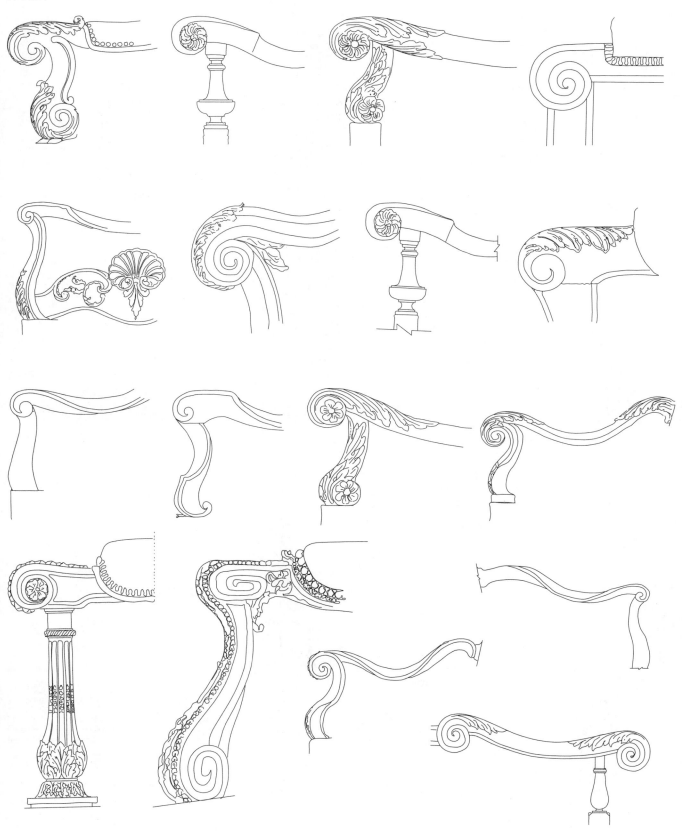

沙发扶手

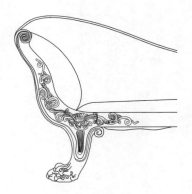

法国路易十六时期

英国乔治时期

法国新古典主义时期

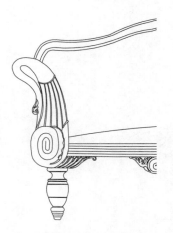

19世纪30年代文艺复兴风格

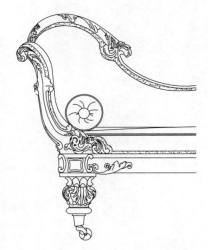

英国威廉四世时期

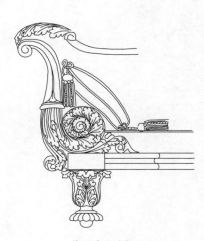

英国乔治时期

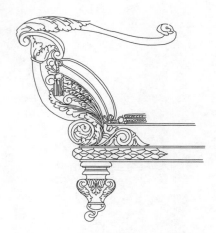

英国乔治时期

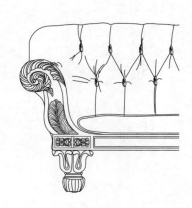

英国威廉四世时期

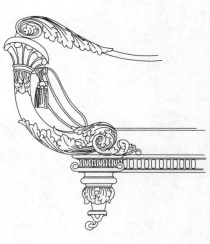

英国乔治时期

欧式家具装饰艺术

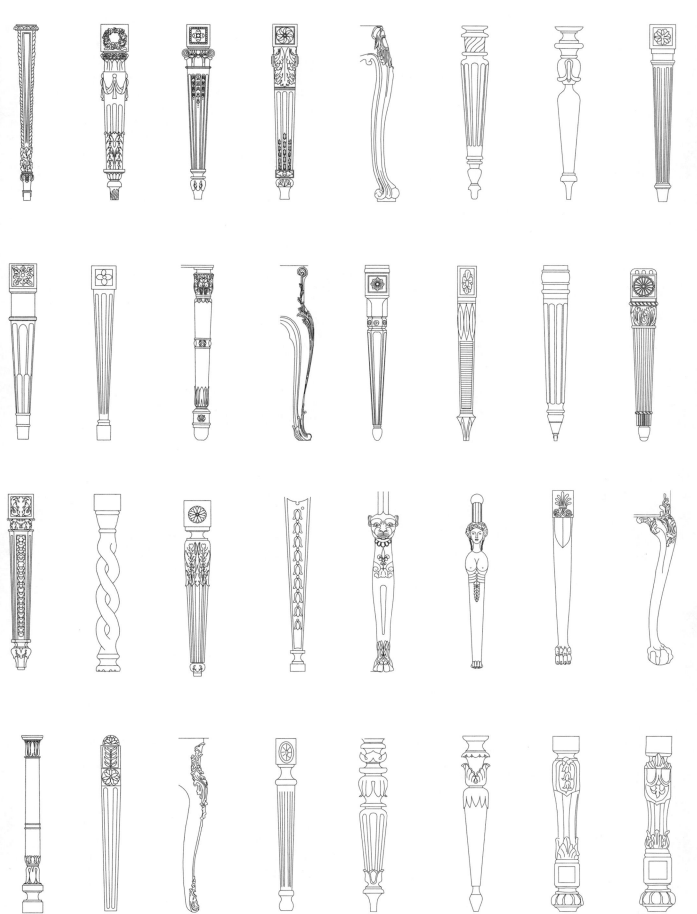

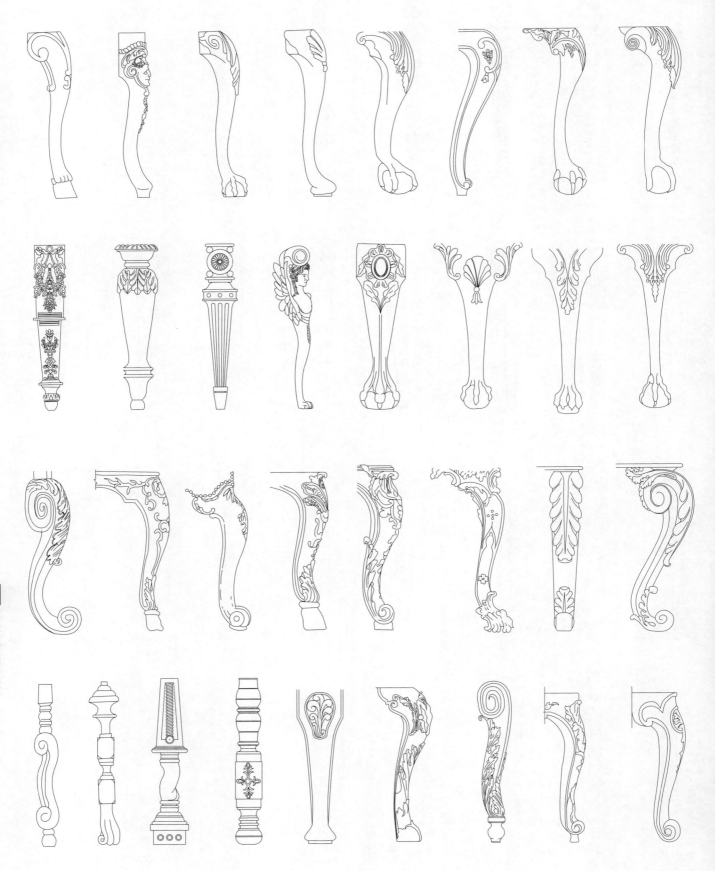

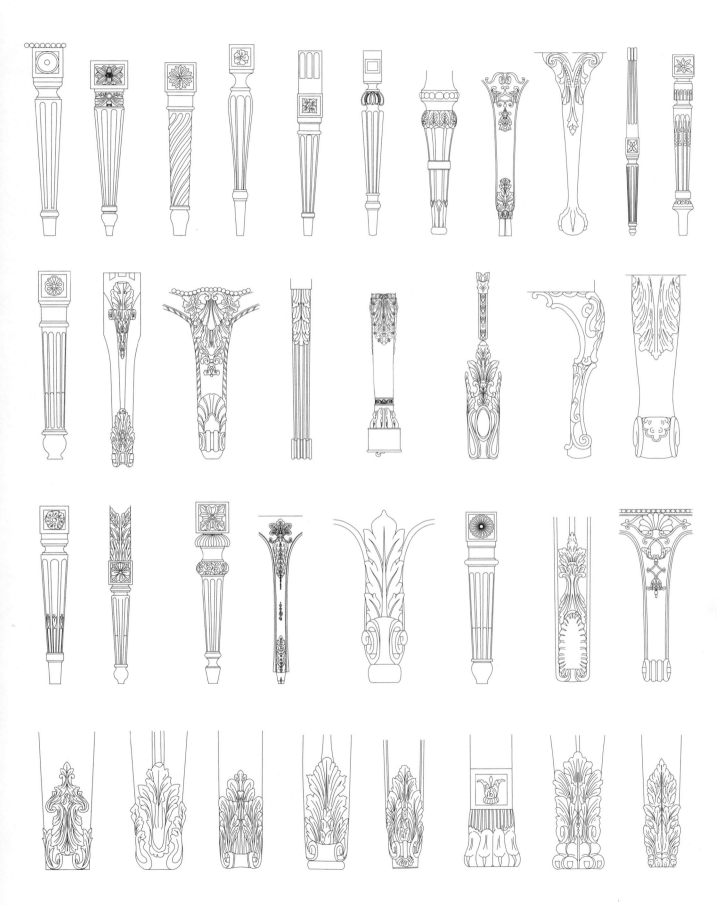

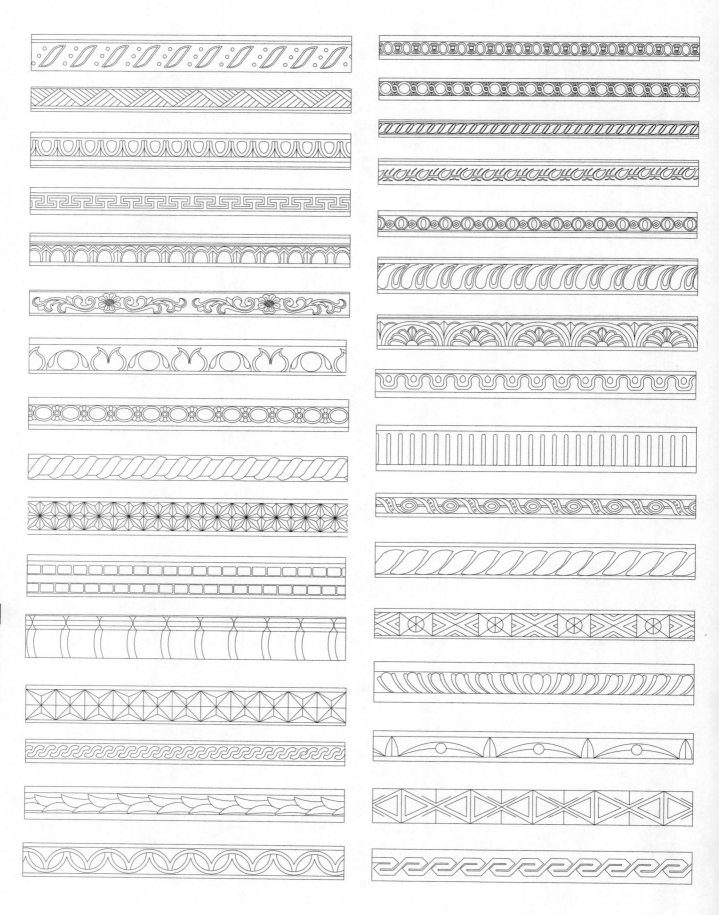

尺寸: 35×24/30×19/25×16/20×15

尺寸: 36×23/31×21/26×20/18×16

尺寸: 32×21

尺寸: 26×21

尺寸: 35×28/30×25

尺寸: 37×19

尺寸: 22×26

尺寸: 23×22/19×18

尺寸: 29×22

尺寸: 16×18

尺寸：37×19/31×18

尺寸：38×18

尺寸：24×25

尺寸：36×28/29×20

尺寸：20×29/30×29

尺寸：27×18

尺寸：38×25

尺寸：32×30

尺寸：28×19

尺寸：38×23

尺寸：24×23

尺寸：25×20

尺寸：19×18

尺寸：36×17

尺寸：38×21/32×30

尺寸：26×22

尺寸：32×24

尺寸：27×17

07

欧式家具装饰艺术

国 外 现 代 家 具 篇

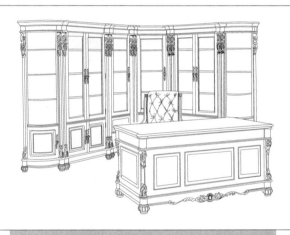

写字桌，1934年，
实木自然桃木。制
造商：卡西纳公司

红蓝椅（Red and Blue Chair），
1918年，彩绘榉木和夹板；蓝色
座部，红靠背，黑色支架，黄色
截面

在现代设计运动中，里特维德是创造出最多的"革命性"设计构思的设计大师。他出生于荷兰名城乌特勒支（Utrecht），父亲是当地一位职业木匠，里特维德从7岁起就开始在父亲的作坊中学习木匠手艺。1911年他开办了自己独立的木工作坊，同时开始以上夜校的方式学习建筑绘图。

1917—1918年他设计并制作了"红蓝椅"，并于次年成为荷兰著名的"风格派"艺术运动的第一批成员。里特维德力图将风格派思想体现在三维空间的形式中。他感到有必要将家具拆解到只有基本形式，然后对每个零部件进行重新构思，就好像家具从未被制造过一样，特别是椅子，在整个20世纪中都被赋予各种自身之外的象征意义，为此必然要求进行新的构思。一张椅子必须有一个座、一个靠背和一些支撑部件。"红蓝椅"极其简单，两张平的矩形夹板各自成开角状置放，以形成适应坐姿的靠背和座部；支撑架由方形或矩形零散件组成，它们各自成直角，用螺钉而非榫尾连接固定。椅子原件是由本色榉木制成。他将一字的靠背涂成红色，座部为蓝色，框架为黑色，所有方角口都为醒目的黄色。虽然这张椅子制作简单，又相当便宜和舒适，但对那些因熟练工艺而自我陶醉的传统家具生产者们来说则是过于简单了，甚至有些僵硬。

1923年他为柏林博览会荷兰馆设计的"柏林椅"则可以说是对历史上所有椅子设计的彻底反叛：它是由横竖相同、大小不同的八块木板不对称地拼合成的一把椅子。

1932～1934年设计制作的Z形椅，在家具的空间设计组织上又是一次革命，在最直接的功能上扫除了落座者双腿活动范围内的任何障碍。一般人都认为这是回应杜斯伯格1924年发表的一种理论呼吁：要在艺术构图的竖直和水平元素之间引入斜线以解决横竖构图元素间的冲突。不论理论上如何解释，Z形椅开发了现代家具设计的一个方向或一个类别，后代不少设计师不断在其设计理念的基础上进行新的"诠释"。

在现代家具设计史上，几乎没有任何一位设计师能像里特维德那样经手如此多的划时代的设计作品，而这许多设计作品又对后世众多的设计师产生了深远而持久的影响。

矮桌，木构，涂漆。
制造商：卡西纳公司

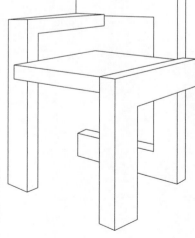

Steltman椅，1963年，橡树木
材，里特维德为Steltman珠宝商
店设计的椅子

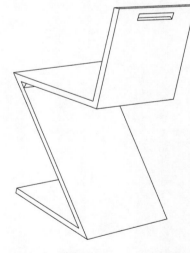

Z形椅是里特维德在1934年为麦兹公司
设计的。虽然这张椅子是由几块木板构
造，但它反映了里特维德对制造单一材
料的椅子的实验，并预示了20世纪60年
代成型塑胶板椅的诞生

马塞尔·布劳耶是国际建筑师中具有绝对影响力的建筑师之一。布劳耶1902年5月21日生于匈牙利佩奇市，他从小喜爱绘画和雕塑，18岁时获得一笔奖学金前往维也纳艺术学院学习。

1920年，他来到德国，成为包豪斯学校的第一期学生。这使得布劳耶有机会接触到各种先锋派艺术观念，其中最有影响的就是表现主义、风格派和结构主义。布劳耶更多地使用实木胶合板设计他最初的家具，这段时间他很大程度上是追随里特维德的方向，同时对之做进一步发展以求得到更为完善的功能，如有弹性的框架、曲线形的座面及靠背，以及选择适当的面料等。留校任教后，他有机会更进一步发展并突破他以前的设计思想，同时他结识了格罗皮乌斯、密斯、柯布西耶等设计大师。布劳耶在家具设计领域的才华令所有同仁敬佩，他仅仅通过四年的学习便成为家具系的学生领袖，后留校任教，负责家具设计专业，主持家具车间，并直至1928年。马塞尔·布劳耶成为当时众多设计大师中最年轻的一位。

1925年，只有23岁的布劳耶就设计出后来几乎家喻户晓的"瓦西里椅"（The Wassily），该椅子因第一次使用新材料弯曲钢管制作而名垂史册。布劳耶充分利用材料的特性，创造了一系列简洁、轻巧、功能化并适于批量生产的钢管椅，这成为他对20世纪现代设计作出的最大贡献。

与瓦西里椅同时设计出的"拉西奥茶几"也是一件重要杰作，它可能是历史上最简洁的一件家具，而其中弯曲钢管的构思很可能启发了另外两位建筑师：荷兰人马特·斯坦和密斯，他们各自独立地设计出悬臂椅。这件家具的多功能性对后来的设计影响很大，它证明了布劳耶的信念：只有通过简洁的手法，家具才能更完善地具备多功能性，以适应现代生活的多方面需要。布劳耶设计的悬臂椅出现在马特·斯坦的悬臂椅两年之后，但却更完善了这件非常类似的设计。在设计中布劳耶引进古老的藤编座面及靠背，并与当时最现代化的弯曲钢管结合起来，使之更舒适。随后布劳耶又很巧妙地在这件悬臂椅基础上设计出扶手椅。

布劳耶在1929年设计出第一件充分利用悬臂弹性原理的休闲椅。两年前密斯的悬臂椅是有一定弹性的，但现在这件休闲椅则无论是座面还是扶手都有很好的弹性，这是对家具舒适度的进一步考虑。同时，作为第一位使用弯曲钢管设计现代椅的设计师，布劳耶也是第一个认识到这种材料会给人触觉上的冷漠感，因此从一开始他就完整地考虑采用其他手感更好的材料接触人体，如瓦西里椅中用帆布或皮革，休闲椅则用编藤和软木，这样人体就不会与冰冷的钢管有直接的接触。

1933年，他用铝合金作为构架材料设计休闲椅，并参加了巴黎举办的铝合金家具国际设计竞赛，他的桌子、普通椅及休闲椅的优秀设计获得头奖，但这组铝合金家具投入生产线的时间并不长，从1935年起他再次转向胶合板，并很快以胶合板取代了以前家具设计中的铝合金。那段时间他去过英国，在英国完成了他以胶合板为主体的一系列家具设计，如胶合板躺椅、叠落式椅、扶手椅等。

布劳耶巧妙地在自然关系中处理木、石材料，形成其独特的风格。布劳耶相信工业化大生产，致力于家具与建筑部件的规范化与标准化，是一位真正的功能主义者和现代设计的先驱。

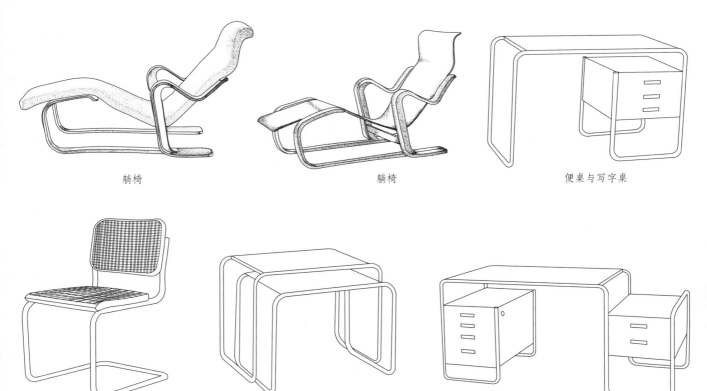

躺椅　　　　　　　　　　　躺椅　　　　　　　　　　　便桌与写字桌

塞斯卡悬臂椅（Cesca），有/无扶手椅，1928年，镀铬钢管构架，藤编垫衬。制造商：Thonet（美国）

便桌（Occasional tables）与写字桌（Writing desk），镀铬钢管构架，木质桌板。制造商：Thonet（德国）

便桌与写字桌

密斯·凡·德·罗——现代主义建筑大师，1886年3月27日生于德国亚琛，他未受过正规的建筑训练，幼从其父学石工，于1908年进入贝伦斯事务所任职。1919年开始在柏林从事建筑设计，1930—1933年任德国公立包豪斯学校校长。1938—1958年任芝加哥阿莫尔学院（后改名伊利诺斯工学院）建筑系主任。

著名的"巴塞罗那椅"是密斯为1929年巴塞罗那博览会中的德国馆而设计的，是现代家具设计的经典之作，为多家博物馆所收藏。与著名的德国馆相协调，这件体量超大的椅子也明确显示出高贵而庄重的身份。与椅子同时设计的还有名为"奥特曼"的凳子，也是以完全统一的构思完成，最初是为前来开幕剪彩的西班牙国王和王后准备的。

"巴塞罗那椅"连同德国馆引起前去参观的捷克人图根哈特夫妇（Tugendhats）的注意，他们于次年邀请密斯为其在家乡布尔诺设计住宅及家具。密斯为他们设计了一组家具，制作材料和工艺与"巴塞罗那椅"相同。第一件作品是后来被称之为"图根哈特椅"的休闲椅；第二件被称为"布尔诺椅"，以主人所在的城市命名，这是为餐厅设计的餐椅；第三件作品是一个方形矮桌，结构极为简单，十字交叉的主体构架支撑着玻璃桌面，典型地体现了密斯设计哲学的一个内在统一的方面，即外部的简洁。

1930年密斯还为美国建筑师菲利普·约翰逊设计了一张榻，这是他第一次在一件家具中同时使用钢材和木料，更主要的是这是与家具面料处理专家莉莉·瑞琪（Lilly Reich）合作设计的。这张榻是对历史上存在过的许多床的一个彻底简化，以求与当时仍非常流行的那种厚重繁琐、带有各种包面的古典或新古典床榻的完全决裂，再回到最简单的设计，如同古埃及的床那样。

钢管扶手椅

榻（Couch），1931年。硬木底板；绑扎皮绳的泡沫橡胶皮垫；镀铬不锈钢管床腿。制造商：诺尔国际

巴塞罗那凳（Barcelona Stool），1929年。镀铬不锈钢支架；皮革泡沫橡胶垫。制造商：诺尔国际

可调节躺椅（Adjustable Chaise Chair），1931年。镀铬不锈钢管弹性构架；皮面或布面泡沫橡胶垫。制造商：诺尔国际

便桌（Occasional Table）。镀铬钢管；黑亮漆台面。生产商：诺尔国际

休闲扶手椅（Lounge Chair with Arms），1931年。镀铬不锈钢管弹性构架；皮面或布面泡沫橡胶垫。制造商：诺尔国际

勒·柯布西耶于1887年出生于瑞士，父母是制表业者。少年时他在故乡的钟表技术学校学习，后来从事建筑设计。1921年他成立了自己的工作室。勒·柯布西耶对家具的态度与德国人不同，他视家具为设备，并将其归结到三个范畴，即椅子、桌子和开放或封闭的架子。他认为家具在建筑中应该担当一种无名的功能角色，并且能够适应各种功能。

柯布西耶为每一范畴的家具设计了多种样式：一张多用途的桌子，标准化的组合柜和不同用途的坐椅，即一张能调整靠背的椅子，一张轻便椅，一张安乐椅和一张躺椅。柯布西耶将这些家具视为住宅设备的一部分，即所谓生活机器的部分。柯布西耶希望住房和公寓达到便利化、舒适化和功能化的标准。这套家具首次应用于柯布西耶在1928—1929年设计的位于巴黎的切齐别墅，并于同一年在巴黎的秋季沙龙公开展出，其中还包括后来为人们所熟知的柯布西耶躺椅、大安逸椅和吊椅。

柯布西耶躺椅是他为室内居家设计的最为休闲放松的一件家具。它有极大的可调节度，可调成从垂腿坐到躺卧的各种姿势。它由上、下两部分的构架组成，如去除基础构架，则上部躺椅部分可作摇椅使用。它可以被放置在任何位置，不需要任何机械手段，体重就可以将之定位，这是一件真正的休闲机器！上部主体构架使用当时流行的弯曲钢管，而下部基础则使用廉价的生铁构建。躺椅最初选用兽皮。实际上他对每样材料的选择都很精心，

因为他最提倡的室内设计理念是不应堆砌，而应精练简洁，选取最少的必须日用家具，但这些东西都应精彩。

大安逸椅非常具有震撼力，这是一张依照普通方法构造的，即立体式紧压设计的扶手椅。在这一构造中，支撑架为镀铬钢管骨架，它们形同鸟笼的骨骼，被放在外围。结构骨架支撑着坐垫，侧面和靠背是四大块柔软的皮垫，这些皮垫可以更换位置，因此磨损程度均衡，而且易于清洁；外围的骨架则可防止椅身受损。该沙发椅最初有两种尺度，大者低一些，主要用于休闲空间，小者高一些，可用于较为正式的场合。

对于前两种设计，柯布西耶很快就意识到其局限性：太重，因而不适用于普通办公或居家室内。他很快设计出"吊椅"，它在视觉上和实际上都很轻便，成为普通休闲场所很受欢迎的家具。与前两种家具根本不同的是，这件椅子上下两部分即支撑部分和主体部分是融为一体的。主体构架的材料是钢管，但柯布西耶并未像另外的几个设计大师那样以弯曲的形式使用它们，而是以焊接方式形成主体构架，使这件设计更具机器形象——这正是柯布西耶一贯提倡的，尤其是应用于扶手的皮带，而靠背悬固在一根横轴上更增加了一种机器上的运动感。然而，机器美学并非柯布西耶设计的唯一灵感来源，对它的追求也是功能性的，而非纯粹的形式化。

钢管吊椅

吊椅（Sling Chair），1928年。镀铬钢管架，张力弹簧，座垫和靠背为小牛皮蒙面。制造商：卡西纳公司

旋转凳（Revolving Stool），1925—1928年。镀铬钢管架或彩色搪瓷钢管架，聚氨酯软垫，织物或皮革封套。制造商：卡西纳公司

躺椅，1928—1929年。可调节的躺椅，镀铬钢管，暗黑色钢座，马皮或普通皮革蒙面，背面靠绑扎在钢架上的强韧的橡胶皮带支撑。制造商：卡西纳公司

双人及三人大安逸椅（Granad Comfort），1928—1929年。镀铬钢管支架，平弹簧底座，皮革覆盖的软毛垫子。制造商：卡西纳公司

阿尔瓦·阿尔托生于一个叫库塔尼的芬兰小城镇，父亲是测量员，外祖父是森林学教授，他们为少年阿尔托营造了一个其他设计大师不曾享有的生长环境。阿尔托是一位非常早熟而又幸运的设计天才，1923年在尤瓦斯加拉开办了他第一个设计事务所，刚过30岁不久，就已赢得四项重要的建筑工程，这些都是通过设计竞赛获得的。年轻的阿尔托很快跻身国际名师之列。

阿尔托杰出的建筑设计分布在世界许多国家，建筑中的家具也随着被传遍世界。他的第一件重要的家具设计"帕米奥椅"是他为早期的成名建筑作品"帕米奥疗养院"设计的，这件简洁、轻便而又充满雕塑美感的家具，使用的材料全部是阿尔托研制三年多的层压胶合板，在充分考虑功能、方便使用的前提下其整体造型非常优美。

维堡图书馆是阿尔托通过1927年设计竞赛而赢得的第一个重要设计工程。自1930年起阿尔托开始为这个图书馆设计一种叠落式圆凳，其最惊人的特点就是后来被称为"阿尔托凳腿"的面板与承足的连接，这种以承压板条在顶部弯曲后用螺钉固定于座面板上的结合方法非常干净利落。

阿尔托为20世纪家具设计作出的另一杰出贡献是用层压胶合板设计出悬挑椅。1929年，经过反复实验，阿尔托开始确信层压板亦有足够的强度用作悬挑椅，并于1933年获得成功，制成全木制悬挑椅。而后阿尔托又用不同色彩、不同材料给各种设计以多姿多彩的面貌。

1954年设计的扇足凳是阿尔托又一件令人叹为观止的家具杰作，他利用微妙而精巧的技术有机地创造出一种非常漂亮的扇形足，并将其与座面直接相连。这种扇形足最大程度地显示了结构的可能性和木料的自然美。

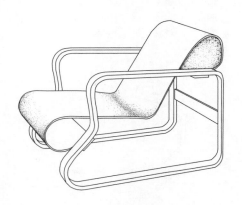

扶手椅，1933年，层压弯曲桦木板架，座部和靠背装有软垫。制造商：阿代克公司

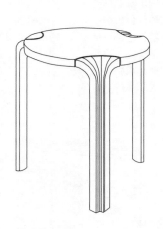

扇足凳，1954年。
制造商：阿代克公司

扶手椅，1933年，层压弯曲桦木板架，座部和靠背装有软垫。制造商：阿代克公司

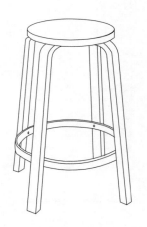

凳子，桦木；椅子，层压弯曲胶合板靠背，实木椅腿，1933—1935年，制造商：阿代克公司

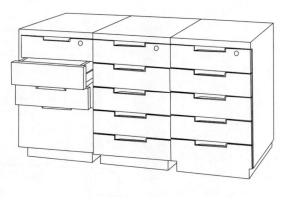

组合抽屉柜，1930年。
制造商：阿代克公司

桦木、层压弯曲胶合板靠背椅

埃罗·沙里宁生于芬兰著名的设计家庭，母亲洛雅·盖塞露斯是一位雕塑家、纺织品设计师、建筑设计师及摄影师。他于1929年去巴黎艺术学院学习雕塑，一年后回到美国加入父亲的设计事业。终其一生，无论是建筑设计还是家具设计，沙里宁都表现出天然的雕塑倾向。

在1940年以胶合板椅赢得现代艺术博物馆设计竞赛之后，沙里宁的另一个杰作是"卵形椅"（Womb Chair）。卵形椅比例宽大，用玻璃钢成型，泡沫胶垫，织物蒙面，镀铬钢管椅腿。后来沙里宁解释他设计卵形椅试图替代过去过于笨重的扶手椅。他看到了社会上人们对于一种大而舒适的椅子的需求，同时也意识到人们喜欢坐得低一些，低于维多利亚女王时代的高度，并喜欢懒散地坐着，频繁地改换姿势。沙里宁曾说到：一个即便堪称世界上最舒适的姿势，也不会持续太久，人们总有更换坐姿的需求，这个因素在坐椅的设计中从未得到应有的重视。同样遭到忽视的还有一个事实，那就是争取人身重量在与坐椅的最大接触面积中均衡分布是很重要的。至于卵形椅，他解释道："这个设计提供一种大的杯状壳形造型，试图产生一种心理上的舒适感，在这壳体之中，坐者可以盘腿也可伸腿。对于坐在其中的人来说，椅子应该是一幅背景，所以坐椅不仅仅应该在空置时成为室内空间的一件雕塑，在人入座其中时，要成为烘托身体的背景，尤其显现现代女性的体态魅力。"

1958年，沙里宁为人所熟知的"郁金香基座椅"问世，椅子的雕塑形态由玻璃钢制作而成，装置在细的漆成白色的铝制基座上。沙里宁将这把椅子称之为"全一体"，以往的任何坐椅都不具有这种一体化的结构。沙里宁认为，在模塑椅具的设计中，设计师穷尽各种可能性，而将椅腿作为单独的构件来对待。用沙里宁自己的话说："椅腿变成一种金属管，具有壳状或笼状形态的现代椅具坐落在纤细的金属杆件上，混合了不同种类的结构形态。而郁金香基座椅则要同一完整的线形轮廓。"

除了对抗座椅中的"钢管"因素之外，沙里宁的椅具设计还很好地融入到现代室内空间。沙里宁曾将建筑解释为"位于大地和天空之间的东西"，显然，家具对他而言成为天花和地板之间的事物，尽管这些天花和地板都出于一位二战后的设计师之手。伊莫斯对沙里宁的评价不无道理，他称沙里宁对待家具的态度如同建筑的缩影。沙里宁同时非常关注家具的舒适度，他的基坐椅就是极好的证明，坐在其中让人感到舒适安全，椅背微微弯折的护翼恰好托住肩膀，将身体的重压均匀分布，整个身体像是被包住了，具有扭转的空间，又不会随意滑落。

镂空背皮椅

镂空背扶手椅

郁金香基座椅

郁金香椅

镂空宽背椅

卵形椅

08
国外现代设计大师家具

查尔斯·伊莫斯于1907年出生于圣路易斯，父亲是一位艺术家和摄影师。1936年，他进入匡溪学院学习，正是在匡溪学院，伊莫斯与埃罗·沙里宁合作设计了胶合板椅，并在1940年的纽约现代艺术博物馆组织的家具设计竞赛中获得首奖。也正是在此，伊莫斯结识了同为设计师的瑞·凯塞尔（Ray Kaiser），凯塞尔后来成为他的妻子，也是其重要的设计合伙人。这种胶合板椅获得了巨大的市场成功，至今仍以多种变体形式在生产，对当时的美国社会而言，这批家具恰如其分地迎合了战后美国讲求实用经济的家庭需要。它们被称为"伊莫斯椅"，带有典型的"美国格调"，远远摆脱了那种欧洲式的浪漫的装饰格调，在简洁实用的同时，大胆且优雅地暴露出工业生产的技术节点。

1948年，伊莫斯在纽约艺术博物馆举办的"国际低成本家具设计竞赛"中赢得二等奖。他所展示的"壳体椅"由金属废皮敲制而成，在投入生产时，座背采用了新颖的玻璃纤维材料，支腿则是简洁的金属杆或猫形金属支架。新材料的使用为其设计增添了双翼，1949年底他首先以新材料制成扶手椅，后又制造了靠背椅，同时还用弯曲的钢丝网制造出同样的椅子造型。

1956年，伊莫斯设计了躺椅及其脚凳。这件作品不仅在现代办公和起居空间中为人们所熟识，同时还出现在大量的广告中，这或多或少总有一种原因，那就是伊莫斯躺椅使坐在其中的人拥有一种重要人物的独断且排外的优越感。自1956年伊莫斯躺椅问世以来到现在，在生产中几乎保留了所有主要构造，证明了其设计的持久生命力。

在20世纪60年代，伊莫斯还设计了生铝铸造的适用于机场候机厅的阵列椅，同时也设计了许多储物柜和桌具，但伊莫斯设计的椅子是他最具革命性的创造。事实上，伊莫斯的胶合板椅和密斯的巴塞罗那椅具有同等重要的地位，它们给整个世界带来了全新的视觉和坐居方式，堪称20世纪最伟大的椅具设计。

伊莫斯扶手椅，1971年，玻璃纤维强化塑料面板，抛光铸铝基座，可旋转或不可旋转，制造商：米勒公司

伊莫斯软垫系列

钢丝网椅

伊莫斯单排壳椅

桌子（Segmented Base Table），抛光铝制桌腿，暗色支柱和撑架，硬木或塑料面板，塑料包边

生于哥本哈根的阿诺·雅克比松年轻时做过泥瓦匠，后考入皇家技术学院建筑系，并于1927年毕业。学生时代的雅克比松就已风华初露，在1925年的巴黎国际设计博览会上，他设计的一件椅子获得银牌。1927—1929年，雅克比松在保罗·霍尔松建筑事物所工作，随后就建立了自己的设计事物所。

1950年，雅克比松决定在家具和产品设计上打造出自己的一片新天地，并开始与丹麦著名的家具制造商弗利兹·汉森公司合作。他们的合作导致了三把椅子的产生，即"蚁椅"、"天鹅椅"和"蛋椅"。这三件椅子把丹麦家具设计推向了国际舞台，使雅克比松成为极具影响力的现代设计师。

雅克比松的成名家具是与层压胶合板密切相关的，战前他曾用过这种时兴材料，但随后，美国的伊莫斯夫妇开始尝试以双曲线层压胶合板制作椅子并获得了很大的成功。雅克比松设法买到了一件伊莫斯的最新双曲线椅，以确保自己在研制中完全不会与其重复。结果雅克比松以他1951—1952年间设计的三足"蚁椅"大获成功并以此成为他设计生涯中一个转折点。对丹麦学派而言，这是第一件彻底地一反其"传统设计习俗"的作品，为丹麦学派增添了活力。"蚁椅"也是丹麦第一件能完全用工业化方式批量制作的家具，它只有两部分，构造极为经济，使用了最少的材料。这件设计是如此形象"前卫"，以致制造商汉森公司不相

信它可以批量生产，结果其销售量极为惊人，这使雅克比松又有兴趣做了四足"蚁椅"，同样大获成功，其轻便、可叠落、多色彩选择的特性使之成为20世纪现代家具中销量最大的产品之一。

20世纪50年代后期，雅克比松承接了一个大工程：北欧航空公司设于哥本哈根市中心的皇家宾馆，他为这个宾馆设计了一切，从建筑、设计、家具到所有细部。这一整套设计中最不寻常的是"蛋椅"和"天鹅椅"，这两件坐具完全是一种雕塑艺术品，它们之所以不寻常，不仅因为其激动人心的曲线形式，而且因为它们并未用普通使用的面料覆盖。雅克比松在此使用的是一种新发明的化学合成材料，这种材料可制成海绵泡沫状并进行延展，从而达到设计师所需要的形式。这两种休闲椅很快成为雅克比松的设计注册商标。在设计构想和手法上，雅克比松在很大程度上与阿尔托相似，他们的成名之作都是雕塑家具作品。

此后在20世纪60年代初期，雅克比松设计了他最满意的一件建筑杰作，英国牛津的盛卡萨里那学院建筑，并为这座建筑设计了另一系列的椅子。与以往作品不同的是，这组"牛津椅"使用单曲线层压板，座面与靠背板为整板，其高靠垫的椅子令人想起麦金托什和赖特椅子设计中常用的以家具构件作为室内分隔的方法。

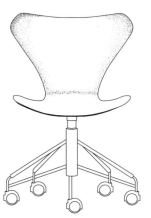

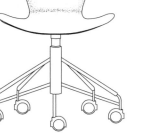

系列椅（Serie7），1955年。坐垫和靠背为整体层压板；镀铬管状钢腿；原始木质或有8种可供选择的漆色；适应不同场合有多种尺寸规格。制造商：弗利兹·汉森公司（Fritz Hansen）

蚁椅。模压胶合板固定在镀铬管状钢腿上；原始木质或有8种可共选择的漆色。制造商：弗利兹·汉森公司（Fritz Hansen）

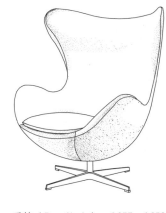

蛋椅（Egg Chair），1957—1958年。这是为哥本哈根SAS皇家饭店设计的坐椅，极富雕塑感，表现了设计者出色的对光效和线条的把握能力

学院图书馆阅览桌

天鹅椅

奥托·瓦格纳是奥地利现代建筑运动的发起人，1895年作为维也纳美术学院的教授，他旗帜鲜明地宣称要抛弃当时欧洲大陆极为流行的"新艺术风格"，并出版了一本名为《现代建筑》的书，反对装饰意味仍很浓厚并时常转回历史风尚的新艺术风格。瓦格纳也是"分离运动"（Secession Movement）的支持者，在当时，瓦格纳力图找到一种适应现代生活的新的建筑风格，从这一点来讲，阿道夫·路斯可谓其继承者。瓦格纳最著名的建筑作品当属维也纳邮政银行（Vienna Postal Savings Bank）。

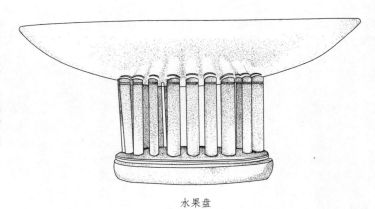

水果盘

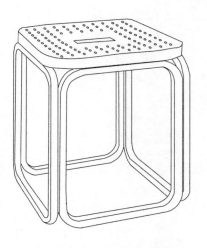

凳子，1904年，蒸汽热弯榆木椅腿和构架，模压胶合板椅座。制造商：Thonet（美国）

桌子，1900年，染色山毛榉，抛光黄铜护腿。制造商：Thonet（德国）

扶手椅

扶手椅，1900—1906年，曲木，有或无衬垫，抛光黄铜护腿。制造商：Thonet（德国）

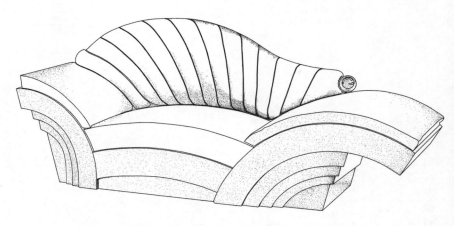

玛丽莲沙发，1981年，枫木树根底座，聚氨酯衬垫，外包装饰缎面。制造商：Poltronova

　　安东尼·高迪出身卑微，他于1852年6月25日出生在地中海城市雷乌斯（Reus）附近，是一个普通铜匠的第五个孩子。高迪1869年到巴塞罗那学习建筑，直到1878年才毕业，由于家境贫困，这期间他不得不利用课余时间到建筑公司打工来支持学习生活。

　　高迪的想象力在设计空间和建筑的时候是无拘无束的，然而他的作品却总是表现出明确的理性和对建筑规则的深刻把握。他在家具设计领域的作为同样具有这种双重优点：功能性和独创性。高迪喜欢在他的工程的每一个方面都全身心投入。设计的快乐鼓舞他创造出室内和室外的家具、数不清的装饰构件，包括门、窥视孔、球形把手、花盆支架、栏杆和阳台。他设计的家具特点是结实的造型和简单的轮廓。从某种意义上说，他的作品唤醒了中世纪家具的明确线条，而他的"标记"则是展现活泼的、曲曲折折的线条。

　　高迪混合风格的倾向赋予他的家具一种个性化的格调和雕塑式的感觉。他以完全工匠式的方法进行创造，他的家具结合了人体功效学和那些美丽、清晰、常常源自有机体的线条。高迪的建筑以及家具本身便是一部自传，与高迪一起工作过的人都承认自己更多地受高迪对建筑宗教般的虔诚信仰所影响，而非什么所谓的理论。

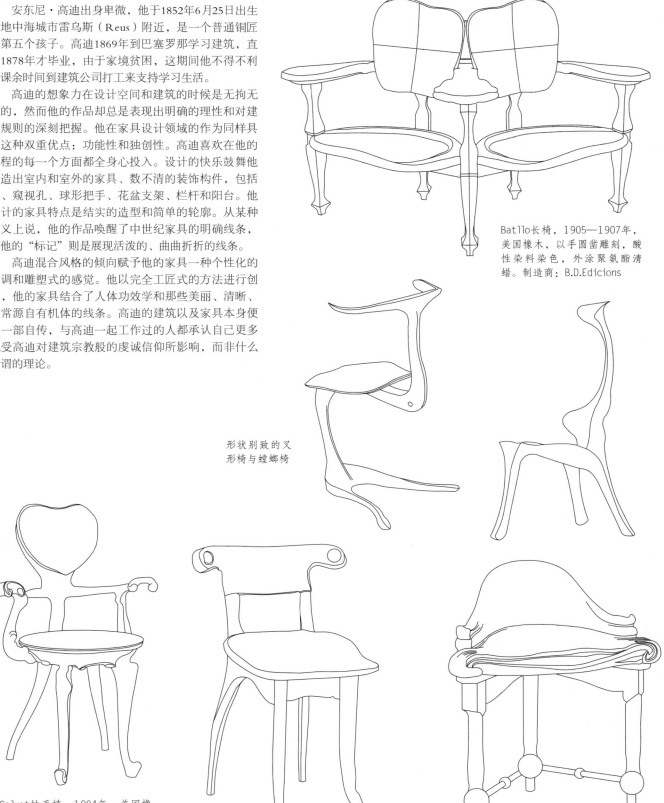

Batllo长椅，1905—1907年，美国橡木，以手圆凿雕刻，酸性染料染色，外涂聚氨酯清蜡。制造商：B.D.Edicions

形状别致的叉形椅与螳螂椅

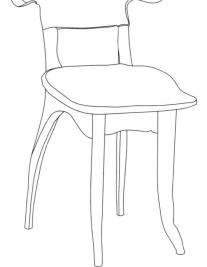

Calvet扶手椅，1904年，美国橡木，以手圆凿雕刻，酸性染料染色，外涂聚氨酯清蜡。制造商：B.D.Edicions

Batllo椅，1905—1907年，美国橡木，以手圆凿雕刻，酸性染料染色，外涂聚氨酯清蜡

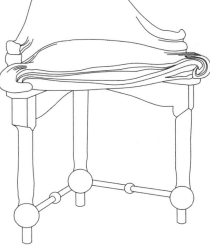

Calvet凳，1904年，美国橡木，以手圆凿雕刻，酸性颜料染色，外涂聚氨酯清蜡。制造商：B.D.Edicions

08
国外现代设计大师家具

查尔斯·瑞恩·麦金托什是19世纪与20世纪之交最成功的影响欧洲家具设计的英国建筑师，也是新艺术运动的领军人物。他主要生活在格拉斯哥，1897年赢得了格拉斯哥艺术学校新校舍的建筑设计竞赛，随后使这座建筑成为现代建筑史上的一个里程碑。他的室内及家具设计同样精彩。在家具设计中，麦金托什将形式与功能并重，创造了一种非常有个性，同时充满象征意味的简洁优雅的创作语言。 那些影响麦金托什风格的因素包括哥特式、本土风、中国、日本和埃及文化，以及新艺术运动。与维也纳式的体量和四方形不同，麦金托什的家具和室内装饰主要采用

直线的轮廓。他喜欢用绿、淡紫、玫瑰红、黑和白色，这主要受到美术运动和日本浮世绘的影响。他的室内和家具的美术风格装饰，既有摩尔式，又有塞尔特、斯堪的纳维亚以及日本的影响。

麦金托什对家具设计和建筑设计具有非常浓厚的兴趣，度过了20年的辉煌创作期，但他的建筑设计在此后没有得到重视，他将精力主要集中在了家具和织物设计上，几年后便宣告退休，投身于水彩绘画和风景游历。麦金托什在设计史中的地位和影响力是不会磨灭的，1904年，麦金托什为自己设计的坐椅竟以177 456美元的高价拍卖出去，这或多或少是对一个天才的肯定！

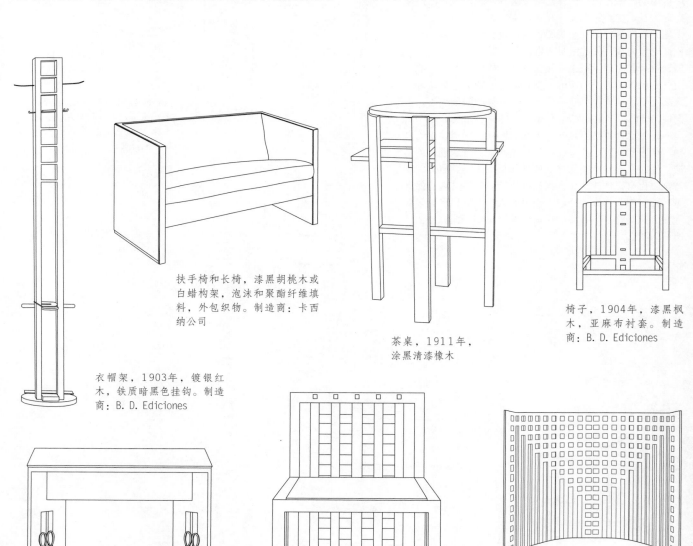

扶手椅和长椅，漆黑胡桃木或白蜡构架，泡沫和聚酯纤维填料，外包织物。制造商：卡西纳公司

茶桌，1911年，涂黑清漆橡木

椅子，1904年，漆黑枫木，亚麻布衬套。制造商：B. D. Ediciones

衣帽架，1903年，镀银红木，铁质暗黑色挂钩。制造商：B. D. Ediciones

方桌，1903年，镀银橡木，桌腿带有紫色玻璃

D. S. 系列椅子与桌子，1918年，漆黑白蜡木构架，珍珠母嵌饰，海绵软垫。制造商：卡西纳公司

曲面格背椅（Curved Lattice-back Chair），漆黑白蜡木构架，特殊织物座部衬垫，米黄色或绿色。制造商：卡西纳公司

在建筑设计中，让·努韦尔是应用轻型金属结构并实现工业化建筑制造的专家，他是法国首要的现代建筑师之一，作品种类繁多，其杰出的创作使其获得等同于柯布西耶的国内外声誉。与他的建筑一样，他所设计的家具大都也用金属制造，反映出强烈的个人风格和科技美感。

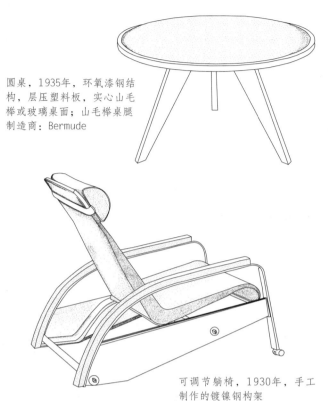

圆桌，1935年，环氧漆钢结构，层压塑料板，实心山毛榉或玻璃桌面；山毛榉桌腿制造商：Bermude

可调节躺椅，1930年，手工制作的镀镍钢构架

高背椅，1924年，手工制作镀镍片钢构架，马裤呢或皮衬革垫

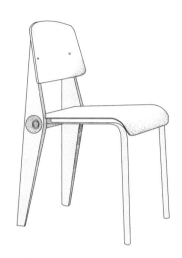

椅子，1923—1925年，环氧漆钢构架，座部和靠背为涂有暗色清漆的胶合板，制造商：Bermude

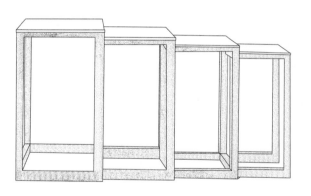

嵌套桌（Nesting Tables），1905年，实心自然或漆黑白蜡木，制造商：ICF（美国）

约瑟夫·霍夫曼生于今日的捷克，曾和青年风格的另一位骨干阿道夫·罗斯一起就读于捷克的工艺美术学院。1892年开始在瓦格纳执教的维也纳美术学院学习，并且是瓦格纳最得意的弟子。他和莫瑟、克里姆特一起创办了维也纳分离派。

霍夫曼为后人留下了众多的建筑，其中最著名的有普克斯多夫疗养院和斯多克勒宫殿，而更加广为人知的是霍夫曼为内部建筑风格所做的不朽设计，从墙面到地板，从窗帘到家具，每一个细部都做到尽善尽美，他创作的椅子、沙发和玻璃器皿如今仍然是脍炙人口的艺术珍品。

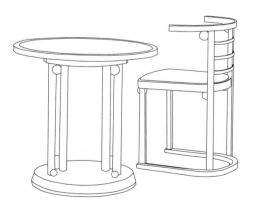

Fledermaus 桌和椅，制造商：Thonet（美国）

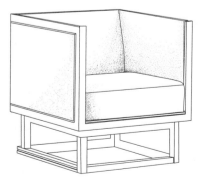

Cabinet扶手椅，直线形染黑木构架，外包织物

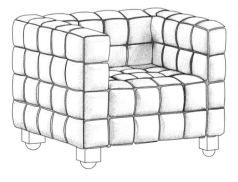

Kubus扶手椅，1910年，黑色椅腿，半球形支脚，外包皮革

沃尔特·格罗皮乌斯是第一代现代建筑经典大师，也是20世纪最重要的建筑教育家，他同时也对家具设计有相当深入的研究。格罗皮乌斯生于柏林，少年时代先后就读于慕尼黑和柏林的理工学院建筑学科。从1908—1910年的三年间，他进入当时最有名的贝伦斯设计事务所工作，除建筑设计外，他也完成了许多重要的室内设计。

1919年格罗皮乌斯被任命为魏玛工艺设计学校的校长，他很快着手将另一所美术学校合并，成立了后来对现代社会影响最大的设计学校包豪斯学院，并担任校长。此间他以自己的全面才华汇集了一批世界一流的建筑师、设计师和艺术家，创造出一套套的设计教育体系，其学生遍布世界各地，并带动了世界范围的现代设计运动。

格罗皮乌斯于1934年先去了英国，后又于1937年应邀去美国出任哈佛大学建筑系教授，同时也继续他的建筑设计活动。格罗皮乌斯的家具设计集中在20世纪20年代包豪斯时期，其建筑观念全新，手法亦极大胆，时常表现出结构主义观念的影响。

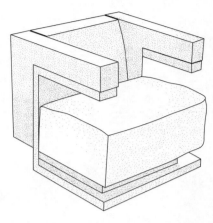

装饰包布扶手椅，1920年，樱桃木构架，羊毛布装饰，黑色基座，制造商：Tecat

罗伯特·文丘里，被誉为"后现代主义理论"的建筑师，是后现代古典主义的代表人物。文丘里在家具设计领域的最大成就是他为诺尔公司设计的一系列椅子。文丘里的椅子是模压胶合板制成的，从工艺上讲，这似乎是现代的，来源于20世纪30年代阿尔托的曲木技术。它们都具有高度的装饰性，椅背造型分别采用了不同历史时期的重要设计形式和文化符号为装饰元素，分别体现了齐彭代尔、洛可可、巴洛克、安娜女王风格、新艺术运动、新古典主义的装饰风格。椅子的色彩与装饰图案丰富多彩，不同的颜色、图案与九种基本造型结合，就可以形成千变万化的组合。

文丘里打破传统与现代设计界限的目的，是为了使古典风格的装饰元素适应于现代家具设计。

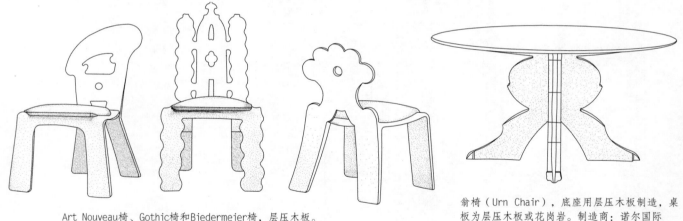

Art Nouveau椅、Gothic椅和Biedermeier椅，层压木板。制造商：诺尔国际

翁椅（Urn Chair），底座用层压木板制造，桌板为层压木板或花岗岩。制造商：诺尔国际

Art Deco椅和Sheraton椅，层压木板。制造商：诺尔国际

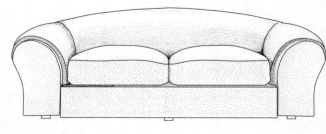

沙发，构架由木夹板和外裹聚氨酯泡沫的玻璃纤维板构成，弹簧垫底板，泡沫软垫。制造商：诺尔国际

　　盖·奥兰蒂，1954年毕业于米兰工科大学建筑系。1955—1965年在Casabella-Continuita杂志从事编辑工作。1964年在第13届国际美术展上以意大利馆的设计获得国际大奖。1980年因巴黎奥罗塞美术馆室内设计竞赛获奖而引人注目，该工程于1986年完成，获得很高评价。他通过设计1992年塞维利亚万国博览会的意大利馆、巴塞罗那的加泰罗尼亚美术馆改建等颇具影响力的工程，在世界舞台上展开活动。盖·奥兰蒂的活动领域不仅涉及建筑设计，而且覆盖了室内装饰、家具、照明、包装设计和舞台美术等广泛的设计领域，用奥兰蒂自己的话说："为了设计出更好的建筑，我一直努力地去了解所有的设计领域。"

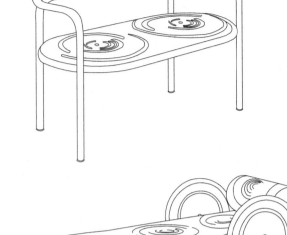

April系列，可折叠凳，不锈钢架，制造商：Zanotta

扶手椅，腿座模压成型，表面漆光，层压弯曲胶合板座和靠背，外粘裹软皮。制造尚：诺尔国际

Locus Solus系列，热塑白色钢管支架。制造商：Zanotta

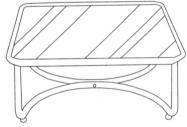

茶几

铝合金框架玻璃台

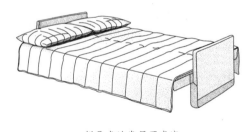

折叠式沙发展开成床

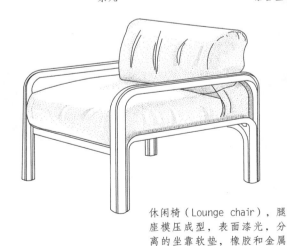

休闲椅（Lounge chair），腿座模压成型，表面漆光，分离的坐靠软垫，橡胶和金属的底板，外裹涤纶面料

Solus椅，不锈钢架，皮革座垫。制造商：Zanotta

April系列，可折叠椅和凳，不锈钢架。制造商：Zanotta

08
国外现代设计大师家具

美国建筑师弗兰克·盖里是20世纪后期最有名的建筑设计师之一，他1929年出生于加拿大多伦多，早年进入南加州大学建筑系学习，1954年毕业后又去哈佛大学设计研究院进修了一年，1962年在洛杉矶成立了自己的设计事务所。

盖里于1972年设计出一套名为Easy Edges的系列家具，全部用层压纸板制成，这套本意为低造价而设计的家具立即引起市场瞩目，并迅速获得商业成功，但盖里却在该设计投产仅三个月后要求停止生产。随后两年中，盖里幸运地通过设计竞赛赢得许多令世界瞩目的重要建筑设计项目，并在设计和实施中淋漓尽致地发挥了他杰出的设计才华。

20世纪80年代盖里重返家具设计舞台，仍用他个人偏爱的纸板作材料，设计出一套他自称"实验边缘"的家具系列，这一次他并不指望其投入生产，只是作为一种艺术家具，为现代家具设计添砖加瓦而已。1990—1992年，盖里饱含心思发展他的最新家具系列，命名为Powerplay，其设计恰如其名，这套为诺尔公司设计的系列椅，完全由弯曲的薄形胶合板编织而成，显然是从民间日用编篮上得到灵感，这样的编制并不需要任何支撑构件。此作品最终奠定了盖里作为著名家具设计师的地位。

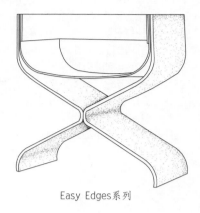

Easy Edges系列

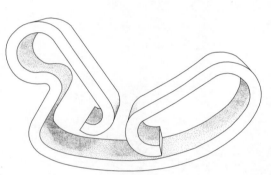

无边摇摆椅，1972年。这是盖赫瑞系列无边坐椅中的一款，以胶合板或纸屑板弯曲而成，为了使其坚固并富有弹性，使用了碾压技术。因为价格低廉而行销广泛

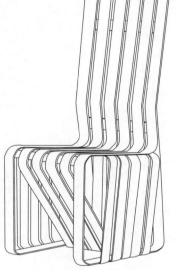

高脚椅，1992年

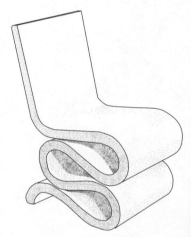

Easy Edges 系列

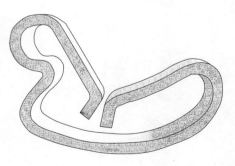

Easy Edges系列，1971—1972年，层压纸板

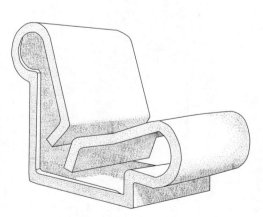

Easy Edges 系列

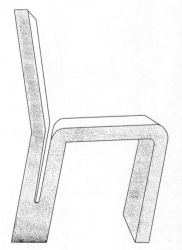

Easy Edges 系列

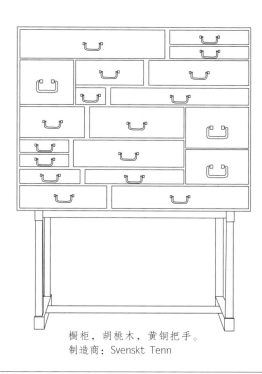

橱柜，胡桃木，黄铜把手。
制造商：Svenskt Tenn

约瑟夫·弗兰克是瑞典先驱设计大师之一，1885年出生于奥地利，1903—1910年间曾在维也纳高等艺术学院学习建筑，毕业后便开设了自己的事务所。约瑟夫·弗兰克被视为瑞典设计界三个古典主义者之一。作为"北欧风格"的一位先驱，他的贡献很大，他所倡导的"没必要策划家里的每个细节，只把居住者喜欢的东西放在一块"的思想，概括了北欧对教条主义的普及所持的怀疑态度。

美国建筑师理查德·迈耶是现代建筑中白色派的重要代表。他曾就学于纽约州伊萨卡城康奈尔大学，早年曾在纽约的SOM建筑事务所和布劳耶事务所任职，并兼任过许多大学的教职，1963年自行开业。

迈耶的作品以"顺应自然"的理论为基础，其作品表面材料常用白色，以绿色的自然景物衬托，使人觉得清新、脱俗。他善于利用白色表达建筑本身与周围环境的和谐关系。在建筑内部运用垂直空间和天然光线在建筑上的反射达到富于光影的效果。他以新的观点解释旧的建筑语汇，并重新组合于几何空间。他特别主张回复到20世纪20年代荷兰风格派和勒·柯布西耶倡导的立体主义构图与光影变化，强调面的穿插，讲究纯净的建筑空间和体量。

迈耶的代表作品有法兰克福装饰艺术博物院、海牙市政厅及中心图书馆、密执安州道格拉斯住宅（1974年）、纽约州布朗克斯发展中心（1976年）、新哈莫尼文艺俱乐部（1978年）和亚特兰大高级美术馆（1983年）等。

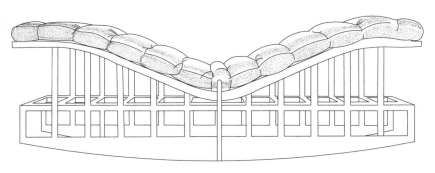

躺椅，1982年，束状软垫，层压枫木板和实心枫木构架，黑色漆面。制造商：诺尔国际

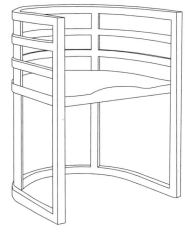

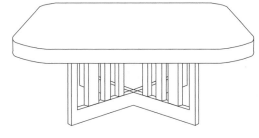

椅子，1982年，层压枫木板和实心枫木构架，黑色漆面。制造商：诺尔国际

矮凳，1982年，层压枫木板和实心枫木构架，黑色漆面。制造商：诺尔国际

桌子系列，1982年，实心枫木基座，层压枫木板桌面，黑色漆面。制造商：诺尔国际

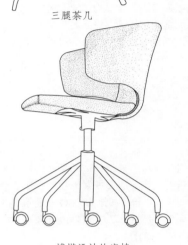

三腿茶几

马里奥·博塔，1961—1964年在米兰艺术学院学习，完成了他的第一件建筑设计，其住宅设计在形式上表现出强烈的几何形状。1964—1969年博塔就读于威尼斯大学建筑系，1969年毕业以后即在卢加诺（Lugano）建立了自己的建筑设计事物所。

博塔最重要的家具设计作品是1982年完成的Seconnda椅和1985年面世的Quinta系列椅。在相当程度上，博塔的设计是对以"孟菲斯"为代表的"反设计运动"过分装饰化倾向的一种对抗。博塔在他的家具设计中力求表现一种来自材料和技术的理性主义美感，其设计中图案化的边缘坚挺的线条以及构形优雅的几何结构表现出博塔的专业背景。

博塔的作品被评论家们称为"新高技术"，以展现后现代设计中更理性、更精致的方面而著称。

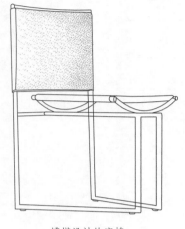

博塔设计的座椅

博塔设计的座椅

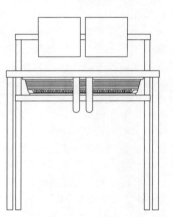

博塔设计的座椅

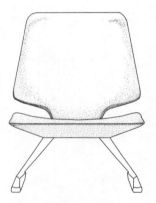

博塔设计的座椅

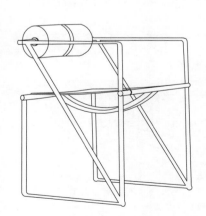

博塔设计的座椅

博塔设计的座椅

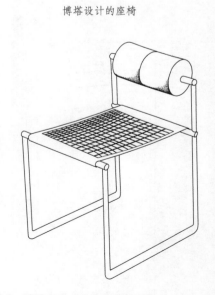

椅子，镀锌并涂有环氧漆的金属构架，穿孔钢座，外涂银黑色釉瓷；靠背有可滚动的软拉聚氨酯圆柱套垫。制造商：Alias

这款为维特拉公司设计的胶合板椅并不算是激进设计，但它仍然具有一股对当代设计的强烈呼吁力量。其胶合板的座面有着相当的弹性，使得椅子坐感舒适而富有吸引力。

扶手椅，1902年，设计者：科洛曼·莫瑟（Koloman Moser）。

这是20世纪初体现莫瑟分离主义风格的作品，其规整的几何造型和几何图案预示了现代主义设计的到来。

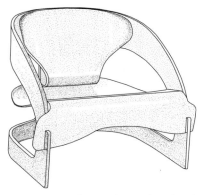

1963—1964年，设计者：乔·科伦波（Joe Colombo）。

科伦波致力于结构和材料的完美统一，这把坐椅仅用了三块互锁的夹板，从其流线形的外观可以看到他日后在塑料家具上的非凡成就。

双人长椅，1990年，设计者：娜娜·迪采尔（Nanna Ditzel）

这是设计师在从事了近50年的设计工作后设计完成的作品。它融合了科技、材料、造型和功能等各方面因素，俯视图是一只蝴蝶，形态十分美丽。

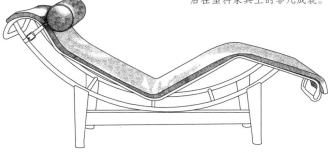

躺椅，1928年，发明者：勒·柯布西耶（1887—1965）、皮埃尔·让内特（1896—1967）、夏洛特·佩里安（1903—　）。

材料：镀铬钢管、布、皮革与橡胶。

法国建筑家勒·科布西耶称自己设计的房子为"生活的机器"。如果把他的这句话变换一下，他设计的这把躺椅可说是一个名副其实地体现了他的设计美感的"休息的机器"。这个躺椅因其简洁、合理的设计而至今仍然被许多厂家复制生产着。

de Sede沙发座椅新概念

对行家来说de Sede等同于皮革的代名词。皮革取自德国南方和瑞士的健康牛，经由挑选、削皮，至最后符合标准的生牛皮几乎不到10%，证明其皮革的品质要求之高。de Sede牛皮皆以人工制造，加上de Sede特有的鞣革技术处理，车缝技术及流畅的皮革线条，使得de Sede的表现不仅止于家具外表的皮革，甚至内部之支撑系统，都展现出精湛的工艺。

2001年de Sede提出崭新的座椅概念，以多功能、符合人体工学、流畅线条为标准，推出可当躺椅的沙发新作品，于台北瑞欧典藏家饰门市展出，并邀请远从欧洲赴台之de Sede专业技师亲自缝制新款DS-115，此为de Sede的成功代表作之一。

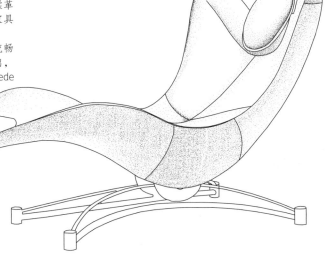

"22"，又称"钻石"酒店用椅，1952年，设计者：哈利·贝托依阿。

材料：镀铬钢管、橡胶。

美国设计师贝托依阿设计的这把椅子由于采用了网状结构，因而以其高透视度打破了家具阻断视线而产生的堵塞感，与空间环境建立起一种新的视觉联系，同时也在视觉上给人以一种轻盈剔透的感觉。

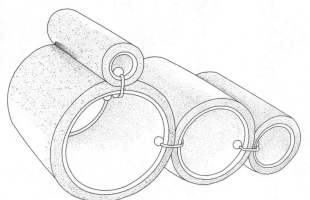

"管子"（Tube），1969—1970年，设计者：乔·科伦波（Joe Colombo）。

这把椅子以装饰性的管子，由细钢条串联组合而成，它被视为"超乎寻常"的家具的早期实例之一。

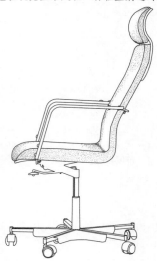

"费西奥"（Fysio），1978年，设计者：伊约·库卡普罗（Yrjo Kukkapuro）。

这把办公用移动椅充满了人体工程学的原理，为了增加适应性，它科学地将重量同倾斜机制作了完美的融合。

"桑塔"（Santa），1992年，设计者：路易吉·塞拉菲尼（Luigi Serafini）。

这是塞拉菲尼利用钢材所做的富有戏剧性的、调皮的设计典型，它金色的光环形靠背和暗红色的天鹅绒坐垫，都是圣诞季节极富象征意义的符号。

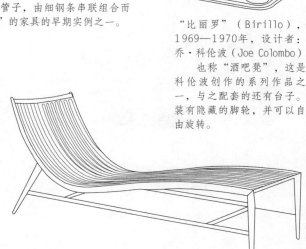

"阿加莎之梦"（Agatha Dreams），1995年，设计者：克里斯托弗·皮勒特（Christophe Pillet）

皮勒特是战后新一代理性主义设计师之一，其作品美观之余，还十分讲究人体工程学的效应，而且手感极好。

"比丽罗"（Birillo），1969—1970年，设计者：乔·科伦波（Joe Colombo）

也称"酒吧凳"，这是科伦波创作的系列作品之一，与之配套的还有台子。装有隐藏的脚轮，并可以自由旋转。

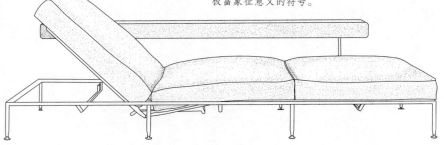

休闲而优雅的态度，同时靠垫也会带给人心理上的安慰

VITRA经典造型单椅原为皮材质，重新以塑料材质出发，反映大环境的诉求，让你实现低单价、国际设计师级的品位享受。

设计者：瑞·考迈（Ray Komai）。
这把座椅的椅面用胡桃木胶合板压制而成，椅腿是电镀金属，其支撑状的线条十分华美。

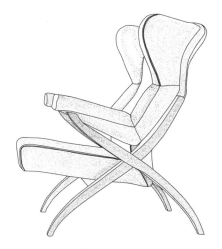

Fiorenza，尺寸：
宽440×长730×高1 030
符合人体工程学的造型单椅，特别在扶手部分做了镂空设计，加上包覆头靠设计，远望像不像是一个人正挺直背脊坐着呢？

"DAX"手椅，1948年，设计者：查尔斯·伊埃梅斯、雷·伊埃梅斯等。
材料：橡胶、金属、纤维玻璃。
1948年，纽约的现代艺术博物馆举办了一个名为"国际低成本家具设计竞赛"。由伊埃梅斯夫妇设计的DAX扶手椅由于及时运用了当时最新的技术与材料而获奖。他们的设计宗旨是以最少数量的部件，设计可以大批量生产的家具。"DAX"扶手椅就是一个杰出的范例。

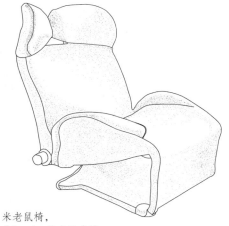

米老鼠椅，
为Cassina著名经典椅。
尺寸：宽830×长1 020×高900。
钢质骨架；脚垫部分可弯曲或拉直，自由调整成座椅或躺椅，由于支撑头部的两块靠垫类似米老鼠的耳朵而命名，两块靠垫可分别任意调整为最适合自己的角度及方向。

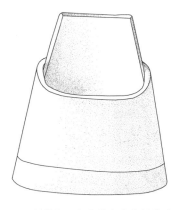

在所有厂商设计出来的新的坐椅之中，Konstanin Gricic的幻想椅非常有市场。聚氨酯泡沫被设计成向下延伸成一把客餐椅。

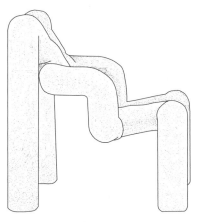

伸展椅，1984年由斯托克（stokke）公司出品，使用者可以调节不同的坐姿及高度而始终拥有舒适的靠背。

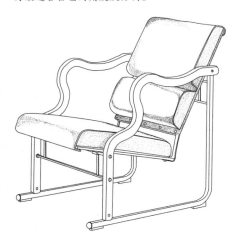

实验椅。1983年由芬兰设计师约里奥·库卡波罗（Yrjo Kukkapuro）设计。

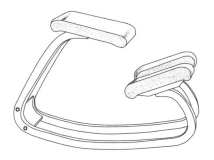

Balans 平衡椅系列，1979年由挪威设计师彼得·奥普斯威克（Peter Opsvik）设计，其设计理念是"为所有坐姿而准备的椅子，最好的身体姿势总是下一个"

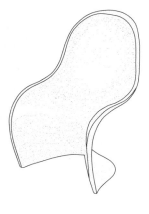

潘桐椅（Panton Chair），1959—1960年，
设计者：Verner Panton（丹麦）。
材质：高耐力亮面胶质。
这款呈S形的椅子，成为流行文化的偶像，让长久以来"一体成型的椅子"梦想成真，而且可用简单的机器生产。

08
国外现代设计大师家具

1830年德国的家具制造商米歇尔·索尼特在奥地利首都维也纳发明了使蒸煮过的木材在受压状态下进行成型弯曲的方法。他用山毛榉方条蒸煮后弯曲成各种曲线形的椅腿、椅背、靠圈等，做成如安乐椅、摇椅等曲木家具。随后，他开设成立了索尼特兄弟商行，把规格标准化，在大生产中制造出规格化的曲木椅，向世界各地销售。他经过研究后又发明了在弯曲木材的凸面外包金属钢带使中性层外移的曲木方法，很好地解决了开裂问题。这种原理现在仍然用在很多曲木机上，并被称为"索尼特法"。"索尼特的椅子，在椅子中是最可爱的贵族椅子。"

无题（NON），设计者：康普劳特公司/鲍里斯·伯林和保尔·克瑞斯汀森（Komplot Design/Boris Berlin &Poul Christensen）。

对于设计师而言，他们仅仅想把这把椅子做成是纯粹意义上的椅子，几何的直线条加上橡胶质地，因此也就命名为"无题"。虽然在设计上没有视觉冲击力，但却是一把绝对柔软、舒适且环保的椅子。由于橡胶的质地，它可以被任意安放在室内或是室外，有红、黑和灰三种颜色可供选择。

"通塔"（Tondo），1991年，设计者：安娜·吉利（Anna Gili）。

简单抽象的人神同形的外表，使这套看似复古的软座椅更具有后现代的意味，它传承的是20世纪30年代现代派的流线形精神实质。

"印第安娜"（Indiana），1975年，设计者：D·T·阿马特（D.T.Amat）。

这是西班牙巴塞罗那一厂商的室内设计小组阿马特创作的作品，它对西班牙传统的咖啡椅作了微妙的革新。

座椅，1952年，设计者：鲍尔·克贾尔霍尔姆（Poul Kjaerholm）。

由木质夹板热压而成的这把座椅，结构简单、合理，而且牢固度也十分可靠。

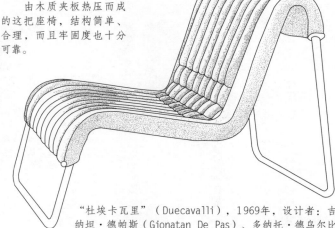

"杜埃卡瓦里"（Duecavalli），1969年，设计者：吉奥纳坦·德帕斯（Gionatan De Pas）、多纳托·德乌尔比诺（Donato D'Urbino）和保罗·洛马兹（Paolo Lomazzi）。

该座椅以钢管撑起悬空的椅面，不仅按照人体工程学设计角度，且融简练与牢固于一体。

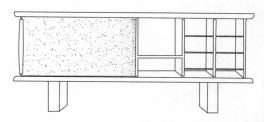

Charlotte Perriand以与Le Corbusier和Pierre Jeannered的合作作品而出名，其本人的作品也相当有名，在这件作品中，她将发光体与Maestri作品有机结合。Riflesso，一种源自1919年的橱窗，结合了上漆木材和磨光处理过的铝制拉门。

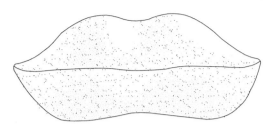

"玛丽莲"（Marilyn），1972年，设计者：第65工作室（Studio 65）。

这是第65工作室为表示对达利1936年的作品"玛艾·西"沙发的敬意而创作的，可以视作对早期作品的再设计。这个超现实主义沙发以其反流行的内涵，影响了20世纪60—70年代的反设计运动。

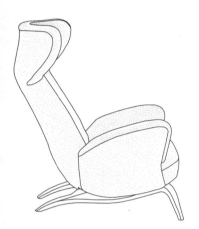

"米诺拉居所"扶手椅（Armchair for the Minola House），1944年，设计者：卡罗·莫里诺（Carlo Mollino）。

这是二战期间意大利设计界可数的杰作之一，其娴熟的工艺补偿了战时材质的匮乏。

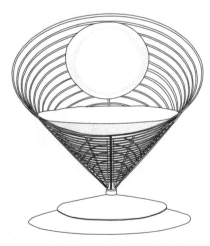

金属丝锥形椅，1958年，设计者：维尔纳·庞通（Verner Panton）。

庞通的作品一般总能反映其内在不同凡响的创意，不仅形式，而且用材，都富有革新精神。

"公牛"座椅（Ox chair），1960年，设计者：汉斯·J·韦格纳（Hans. J. Wegner）

"公牛"座椅的造型既富有个性，也十分稳重，是自由主义运动的产品，充分体现了韦格纳在家具设计中的个人化色彩。

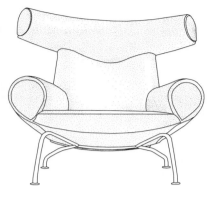

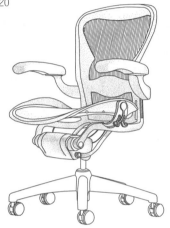

"埃隆"扶手椅，1992年，设计者：威廉·斯东普与唐纳德·查德维克。材料：铝、莱克拉、涤纶等。

这个扶手椅可以根据不同工作条件（不仅仅只是坐在桌子与电脑旁）调节其高度、靠背角度与扶手。它所具备的三种型号几乎可以适合各种人体的体型与尺码。靠近座椅部分的特殊外形的悬置系统控制倾斜动作，它之所以受到市场的热烈欢迎，原因恐怕就在于其对人体运动规律的周密考虑。

莲（Lotus），1985年，设计者：欧文·拉韦尔恩、艾斯特尔·拉韦尔恩（Erwine & Estelle Laverne）。

这件作品是用塑胶板一次压制而成的，其富有表情的形态十分可爱。可以批量生产，因而流行。

T形椅（T chair），1952年，设计者：威廉·卡塔沃洛斯（William Katavolos）、罗斯·利特尔（Ross Littell）和道格拉斯·凯利（Douglas Kelley）。

这三位来自佛罗伦萨的设计师继承了现代主义传统中的几何形式主义，这是他们"新家具系列"中的一款，其三角支架的构想后成为伊姆斯家具设计的来源之一。

摇摆凳，1954年，设计者：伊萨姆·诺古契（Lsamu Noguchi）。

该作品富有形式结构的魅力，尤其是其平衡性令人叹为观止。

作品第132U号（Model No.132U），1949年，设计者：唐纳德·科诺尔（Donald Knorr）。

这把富有创意的座椅，分享了首次纽约"国际低成本家具设计竞赛"大奖，其壳状座垫的原料是可塑的热固树脂。

三腿夹板椅（Three-legged plywood chair），1963年，设计者：汉斯·J·韦格纳（Hans J. Wegner）。

韦格纳在不太多的场合成功开拓了利用夹板来制作座椅的天地，尤以这把座椅为典范。但当它在媒体上展出时，韦格纳却转而投入了硬木家具的设计。

"郁金香"（Tulip），约1960年，设计者：埃尔温（Erwine）和伊斯泰勒·拉范恩（Estelle Laverne）。

"郁金香"可以说是拉范恩最富有诗意的设计，其椅面弧线优美，令视觉饱满明亮。

塞思留斯轻便椅（Easy Chair Theselius），1990年，设计者：麦茨·塞思留斯（Mats Theselius）。

木结构与抛光铝面的结合令椅子呈现出优雅的现代气质；椅背和椅面用弹力纤维和皮革制成，具有足够的舒适性。

轻盈的鸟（Bird Conference），设计者：瑞夫·林德伯格（Ralf Lindberg）。

此款全装饰休闲椅以轻盈的鸟形为设计外形框架，通过弯曲的靠背、纤巧的扶手及柔软的椅面，提供舒适的享受，充分表达了lounge时代的轻松休闲精神。

运动（the form of movement），依佛姆（lform）公司出品。

天然的薄片木板以动态的优美展示设计师的巧思及其同精湛工艺的配合，外形既美观，同时也符合人体工程学。

初升的太阳（A symbol from the rising sun），依佛姆（lform）公司出品。

流畅的大弧线座椅极具视觉冲击力，在家具设计师的眼中，初升的太阳就应如此美丽且惹眼，散发着不可抗拒的魅力。

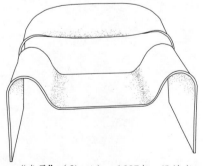

"幽灵"（Ghost），1987年，设计者：西尼·波艾瑞（Cini Boeri）、托姆·卡塔杨纳吉（Tomu Katayanagi）。

这是用单片12mm厚的加固有机玻璃模压的座椅，其完全透明的设计几近达成了布鲁厄无形坐椅的目标。

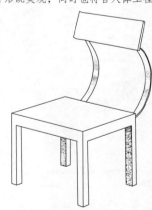

"福里亚"坐椅（Follia），1934—1936年，设计者：吉乌赛普·特拉格尼（Giuseppe Terragni）。

这把座椅第二次世界大战中曾被用在科莫的意大利法西斯司令部，它极富理性的设计在20世纪30年代早期受到法西斯主义者的青睐。

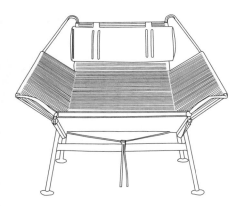

旗帆升降索（Flag Halyard），1950年，设计者：汉斯·J·韦格纳（Hans J.Wegner）。

用旗帆升降索编制的椅面造型别致，适合铺放长羊毛坐垫，整体便充满自然而野性的魅力。

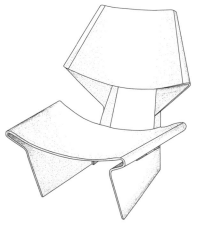

座椅，1963年，设计者：格里特·贾尔克（Grete Jalk）。

这是利用夹板创作的极富审美感的座椅，它用两块夹板折叠而成，打破了原先夹板座椅单一的平板样式。

"普热策尔"（Pretzel），1957年，设计者：乔治·奈尔逊（George Nelson）。

设计师试图设计一款极轻的椅子，可以用两只手指提起来。这个座椅的名称意为"薄脆饼"，形态十分优雅，但没有投入批量生产。

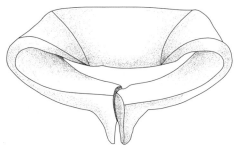

"带子"（Ribbon），1965年，设计者：皮埃尔·鲍琳（Pierre Paulin）。

这把座椅极具雕塑效果，是鲍琳设计的最舒适的坐椅之一，其大胆的摇篮般的椅面允许使用者采取各种坐姿而仍能获得必要的支撑。

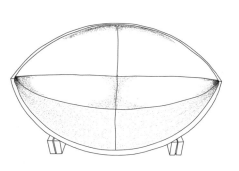

凯夫拉维客（Keflavik），2000年，设计者：西格度·古斯塔夫森（Sigurdur Gustafsson）。

此款沙发易让人联想起那款红色的唇形沙发，但仔细看来，却能发现设计师灵感的源泉。沙发的底座及其所用的山毛榉、不锈钢、真皮等材质，都在向人们展示着新的设计主题：船的归来，此款船形沙发为限量版。

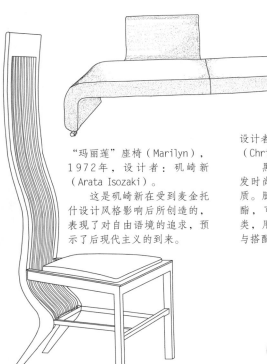

"玛丽莲"座椅（Marilyn），1972年，设计者：矶崎新（Arata Isozaki）。

这是矶崎新在受到麦金托什设计风格影响后所创造的，表现了对自由语境的追求，预示了后现代主义的到来。

设计者：克里斯汀·施瓦泽（Christine Schwartzer）。

黑色与直长线条的搭配使此款沙发时尚现代，充满了造型感和贵族气质。腿部为钢漆，表面为真皮聚亚氨酯，可提供一个、两个或无靠背种类，用户可根据需要作个性化的选择与搭配。

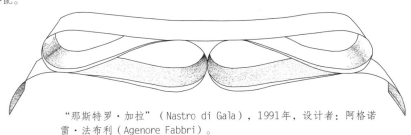

"那斯特罗·加拉"（Nastro di Gala），1991年，设计者：阿格诺雷·法布利（Agenore Fabbri）。

法布利最早是以印象派艺术家而出名的，这把长椅当然也是其代表作之一，体现了他对功能和美观一视同仁的创作理念。

芳香锭（Pastille），1967—1968年，设计者：埃罗·阿尼奥（Earo Aarnio）。

造型极其简略，这把摇椅融合了斯堪的纳维亚的设计风格，且使用合成材料，适合普及，室内外都适用。

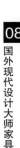

08

国外现代设计大师家具

119

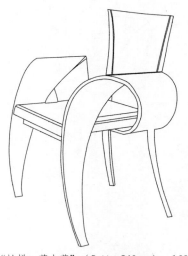

"帕梯·蒂夫萨"（Patty Difusa），1993年，设计者：威廉·萨瓦亚（William Sawaya）。

这把造型出色的椅子是设计师充满热情的手工作品，是收藏者的珍品。

椅子，1949年，设计者：雨果·哈林（Hugo Haring）。

这件不寻常的作品仅仅是由一片单一的金属裁剪弯曲后制成的，它是第一个悬臂金属坐椅，结构十分完美。

座椅，约1927年，设计者：皮埃尔·夏鲁（Pierre Chareau）。

这是对勒·柯布西耶工作室推出的"居所中的装备"座椅的响应，可以制作成整排连起来的座椅，被比阿法隆高尔夫俱乐部所采用。

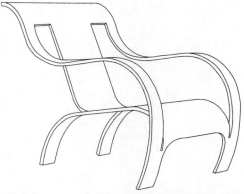

扶手椅，1933—1934年，设计者：吉拉德·萨默斯（Gerald Summers）。

这张休闲椅是为热带地区设计的，它由整块胶合板压制而成，避免了传统木器易受潮变形的问题，其结构也极富创新意味。

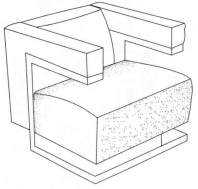

扶手椅，1923年，设计者：瓦尔特·格罗庇乌斯（Walter Gropius）

这是格罗庇乌斯为包豪斯校长办公室设计的坐椅，其悬臂造型是格罗庇乌斯研究艺术结构方式后不同寻常的形式表现。

美洲狮（Puma），1996年，设计者：康普劳特公司/鲍里斯·伯林和保尔·克瑞斯汀森（Komplot Design /Boris Berlin & Poul Christensen）。

在钢结构的整体框架下，座椅的扶手极具设计感，并给人轻盈的视觉效果。而实际上，该款扶手椅的特别之处也在于此，无论是布质还是真皮，都可在使用完毕后轻轻将座椅叠起来存放。

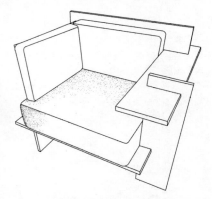

SK-1，瑞典卡里莫（Kallemo）公司出品。

此款造型别致的沙发椅为铝架结构，靠背与椅面为皮质，高780，宽800，有黑色、红色、绿色和蓝色可供选择。此款椅子限量生产200件，并且每一件上都印有产品的编号及设计师签名，兼具美观、使用及收藏为一体。

椰子座椅，1955年，设计者：乔治·奈尔逊（George Nelson）。

这把椅子由坚固且承受能力强的钢质撑脚托起，造型奇巧，充满自然主义风格。

"弗罗利斯"（Floris），1967年，设计者：冈特·贝尔泽格（Gunter Beltzig）。

这把人形座椅姿态优美，其所使用的材料是富于表现力的玻璃纤维，具有开拓性，只是其造型比较复杂而不适于工业化批量生产。

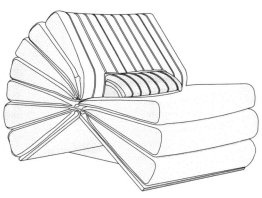

"图书"座椅（Libro），1970年，设计者：DAM工作组（Gruppo DAM，米兰设计师协会）。

形似一本翻开的书籍，这把座椅的十个"页面"围绕着中心轴展开，造型别致。其表面由苯乙烯材料制成，是20世纪50年代家具制造业用材的延续。

"爱罗斯"（Airos），1993年，设计者：罗伯特·魏特斯坦（Robert Wettstein）和斯坦尼斯劳斯·库塔克（Stanislaus Kutac）。

将一个巨大的空气球作为理想的气垫椅面，无论作为支撑架的钢管，还是其造型，都非常激进地重新定义了座椅的外形。

"帕里基"座椅（Parigi），1989年，设计者：阿尔多·罗西（Aldo Rossi）。

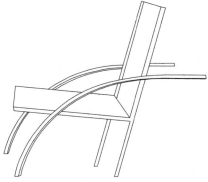

这是阿尔多·罗西后现代主义风格的代表作之一，其几何形状在视觉上被座椅本身令人不安的倾斜所破坏。

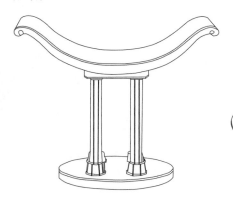

凳子，约1925年，设计者：居莱-埃米尔·莱留（Jules-Emile Leleu）和安德瑞·莱留（Andre Leleu）。

这个凳子是用金属制成的，其精致的线条同"Art Deco"的庞大风格形成鲜明对照，显得十分奢华。

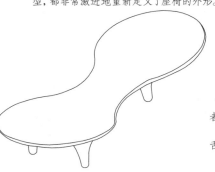

"奥冈"（Orgone），设计者：马克·纽逊（Marc Newson）。

显然，这个长凳不仅设计用以坐，其形、色也很容易让人获得放松，无论在什么场合。

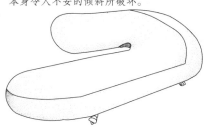

"克娄帕特拉"（Cleopatra），1973年，设计者：吉奥弗瑞·哈考尔特（Geoffrey Harcourt）。

该座椅是哈考尔特最著名的设计之一，其状如舌，是对传统形式的抽象化和雕塑化修正。

"轮廓"座椅（Contour），1968年，设计者：大卫·科尔威尔（David Colwell）。

这只座椅的椅面是由一块完整的丙烯酸树脂热压而成，套在简单的钢架上，虽几无色调，但仍然显得十分精致。

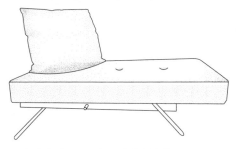

面包沙发（Canape），瑞典卡里莫（Kallemo）公司出品。

灵感来源于夹鱼子的烤面包，但通过设计师的想象力及多材质的运用，作品呈现出独特的设计魅力。高1250，宽800，长700，由真皮、钢材和树脂玻璃等材料组合而成。

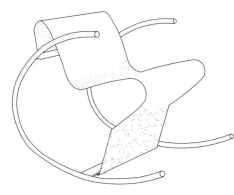

摇滚（Rock'n Roll），瑞典卡里莫（Kallwmo）公司出品。

不锈钢材质并没有局限这把摇椅的外形，柔和的曲面和曲线与冷峻的现代材料，共同造成了巨大的反差，为作品添加了与众不同的气质。该座椅坐感轻盈舒适，高690，宽560，长930。

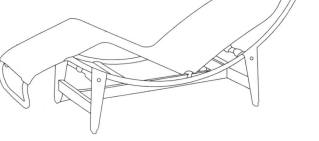

大躺椅，1928年，设计者：皮埃尔·勒·柯布西耶（Pierre Le Corbusier）、简纳瑞特·佩里安（Jeanneret Perriand）和夏洛特·佩里安（Charlotte Perriand）。

这是首次用钢管设计制作的躺椅，由勒·柯布西耶工作室推出，被誉为"居所中的装备"。它在现代居所中也经常出现，椅面多用天然马皮制成。

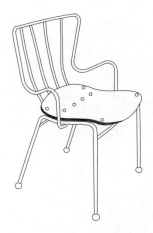

"安蒂洛帕"扶手椅，1950年。设计者：恩斯特·雷斯。

材料：钢管、胶合板。

对设计者来说，在自己的作品中如何将自己身处的时代融入进去也是一有趣的课题。在恩斯特·雷斯的这把椅子中，椅子脚上的圆球象征着原子，以此暗示一种原子时代的美学。

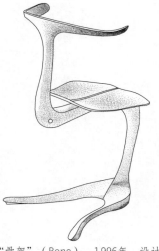

"骨架"（Bone），1996年。设计者：罗斯·洛夫格罗夫（Ross Lovegrove）。

这个外观花哨的设计很容易打动人心，无论就其精致而优雅的线条，还是其诱人的结构语汇。

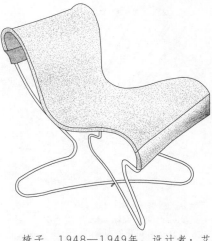

椅子，1948—1949年。设计者：艾娃·泽塞尔（Eva Zeisel）。

以钢条作为支架，它既适合室内使用，也是户外郊游或野营的理想座椅，使用舒适，富有弹性。

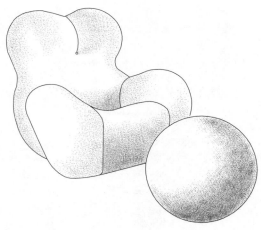

"堂娜"（Donna），1969年，设计者：加泰诺·佩策（Gaetano Pesce）。

这是佩策Up系列中的两款，是由PVC面材经压缩和真空包装后做成的，佩策称之为"革新"家具，它们的一反常态，使得日常购买椅子的行为变得随性而偶然。

"普里雅"（Plia），1969年，设计者：吉安卡罗·皮若替（Giancarlo Piretti）。

这是在传统木制折叠椅的概念下重新设计的现代派作品，折叠后其厚度只有1英寸（25.4mm）。它获得了许多奖项，包括1973年联邦德国的"质量形式"奖。

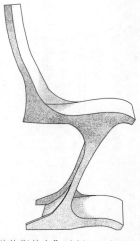

"锡茨格斯特尔"（Sitzgeiststuhl），1927年，设计者：海因茨·博多·拉施（Heinz & Bodo Rasch）。

这是海因茨在威森霍夫博览会上受到启发而设计的一体式无臂坐椅，在当时具有革命性。

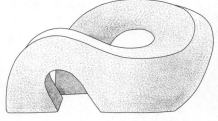

"赛斯·朗格埃"（Sess Longue），1968年，设计者：纳尼·浦里纳（Nani Prina）。

这个作品也称"雕塑"，是浦里纳在研究了可塑性材料后所完成的工业化设计，它在舒适和美学两者间互相作了妥协，反映了20世纪60年代雕塑化设计的趋势。

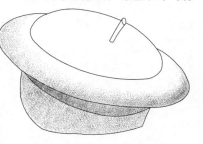

玛格丽塔（Magritta），1970年，设计者：罗伯托·塞巴斯提安·马塔（Roberto Sebastian Matta）。

这把座椅是受超现实主义画家雷纳·马格丽特的影响而创作的，形似一只碗状的帽子，并嵌入一只苹果作为他的"商标"。

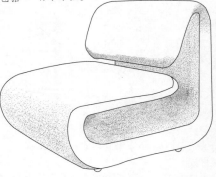

"女司机"1500（Chauffeuse 1500），1970—1971年，设计者：艾迪恩-亨利·马丁（Etienne-Henri Martin）。

这把座椅的结构令人一目了然，而且包覆的面料和结构本身富有的弹性都是舒适的代名词。

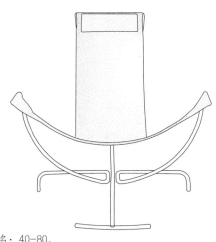

品名：40-80，
生产厂商：Moroso，
设计者：Laviani-Castiglioni。

　　官帽状扶手椅。靠背、座垫、扶手三者是呈丁字形的尼龙织物，支架由7根镀铬的钢管连接而成，设计之巧妙无以复加。

　　富有女性味的塑料钢管椅。靠背与座垫都是注塑成型，椅子的支架由3根镀铬的钢管制成。

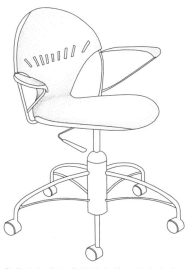

　　靠背犹如扇贝壳状的转椅。椅身与扶手注塑成型，下部不锈钢椅脚连接旋转装置。

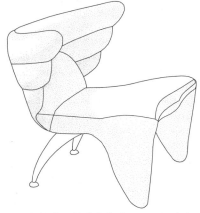

　　尾翘椅。椅背整体犹如一组翘首的鸟翅，优美自然。椅身用木材与夹板制作，里衬泡沫填充物，外表包覆织物，下部为镀铬的金属脚。

　　郁金香椅。椅身为玻璃纤维模压壳体，装在镀塑的铝合金椅脚上，富有生活情趣。

　　活背椅。椅背和椅座为模压玻璃纤维，用不锈钢管连接椅背和椅座，椅背是摇动的，椅身角度可任意选择。

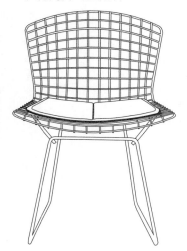

　　网状椅。镀乙烯基的网状座身和焊接的钢杆椅架结构，垫有宽大的坐垫，极富温馨、雅美的意韵。

　　层压夹板椅。椅背与椅座的壳体是模压夹板，并与有棱角的层压木椅脚连接。坐垫与靠背的正面用衬乳胶泡沫织物包覆。

　　弧形塑钢椅。以别致的形面构成圆弧背，与坐垫相协调，引出视觉的趣味性，它由聚酰胺椅背、椅坐与钢管结构的椅架组。

08
国外现代设计大师家具

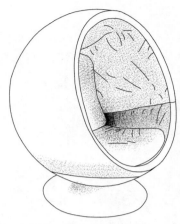

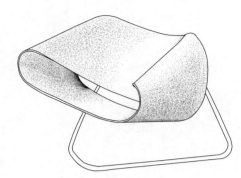

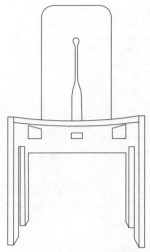

"缎带"（Ribbon），1961年，设计者：凯撒·列奥纳第和弗兰卡·斯塔基（Cesare Leonardi & Franca Stagi）。

这个用一条环状的宽玻璃纤维模压而成的坐椅，因配置了钢管做的圈状底座而富有如橡胶一般的弹性抗震力，它似乎一气呵成的结构有着天生良好的弹性坐感。

"球"或"地球"沙发（Ball, or Globe），1963—1965年，设计者：埃若·阿尼奥（Earo Aarnio）。

打破常规是阿尼奥设计的特点之一，他从20世纪60年代的文学作品中汲取灵感进行创作，作品质量高，富有很强的耐久力。

Franzo系列之椅子，1934年，木质。制造商：G.B.Bernini。

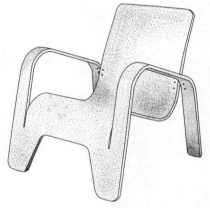

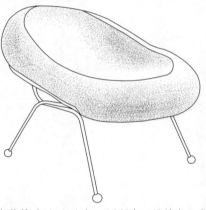

扶手椅，1946—1947年，设计者：汉·皮耶克（Han Pieck）。

这把椅子是用单块夹板模压而成，后背用铜线做栅，不仅加固，而且使坐椅富有弹性。它还可以三个一组摞起来放置。

气垫椅（Airchair），1948年，设计者：大卫斯·普拉特（Davis Pratt）。

这是最早的气垫椅之一，是在两根交错的钢条架上套一个轮胎般的气垫，再安上座垫。它是"国际低成本家具设计竞赛"展的展品之一。

妖怪（Genie），1988年，设计者：尼格尔·寇特斯（Negel Coates）。

20世纪80年代出现的将家具的部分内在构架暴露在外的做派，在这件作品上得到了充分的体现，它也一如寇特斯其他富有诗意的创作一样，人神同形的造型十分具有个性。

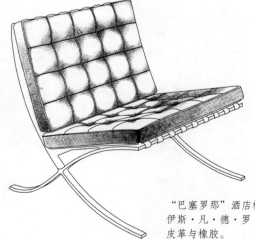

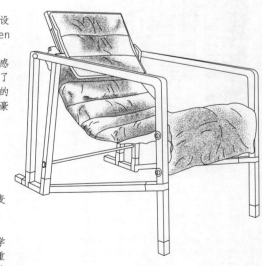

大躺椅，1925—1926年，设计者：艾琳·格雷（Eileen Gray）。

格雷的设计既富历史感亦不乏现代意识，表现出了对工业化时代新思维方式的极具信心的挑战，作品既豪华又不奢侈，品位雅致。

"巴塞罗那"酒店椅。1929年，设计者：路德维希·麦伊斯·凡·德·罗（1886—1969）。材料：镀铬钢管、皮革与橡胶。

麦伊斯的设计哲学是"少就是多"。他的这个哲学态度当然地体现在这把椅子的设计中。×形的结构举重若轻地撑起了一个坐靠的空间，使这个空间的逻辑结构得到了最为简洁、清晰、优美的表现。

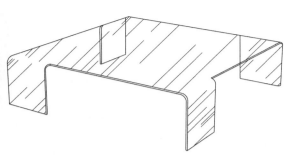

正方形玻璃茶几。采用不规则设计手法，突出功能主体如整体艺术效果，其台面连接不同向曲面的4只脚，由10mm玻璃热弯而成。

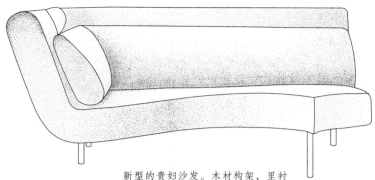

新型的贵妇沙发。木材构架，里衬海绵，外面包覆皮革，安装在下部的是镀铬钢脚。

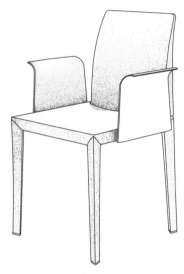

品名：Lola，生产厂商：Poltrona Frau，生产年份：1997年，设计师：Pierluigi Cerri。

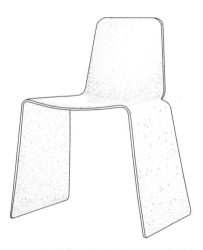

铝皮复合椅。4mm铝合金板被切割、滚压、折叠部分抛光，绿色皮革被粘在一面铝面上，该椅由两部分组成，椅背是焊接在椅脚上的。

品名：I Feltri，生产厂商：Cassina，生产年份：1987年，设计师：Gaetano Pesce。

斗篷椅。这是几款树脂材料的座椅之一，这种环氧聚酯同毡黏合在一起，既牢固，又舒适。

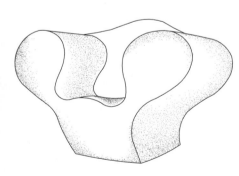

品名：Soft Big Easy，生产厂商：Moroso，生产年份：1991年，设计师：Ron Arad。

造型别致而美观的大型软体沙发。由聚乙烯发泡材料一次成型，外面包覆人造革。

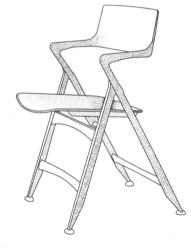

"洋娃娃"塑料折叠椅。其靠背板、扶手及前脚由注塑一体成型，连接后脚与座垫板的是五金件，座板下有活动轨道。

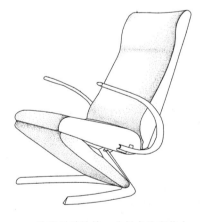

蛙跳形弹性椅。曲折式的座垫由弹簧钢板支撑起，弹性适应人体坐姿运动，华贵的气质中蕴藏着洒脱的风度。靠背与座垫钢木结构，内衬填充料，外包化纤织物，扶手与脚架为镀铬的钢材。

08

国外现代设计大师家具

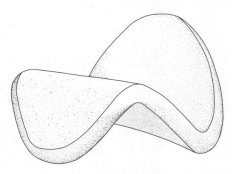

"舌头"（Tongue），1967年，设计者：皮埃尔·鲍林（Pierre Paulin）。

简单而形象的造型，十分自然，可容使用者着地随意坐躺，是休闲并调节气氛的理想用品。

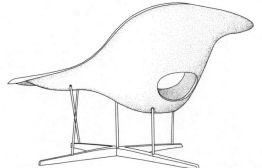

"轻便马车"（La Chaise），1948年，设计者：查尔斯·伊姆斯夫妇（Charles & Ray Eames）。

这是伊姆斯夫妇参加1948年"国际低成本家具设计竞赛"展的作品，然而其十分精练的结构设计却不适宜工厂批量生产。

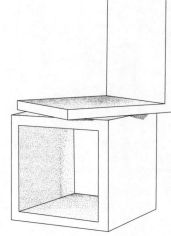

"原始"（Original），1993年，设计者：罗尔夫·萨克斯（Rolf Sachs）。

该座椅的每个元素都充满了极简主义的精神，并且富有诗意般的空间结构、方正的形态尤其受到德国人的喜爱。

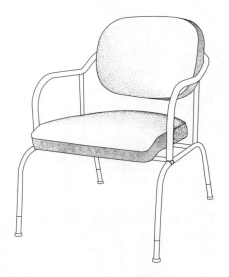

竹王（Bamboo King），2000年，设计者：麦茨·塞思留斯（Mats Theselius）。

灵感来源于东方，比如，金色的椅脚，由麦藤编裹的上釉钢框架、竹的概念、特制的布艺等。此把座椅限量发行360件。

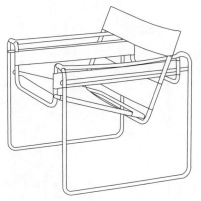

"瓦西里"俱乐部坐椅，1925年，设计者：马塞尔·布留埃尔（1902—1981）材料：钢管与帆布。

匈牙利出生的布留埃尔也是一个由包豪斯设计学校培养的新型设计人才。他专心于钢管家具的研究，追求现代风格的造型设计。这个座椅与瓦根费尔德的灯具一样，也是一个被各种材料复制了无数次的具有长久生命力的设计产品。

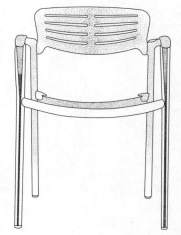

"委莱多"扶手椅，1988年，设计者：胡格·佩西。

这把便于大批生产的铸铝椅子一是表现出对大批量生产与出口的关注，二是体现了对于户外使用的椅子的设计语言的重新解释。

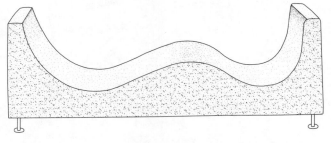

三（Three），1992年，设计者：贾斯柏·莫里森（Jasper Msrrison）。

莫里森为Cappellini公司设计了许多家具，他们共同的特点是极富纯净的美感，就如这张三人沙发所表现的那样，以理性的手法表达完美的设计。

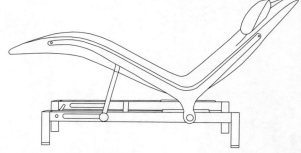

建筑设计师Chi wing Lo综合过去和现在的风格设计了这款Ela新式坐椅。基底材料选用了天然或者黑色抛光后的实枫木材。手动的机械结构可将坐椅位置斜6个角度，座椅上可布置基本的皮垫或者昂贵的蛇皮座垫。

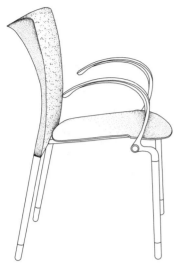

铸铝扶手椅，为意大利的设计作品。除了强调简洁之外，其前卫的金属感及用色鲜亮，令人晃眼。

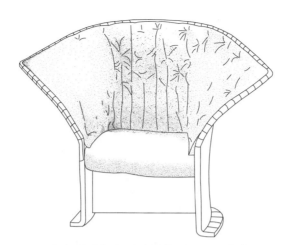

品名：I Feltri，生产厂商：Cassina，生产年份：1987年，设计师：Gaetano Pesce。

斗篷椅。这是几款树脂材料的坐椅之一，这种环氧聚酯同毡黏合在一起，既牢固，又舒适。

眼形椅。该作品设计不仅注重功能，也非常注意结构和空间之间的联系。椅身与椅架都是由镀钛的钢管和钢条制成，背靠垫与座垫都是泡沫填充物，表面包覆织物。

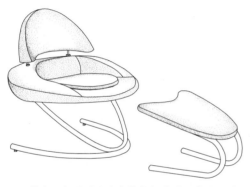

抽象几何造型的沙发椅与搁脚凳。在大胆的用色对比中体现出华丽的嬉皮风，专为追求时尚的新兴人类量身定做。

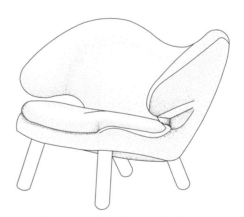

鹈鹕形沙发椅。靠背圆弧块体，丰润圆滑，扶手依背顺势而下，形成线与形的微妙变化，优美动人。椅背与座垫是泡沫填充物，再用织物包覆，椅脚由槭木制成。

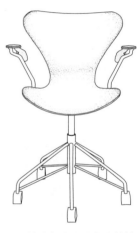

扶手似泳池跳台的转椅。椅座夹板模压成型，并喷涂色漆，连接镀铬钢管椅架，下部配以旋转的双轮盘脚。

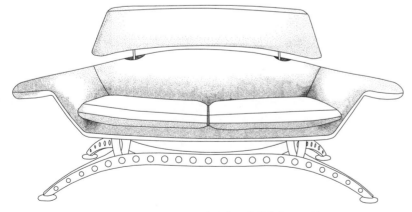

模仿桥梁形状的双人皮沙发。木材构架，里衬海绵，外面包覆人造革，其下部镀铬的钢脚形如跨江的大桥，气势宏伟。

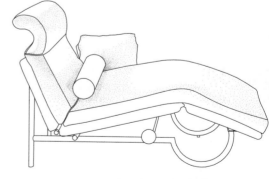

选择具有功能性的沙发最好能亲自动手操作，以确保牢固性与操作方便性。

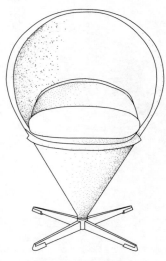

锥形椅。椅背与椅座的基础是薄金属，里层垫泡沫填充物，外面用织物包覆，底下为金属脚架。

曲枕沙发。椅身用木材、夹板制成，里衬泡沫填充物，外包覆皮革，下部木制椅脚。

包皮钢椅。在设计时，融入古典传统的风格，以一种似拙实巧的造型来体现它精致的设计美感。椅架是烘漆钢管构架，靠背与座垫包覆光滑的皮革面。

网状皮套椅。外观材料与众不同，网状椅身用钢条制成，椅背与椅座套上皮革制的垫子，装在用木材与钢筋结合的椅脚上。

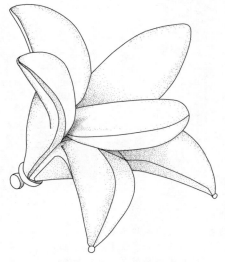

日本设计师正森认为，对商业化的过分追求已使日本丧失了其原有的自然之美，他希望以植物形态的设计，重新发现日本文化。1990年他设计了一款花形沙发，整个沙发如花朵般张开，坐下后，张开的扶手将人围住，令人感觉温暖、安全，设计充满人性主义。

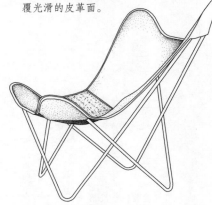

蝴蝶椅。磁漆的钢管椅架，配以皮革的座兜，是一种休闲性的椅子。贯通一气的线形，给人一种美感。

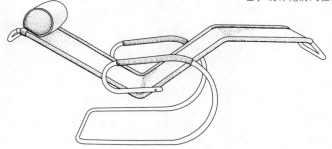

E字形躺椅。其悬臂设计富于创意。不锈钢构架，尼龙椅面，配置高弹性的枕头，以简洁的曲度线条，展现出力与美的特性。

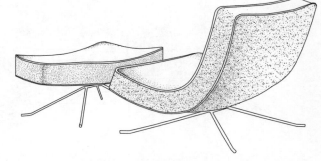

休闲沙发与搁脚凳。极简主义的作品，木材构架，里衬海绵，外面包覆化纤织物，下部的撑脚由镀铬钢材制成。

勒·柯布西耶和夏洛特·佩里安设计的"B301椅"，该椅的结构需要金属切割与焊接工艺，因此并不适合大批量生产方式。

这是丹麦家具大师汉斯·韦格纳（Hans Wegner）1984年设计的"DA椅"。椅背和椅座是两块独立的弯曲胶合板，其有机的造型十分具有现代感。

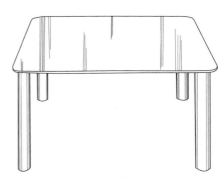

"Marcuso"桌，是马克·扎努索在20世纪60年代的设计作品。这款咖啡桌造型简洁，强健的镀铬椅腿与玻璃台面组合，具有明显的现代主义特征。

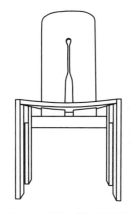

Franzo系列之椅，1934年，木质。卡罗·斯卡帕设计。

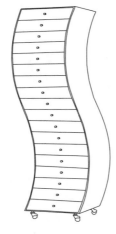

城藏真田"非规则形状家具"中的一件，设计于1970年，现在由意大利Cappellini公司制造生产。它众多的小抽屉和和谐的比例反映了传统日本家具的特点同，同时它戏剧化的动感对同时代的西方设计界产生了深远的影响，因为它暗示着家具设计的一种全新的表现方式的诞生。

休闲椅，1982年，鸟眼花纹枫木胶合板框架，座背带有衬套。迈克尔·格雷夫斯设计。

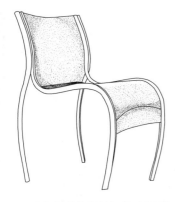

"梦幻弹性塑料"椅（1997年），在这个优雅轻巧的设计中，阿拉德将新材料及材料的视觉效果与他所忠诚的20世纪早期现代主义中的有机造型平衡了起来。

"3300"沙发（1956年）。它的钢管框架，展开的腿和泡沫塑料软包符合了这十年的风格，而它的极简抽象风格来源于早期的现代主义思想。

夏洛特。佩里安设计的镀铬金属桌（1930年），结构极其简洁，甚至可以用硬质纸板制造，表现出了设计师对新型材料和制造技术带来的造型可能的深刻理解。

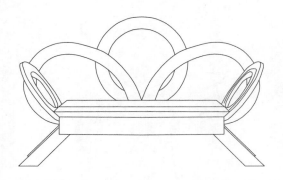

这把边椅1945年由Apelli&Varesio工厂制造。它是为都灵的Societa Reale Mutua di Assicurazioni公司的办公室而设计的（于第2年完成），由成型胶合板制成，配以铜制的拉杆和隔板。

"萨尔丹邦克"（Saltimbanco）是1992年卢奇和Marlo Rossi共同为Play Line公司而设计的。其明亮的木制曲线靠背及扶手，展示了设计师在创造简单而富有表现力的造型时的设计天赋。作品不仅具有实用价值，同时造型又十分有趣味。它是卢奇早期在孟斐斯工作室的成熟产品。

一个储藏单元，由查尔斯·依姆斯与雷·姆斯在1949—1950年设计。以一个简单的框架为基础，由金属和木材组成，这种结构包含了一个封闭的柜子和抽屉用以储藏物品，而开放的部分则用来显示装饰。

这把单人椅是贝伦斯1903年为他的诗人朋友理查德·戴默尔（Richard Dehmel）在汉堡的住宅设计的。新艺术运动的曲线风格已经表现得十分有限，这与亨利·凡·德·费尔德的设计风格非常相似。

这张由钢管桌腿和清漆台面做成的名为"开罗"（Cairo）的桌子，是洛奇为1986年的孟斐斯展而设计的，其外观造型无疑显露了他一贯将那种具有讽刺意味的元素注入在设计中，并把它视作他发表评论和解说的一种途径。当公开地将这种集合造型及弯曲金属的设计与现代主义先驱的包豪斯作品作参考比较时，这种由表面性的装饰图案与异国情调的名字组合成的设计运动，很明显它所包含的是文化背景内容而不是纯粹的功能。

"旅行椅"（Satari Chair，设计于1933年），克林特对拉斯姆森公司（Rudolf Rasmussen）生产的折叠旅行椅进行了改造。克林特深受本民族重视实效和简洁的审美思想的熏陶，并将它们百分之百地在自己的设计中体现出来，也正是由于具备了这样的特质，他的设计具有很强的生命力，如这张"旅行椅"到现在还在生产中，而且仍然是那些热衷于斯堪的纳维亚设计的消费者们趋之若鹜的商品。

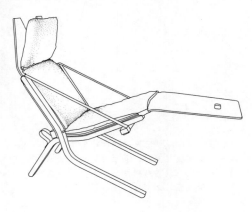

1953年，雷斯为P&O海运公司设计的"海王星"休闲躺椅（Neptune lounge chair）。这种胶合板框架的、简单装饰的折叠躺椅，不仅实用性强，且其巧妙的曲线也是一种视觉享受。

克林特以19世纪的帆布折叠椅为原型改造过一系列的躺椅，设计师对家具与人体的相互关系进行了探索。本图中的这个版本设计于1933年，克林特在原来的基础上增加了舒适的软垫。

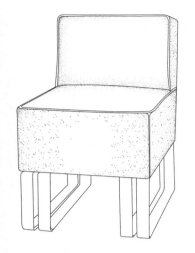

带软座垫的铝合金椅子，是戴斯基1929年为纽约的亚布拉罕-施特劳斯美容店（Abrohan and Strauss beauty parlour）设计的，由伊布斯兰蒂·里德家具公司（Ypsilanti Reed Furniture Company）制造。简洁的几何造型是戴斯基这一阶段的典型风格。

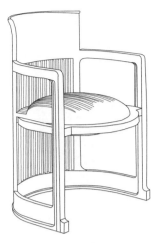

"桶椅"是赖特为达尔文·D·马丁别墅（Darwin D·Martin，建于1904—1905年）设计的扶手椅。运用木质材料和强调直线造型是赖特早期家具设计的典型风格。

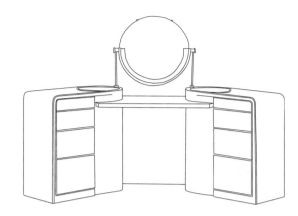

这件名为"女美容师"的梳妆台是让·杜南1930年为"装饰艺术家沙龙"（Societe des Artistes Deorateur）设计的。从这件作品上可以看出让·杜南受当时的立体派艺术影响，已经逐渐摆脱了繁琐的装饰风格，转向了简洁的几何图案装饰。

由诺尔公司生产的胎椅（Womb）和脚榻（1946—1948年）。它由钢管腿结构支起，玻璃钢模压制成座面壳体，上面加上织物蒙面的乳胶泡沫塑料的垫子。椅子的设计使得坐的人可以在这张有着喜人造型的椅子中随意蜷曲，调整坐姿。

桃花心木橱柜（1902—1903年）。吉马德惯于在家具表面装饰植物造型的不对称的浮雕线条。虽然线条的造型明显模仿了自然植物，但设计师简练抽象的造型手法很好地烘托了产品的现代感和实用性。

这张黑檀色的梯背椅，由吉奥·庞蒂设计于20世纪50年代。与从那十年起他的一些设计一样，这张椅子是其本国乡村椅子的一个现代版本。木制的框架和灯心草座面属于过去的东西，但是那尖锐角状的靠背以及锥形的椅腿显示了庞蒂对他工作的那个时期的审美观。

弯曲胶合木扶手椅（1935—1936年）是布劳尔为英国埃索肯家具公司（lsokon）设计的。该扶手椅的设计表现了设计师对人体形态的理解和人性化的风格，这与他早年包豪斯设计风格所显示出的物质化的理性风格大相径庭。

这张边桌（设计于1927年）是艾琳·格雷为"E.1027"海边别墅设计的一系列钢管家具中的一件，桌子的高度可以任意调节。

这是索涅特公司1907年设计生产的弯曲榉木椅。20世纪20年代初期木材弯曲技术开始在美国十分流行，市场的扩大促使索涅特公司更加努力地将此技术应用在大批量生产价廉物美的家具上。

这把弯曲木扶手椅是瓦格纳为维也纳邮政储蓄银行（1904—1906年）设计的，它是瓦格纳最负盛名的代表作之一。

韦格纳的"中国椅"，是传统与现代的巧妙结合。它最初是由PP Mobler公司在1944年生产的，后来在1945年后转为弗朗茨·汉森公司制造了。它简洁的硬木结构（山毛榉或柚木）的造型，使人联想起丹麦本国的风格，当然它也展示了一种新的设计的混合以及其曲线所带来的舒适感。其中还包括汉森出品的新式样——用皮质座面代替了原来旧款的藤条座面。

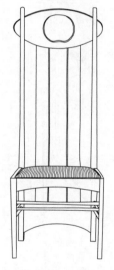

卡洛·莫利诺（Carlo Mollino）通过多种复杂的合成基材的方法，来产生不寻常的形状，从而对弯曲成型胶合板作了广泛的实验。上图所示为10层槐木胶压板制成的椅子。

1898—1899年，麦金托什为格拉斯哥的克兰斯顿小姐（Miss Cranston）设计位于阿盖尔街的茶馆。这里展示的高背椅与茶室的椅子基本一致，只是背板顶部的造型略有不同。麦金托什经常在室内设计中用高背椅来烘托和强化室内空间的建筑美感。

厄内斯特·瑞斯（Ernest Race）在二战期间学到的航空工业方面的技术，使他与成型胶合板联系起来了。此后，他设计的羚羊椅在1951年被选为英国节日博览会活动用椅。

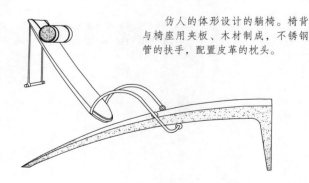

仿人的体形设计的躺椅。椅背与椅座用夹板、木材制成，不锈钢管的扶手，配置皮革的枕头。

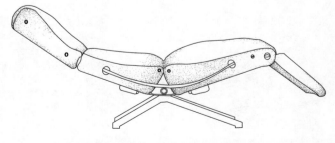

可调节弯曲度的躺椅。构架由木材与钢管组成，椅背与椅座里衬乳胶泡沫，表面包覆皮革，下部为铝合金撑脚。

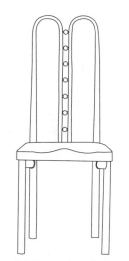

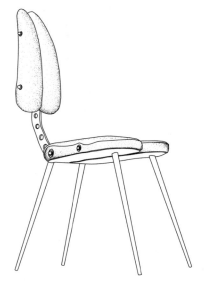

霍夫曼1906年设计的371型
单人椅，靠背上一列木球缓和了
垂直线条的僵硬感——这是霍夫
曼在设计家具时经常采用的手
法，有时它不仅是视觉上的缓冲
剂，还起到了加固结构的作用。

费尔德设计的家具有一个明显的特
征——装饰功能与结构功能相结合的曲
线造型。1985年费尔德为他本人的住
宅——Bloemenwerf别墅设计了这把椅
子，椅子上的曲线既简洁又典雅，同时它
又是椅子上主要的结构部件，艺术与技术
在这里完美地结合了起来，从中可以领会
到费尔德对现代设计的造型元素所作的早
期探索。

包皮钢架椅。属于个人风格的单
椅，展现独特性十足的风格品位。椅架
是带有树脂的光亮钢构架，靠背与坐垫
包覆光滑的皮革。

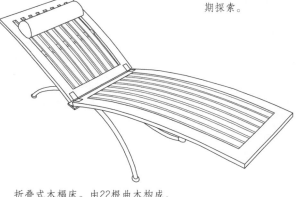

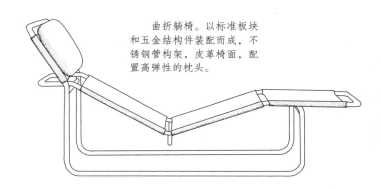

曲折躺椅。以标准板块
和五金结构件装配而成，不
锈钢管构架，皮革椅面，配
置高弹性的枕头。

折叠式木榻床。由22根曲木构成，
包括里衬海绵的皮枕头，下脚弧形撑脚
架由镀铬钢管制成，它的特点是中间有
折叠铰链。

新型的晶体家具。玻璃旁板
与木质抽屉相组合，其特点
在于滑屉档胶贴在玻璃旁板
上。它是一种尝试性的家具
新品。

土耳其设计师罗纳德
的作品，模仿海洋生
物的座凳。

丹麦设计师雅各布森（Arne Jacobsen）进一步发展了美国设计师查尔斯·伊姆斯的思想——将一块胶合板模压整体成型为他的"3107"椅（1955年）的座面及靠背（伊姆斯曾在1940年提出了类似的设想，但他开发的胶合板的木制基材有两层或更多）。20世纪50年代早期，雅各布森还致力于单层胶合板的开发，其获得的突破使得产品的外观视觉效果又被引入了一个更高的水准。

"Sapperchair"椅

　　1979年为Kmoll公司设计，是为解决办公室座椅的一个典型的方法。它抛弃了同时代椅子的复杂机制和"主体雕刻"形式，取而代之的是将舒适的轻巧的家具表面覆材和最有效的调节方式结合起来（例如在座高方面的调节）。

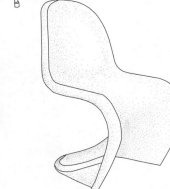

　　"布尔诺"扶手椅设计于20世纪30年代，除了图中所示的钢管结构，他还设计了钢片结构"布尔诺"扶手椅。与密斯·凡德·罗设计的其他一系列椅子一样，"布尔诺"现在仍然由著名的诺尔（Knoll）家具公司生产销售。

　　潘顿最杰出的设计作品是1960年设计的可叠放式座椅。1967年Vitra公司开始为赫尔曼·米勒生产这款椅子。该椅是第一把设计和制造的悬臂式全塑模型料椅。

　　1949年设计的"Maggiolin"椅，是马克·扎努索细致地研究家具制造而设计成的家具作品。椅子结构十分简洁，并且极其舒适；利用钢管将椅座悬挂在框架上。1951年第九届米兰博览会，这款椅子获奖，并于20世纪70年代由扎诺塔公司生产制造。

　　一张金属腿的桌子（1935年），是由艾琳·格雷（Eileen Gray）设计的。尽管格雷非常多地运用钢管在她的家具设计中，但她也把它和有机材料结合起来，在这里用的是天然的松木，以弥补金属冷而硬的质感。

　　1958年设计的这个微型而又优美的"苹果蜜"椅反映了现代主义所熟悉的形式，它钢管上部颜色的暗示以及椅子的名称表明这件设计作品是一种全新的敏感性的作品。

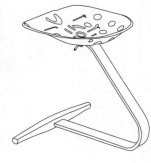

　　拖拉机座椅凳，早在1957年就已设计完成，直到1971年才由扎诺塔（Zanotta）公司生产出来，是卡斯特罗尼兄弟最著名的设计作品之一。"Mezzadro"表明了他们喜欢采用具有使用性能的成品作为设计源泉，进行重新设计。

　　"Selene"餐椅由Artemide公司于1969年开始生产，是意大利第一批全塑料的椅子。椅腿呈"S"形，以增加椅子的强度。

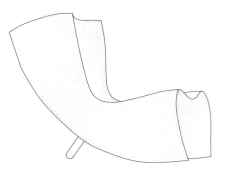

"Felt"椅，1993年，设计者：马克·纽森。

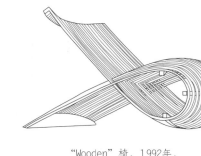

"Wooden"椅，1992年，
设计者：马克·纽森。

"牛津"椅的办公款，是以最初为牛津圣凯萨琳学院做的设计为基础的，由弗里茨·汉森制造。这款皮制的椅子带有小脚轮和扶手，适合办公室使用。

"Embryo"椅，1988年，
设计者：马克·纽森。

理查德·里耶姆施密德是跨越19、20世纪的德国设计师。1931年，理查德·里耶姆施密德创立了属于他自己的独立画室和建筑工作室，开始尝试新古典主义设计。上图所示的柜子为其代表作之一。

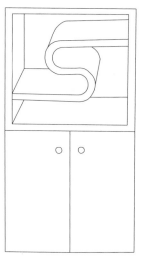

矶崎新对于建筑的观念也同样体现在家具设计中，如1981年为意大利"孟菲斯"设计的柜子，其造型和色彩表现了一种对自由语境的追求。

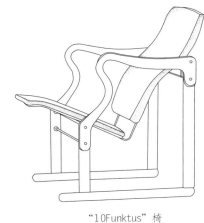

"10Funktus"椅

比利时设计师亨利·凡德·韦尔德是在安特卫普市的装饰艺术学院学习绘画的。1892年，受约翰·罗斯金和威廉·莫里斯改革思想的鼓舞，凡德·韦尔德逐渐放弃绘画，将精力转至自己感兴趣的设计工作。1897年，凡德·韦尔德在布鲁尔附近成立了自己的工作室，其设计制作的餐台和餐椅于当年在德累斯顿展出。凡德·韦尔德的作品更具英国风格。

法国夏洛特·佩里安座椅，浓缩了多种艺术形式设计而成，充分融合了西方和东方文化的元素。

特立尼达椅，1994年，
设计者：楠娜·蒂兹
尔，制造：弗里绎家具
公司。

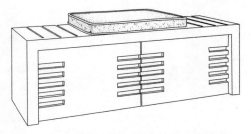

"巴黎"，设计者：彼尔·汉姆。

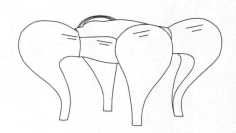

"形式的美"家具造型，1987年，
设计者：M·卡斯泰尔韦特罗。

椅子，1896年由挪威设计师杰
哈德·缪茨（Gerhard Munthe）专
为酒店内的神话厅设计。

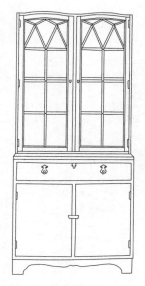

这个镶嵌了红木和乌木的书橱
是戈登·拉塞尔于1982年设计的，
由F·希尔顿（F. Shilton）手工制
作。家具上半部分玻璃面板的造型
是英国18世纪典型的哥特式风格，
但整体的风格还是十分简单朴素
的。在现代设计中融合传统设计元
素是戈登·拉塞尔设计风格的最大
特点。

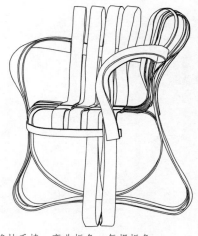

交叉铬扶手椅，弯曲板条，每根板条
由7层0.8mm的枫木片组成。

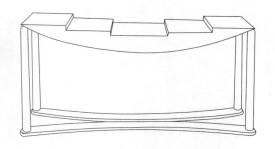

茶几，设计者：霍莱因（后现代主义孟菲
斯设计作品）。

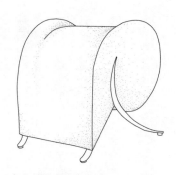

意大利现代沙发设计，1996年。

爱托尔·索特萨斯是20世纪70年代
激进派的代表之一，1973年他参与创
建了"全球工具"组织。"阿代索·佩
罗"架形象地反映了他激进派的观点。
80年代，爱托尔·索特萨斯进而成为后
现代主义的重要代表人物。

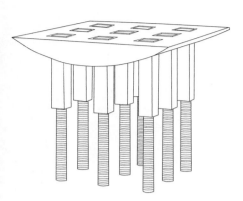

螺杆桌，日本东京国际家具展获资助作品，1998年。

蝶形凳，设计者：柳宗理，1955年。

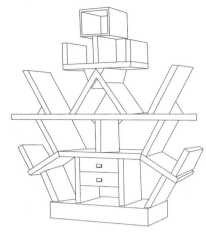

"卡尔登"书橱，1981年，设计者：埃托尔·索扎斯。材料：木材、塑料。索扎斯是意大利20世纪60年代反设计运动的领袖人物。他为许多客户设计的简朴的作品反映了他的激进主张。"卡尔登"书橱是一个极端的例子，他以粗俗的色彩与图形来嘲笑大众的低级趣味。

"金姆"椅，设计者：M·德卢基，1987年。

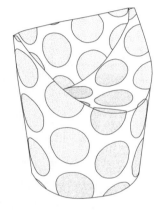

"斯博替"座椅（Spotty），1963年，设计者：彼德·莫多克（Perer Murdoch）。

这只有着醒目的波尔卡圆点的儿童座椅，是典型的波普作品。它造价低廉，可用厚纸板折叠做成，是大众消费场所的理想配件。

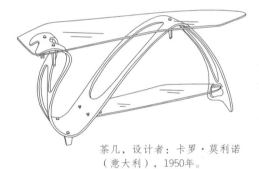

茶几，设计者：卡罗·莫利诺（意大利），1950年。

悬臂椅，设计者：阿尔托，制造：Artek公司，1931年。

布鲁耶椅，设计者：布鲁耶，1928年。

待从椅，设计者：魏格纳，制造：PP Moeber公司，1953年。

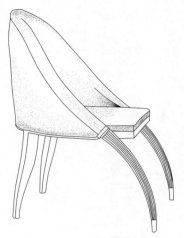

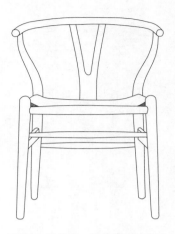

法国现代派设计先驱雅克－艾米尔·鲁赫曼，在20世纪开始正式从事装潢业。1919年他同另一设计师皮埃尔·劳伦特设计的这把椅子就是当时的作品之一。

圆椅，设计者：韦格纳，制造：PP Moeber公司，1986年。

Y形椅，设计者：魏格纳，制造：PP Moeber公司，1950年。

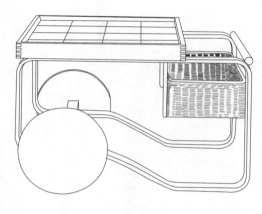

查尔斯·依姆斯的底背扶手椅的一个摇杆版本（1950年），成型聚酯座面以钢网为基础。依姆斯对塑料的研究增强了他创作壳椅的决定，他用两种有对比性的材料制成不同的部件。

"900"茶几是阿尔瓦·阿尔托于20世纪30年代中期设计的，其造型借鉴了佩米奥椅的特点，设计师保留了佩米奥椅的主要框架并添加了轮子、托盘和竹篮，经过设计师巧妙地改造，又成了一个美观实用的家居用品。

马里奥·贝利尼1959年从米兰理工学院建筑系毕业，他是意大利当代设计大师之一，他一生获得过无数设计大奖。贝利尼最著名的家具类设计作品有为意大利B&B公司设计的"布娃娃"座椅系列、为卡西纳家具公司设计的Cab座椅系列。

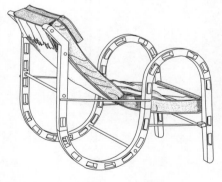

这张S形的躺椅是艾琳·格雷于1932—1934年间为她在法国的第二间住宅设计的。椅子的结构部分由可弯曲的胶合板制成，椅面是帆布材料。

"葵花"沙发（Marshmallow），1956年，设计者：乔治·奈尔逊（George Nelson）。

同奈尔逊著名的时钟设计一样，这只沙发也是由各个分散的部件构成，它大胆的用色进一步强调了部件分离这个主题，且极富波普设计风格。

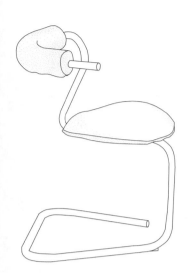

钢管弯折椅。

英国的设计师罗宾·戴（Robin Day）为希尔（Hille）公司（1950年）设计的一张钢管支撑、胶合板连座和靠背的椅子。这张造型简洁的椅子叠放和取用都很容易，因而不久全国上下的公共室内空间中到处可见它的身影。

这张型号为"A811F"的弯曲木扶手椅是约瑟夫·弗兰克在20世纪30年代早期为某旅游公司设计的。曾经有人误认为这是另一位设计大师约瑟夫·霍夫曼的杰作。椅子结构的简洁和比例的优美都代表了约瑟夫·弗兰克家具设计的特点。

马可·扎努索（Marco Zanuso）设计，阿尔弗莱克公司（Arfiex）制造的"Lady"扶手椅（1951年）。它是第一个尝试利用橡胶泡沫制成舒适且具有有机造型的家具，因而在1951年的米兰三年展上获得了Grand Pnx大奖。另外扎努索还曾在1954年及1957年的展会上获奖。

"Sanluca"扶手椅，阿什尔于1960年设计，并由伽瓦纳公司（Gavina）制造。造型取源于"新自由"（Neo-Liberty）建筑运动的有机曲线，椅子由表面覆盖了薄薄一层装饰织物的模压胶合板构成。

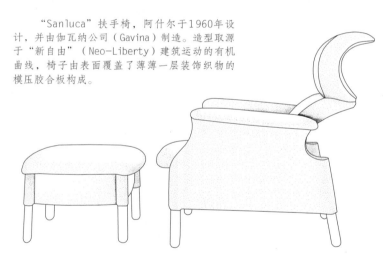

休闲长椅和长凳，由成型玫瑰木胶合板制成，皮制软包和铝框架。舒适感和成熟性使这张椅子成为20世纪的一个经典的座椅设计作品。

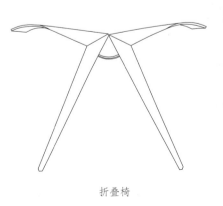

折叠椅

美式书房家具

现代美式家具是在欧洲古典风格基础上根据美国移民文化和居住特点所作的改良创新作品。现代美式家具与欧式古典风格家具一脉相承，比较突出的特点在于采用适应大批量生产的新材料、新结构、新纹样。它注重家具功能、家具的尺寸和体量较大，粗犷大气的家具轮廓，巧妙融合精美雅致的雕花风格，在点点滴滴间展现雕刻艺术风华，将古典、精致、内敛与知性发挥到极致，演绎了贵族们的高雅生活。

美式家具的设计与制作在于技术与美学的结合中，将当今时代的需求和传统风格的连贯有机地融合在一起。美式家具常用实木为木雕框架，以流畅的线条、栩栩如生的植物花果和叶饰为主题雕花。

美式家具最迷人之处在于造型、纹理、雕饰和色调细腻高贵，堪称家具制造业的一朵"奇葩"，近年盛行于世。

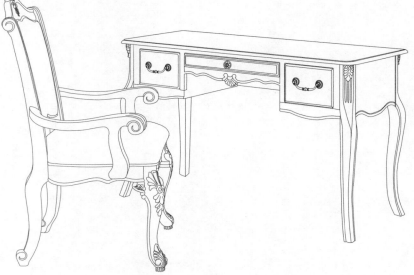

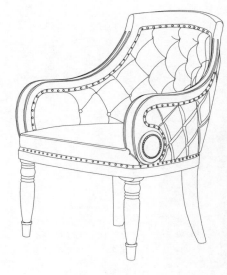

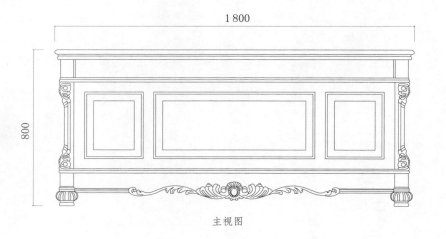

主视图

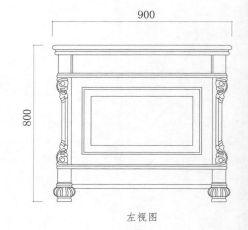

左视图

美式客厅家具

2 000

890

1 060

1 060

主视图

左视图

美式餐厅家具

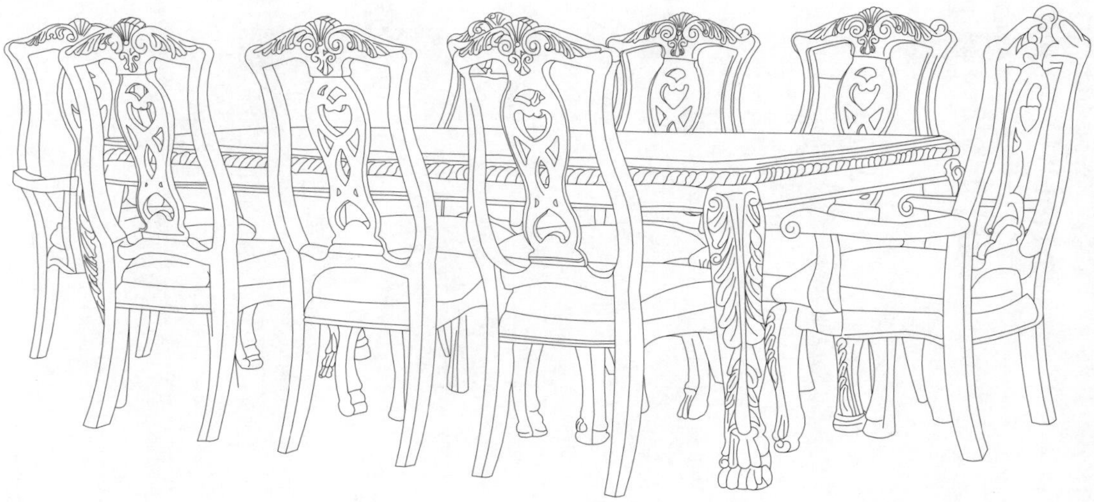

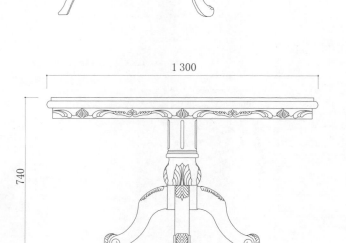

1 300

740

主视图

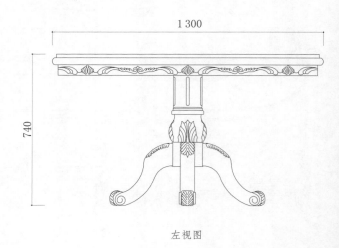

1 300

740

左视图

美式卧室家具

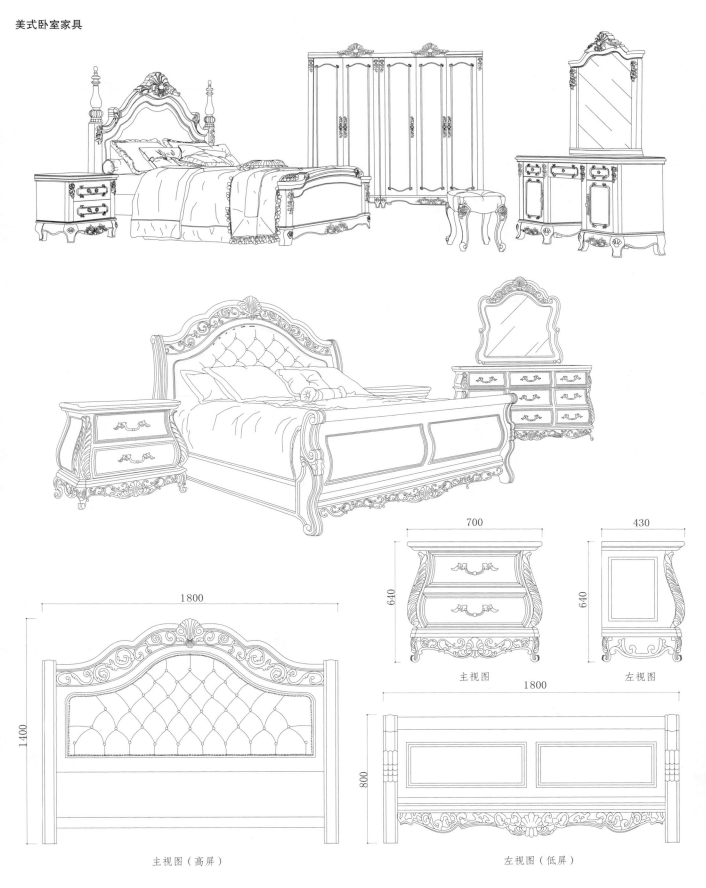

700

430

640

640

主视图

左视图

1800

1400

主视图（高屏）

1800

800

左视图（低屏）

新欧式家具是欧洲皇室古典家具平民化的产物。在19世纪，新兴资产阶级在欧洲崛起，他们要求对欧洲古典文化有所扬弃，体现在家具上就是将象征皇室权力的负载装饰简化，而注重实用性。在吸取欧洲传统家具精髓的同时，摒弃了巴洛克和洛可可风格所追求的过于张扬和浮华的表现形式，提取其中最具代表性的设计元素，将富有感染力的优美曲线框架与实木雕花工艺相对集中表现，使得家具在视觉上不失华贵的整体感。他们把欧洲各国风格优美高雅的艺术造型、浪漫的贵族格调、舒适的功能效果，巧妙地糅合在一起，营造出奢华、大气而浪漫的新欧式家具风格。

新欧式餐厅家具

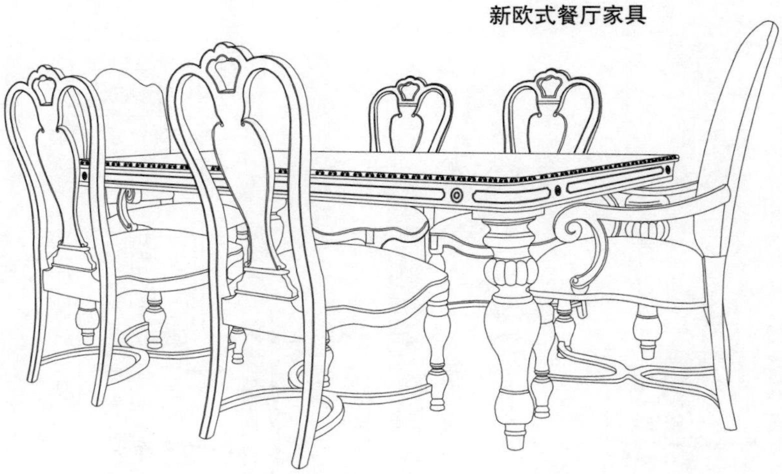

1 250

510

1810

1810

主视图

左视图

新欧式客厅家具

2 100

850

1090

1 090

主视图

左视图

新欧式书房家具

1 580

700

780

780

主视图

左视图

新欧式卧室家具

670

660

主视图

1 700

970

主视图（低屏）

1700

1600

左视图（高屏）

10
欧美家具结构

双层弹簧床软垫构造图

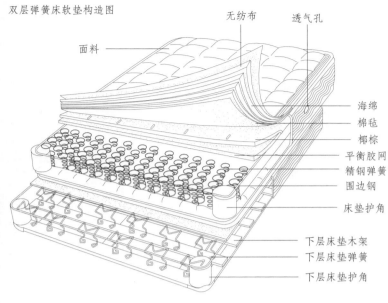

无纺布　透气孔
面料
海绵
棉毡
椰棕
平衡胶网
精钢弹簧
围边钢
床垫护角
下层床垫木架
下层床垫弹簧
下层床垫护角

床垫

1932年，美国床垫制造商席梦思公司（Simmons Co.）在上海设厂生产铁床和弹簧床垫，产品给人们留下了深刻的印象，人们逐渐把弹簧床垫简称为"席梦思"，从此"席梦思"成了弹簧床垫的代称。抗战爆发后席梦思公司退出中国市场。抗战胜利后，上海康立成沙发厂成为中国唯一生产弹簧床垫的厂家，床垫与沙发进入中南海钓鱼台国宾馆，以及全国各地高级宾馆，并于20世纪80年代被评为中国弹簧床垫A级第一名。

床垫作为软体家具中的一种产品形式，是家具这个产品大类中不可缺少的组成部分，在为保障人们舒适的睡眠中起着十分重要的作用。

目前市场上床垫的种类很多，按承载人体重量划分，有弹性好的弹簧软床垫、水床垫、充气床垫、电动床垫、智能床垫等。

因弹簧软床垫具有良好的支撑性、贴合性及价格合理等特点，不仅内部弹簧结构不断改良更新，以求更符合人体工程学，而且内填物及床垫表层也做了防菌、防螨虫处理，所以一直在市场上占有主要地位。

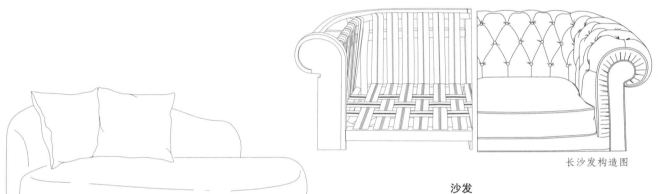

长沙发构造图

沙发

"沙发"是从国外流传到我国的一种家具，是英文sofa一词的译音，国外人们所称的"沙发"一般是指三人坐椅，也就是长沙发，是一种专为容纳两个或几个人坐着或一个人横卧设计的带有靠背及扶手的带垫子的椅子。我国已习惯地将"沙发"引申为所有的软体坐椅。

沙发是起居室的重要家具之一，它占据了起居室的主要位置，是家人团聚，接待友人的重要家具，沙发的款式、尺度、用料、色彩和质地对形成居室祥和氛围有着积极作用。

休闲沙发

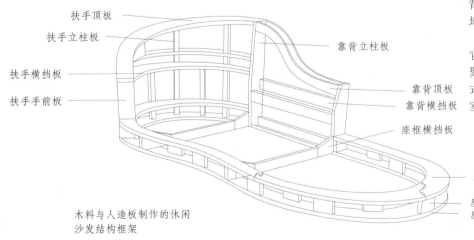

扶手顶板
扶手立柱板
扶手横挡板
扶手手前板
靠背立柱板
靠背顶板
靠背横挡板
座框横挡板
座框上层板
座框立柱板
座框下层板

木料与人造板制作的休闲
沙发结构框架

10

欧
美
家
具
结
构

上海沙发厂各种沙发用料结构

1. 皮革或布蒙面
2. 白色底布包裹
3. 杜邦棉衬里
4. 海绵包裹圆柱弹簧
5. 厚海绵垫
6. 衬布
7. 松紧绷带
8. 木质框架
9. 蒙底布
10. 金属脚垫

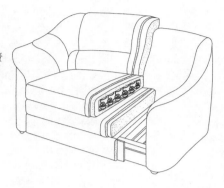

1. 皮革或布蒙面
2. 白色底布包裹
3. 杜邦棉衬里
4. 厚海绵垫
5. 厚海绵垫
6. 衬布
7. 松紧绷带
8. 木质框架
9. 蒙底布
10. 金属脚垫

1. 皮革或布蒙面
2. 白色底布包裹
3. 杜邦棉衬里
4. 泡沫浇注圆柱弹簧
5. 海绵包裹中凹弹簧
6. 衬布
7. 松紧绷带
8. 木质框架
9. 蒙底布
10. 金属脚垫

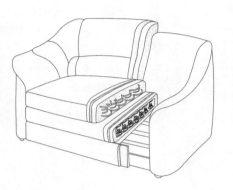

1. 皮革或布蒙面
2. 白色底布包裹
3. 杜邦棉衬里
4. 海绵包裹圆柱弹簧
5. 海绵包裹中凹弹簧
6. 衬布
7. 松紧绷带
8. 木质框架
9. 蒙底布
10. 金属脚垫

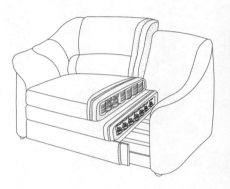

1. 皮革或布蒙面
2. 白色底布包裹
3. 杜邦棉衬里
4. 泡沫浇注圆柱弹簧
5. 厚海绵垫
6. 衬布
7. 松紧绷带
8. 木质框架
9. 蒙底布
10. 金属脚垫

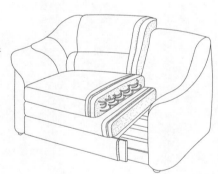

1. 皮革或布蒙面
2. 白色底布包裹
3. 杜邦棉衬里
4. 泡沫浇注弹簧垫
5. 衬布
6. 蛇型弹簧
7. 木质框架
8. 蒙底布
9. 金属脚垫

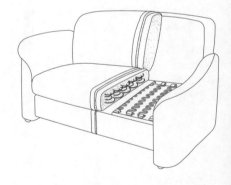

1. 皮革或布蒙面
2. 白色底布包裹
3. 杜邦棉衬里
4. 泡沫浇注弹簧垫
5. 衬布
6. 蛇型弹簧
7. 木质框架
8. 蒙底布
9. 金属脚垫

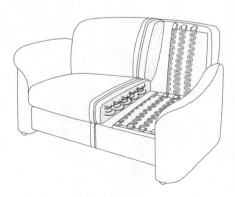

1. 皮革或布蒙面
2. 白色底布包裹
3. 杜邦棉衬里
4. 海绵包中凹弹簧
5. 松紧绷带
6. 木质框架
7. 蒙底布
8. 金属脚垫

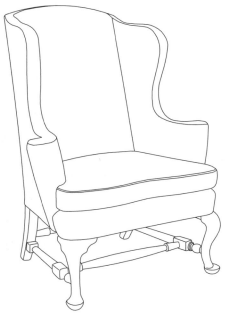

翼状卷筒扶手沙发

翼状甩出扶手沙发

翼状卷筒扶手沙发木架

沙发主要由框架、填充料、面料三大部分构成。框架组成了沙发主体结构和基本造型，框架材料主要是木材、人造板、金属等。填充料对沙发的舒适度起着决定性作用。传统的填充料以棕丝、弹簧等为主，而现在的填充料在传统填充料的基础上，增加了各种功能性的发泡塑料、海绵、合成材料等。沙发面料的质地、色泽决定着沙发的品味，目前面料品种琳琅满目，大多数是皮革、人造革和沙发布。

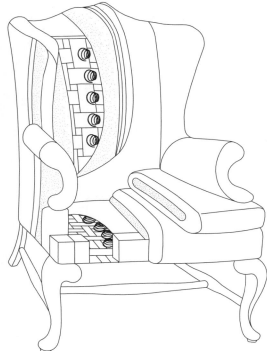

翼状甩出扶手沙发软包构造图

翼状甩出扶手沙发木架

中国古代及近代家具篇

古代前期家具指商、周时期的原始家具，春秋战国时期的家具，以及秦、汉、三国时期的低矮型家具。

商代的青铜器祭祀用的器物如禁、甗等，是为人们席地而坐的低矮型原始家具。它标志着几、案、桌以及箱、橱、柜等常见家具的产生。在一些宋人或明人的著作中，能看到一些描绘前期商周时代的家具形象的内容，有厥、橛、俎、筵、几、椸、扆、篚等。明王圻、王思义的《三才图》，介绍了完、厥、棋等家具。完有四足、如案，与厥相似，加脚，中央横木，脚足斜或曲。河南安阳侯家庄出土商代后期木抬盘遗痕，陕西沣西西周井叔墓出土的铜足漆案，证实商周出现了家具生产，这时期铜器中的俎、禁等就是该时期矮的原始家具之一，这些低矮型家具是当时家具的缩影。

春秋战国时期的家具主要有：俎、几、案、床、架、座屏等。俎是古代庖厨用具。几为凭倚而设，是面比较窄小的凭倚家具。春秋战国时期，几除了有几型和台型两种结体外，又产生了两头挑起的案形和架形两种新的结体形式。案主要是放置东西用，面比较宽，比几矮些。春秋战国、两汉案多木制，髹漆上饰彩绘纹样。春秋战国时期，出现了真正的床。在湖北荆门市十里铺镇附近的战国晚期楚墓中，出土了一具黑漆折叠式活动床，是目前中国发现的唯一古代活动折叠式床。春秋战国的架多为钟架，木制或木、金属相结合。带有底座而能折叠的屏风，古代常

用作室内主要座位后的屏障，或在较大空间的建筑室内置于入口处、起遮挡视线的作用。箱柜的使用始于夏、商、周三代，《国语》内载有最早的箱。箱是指车内放东西的地方。湖北随州擂鼓一号战国楚墓曾出土漆木箱，湖北随州擂鼓墩曾侯乙墓出土战国漆箱，河南信阳长台关战国楚墓出土文具箱。

秦、汉、三国时期的家具，是在春秋战国时期家具的基础上发展起来的。该时期铜器被木质器物逐渐代替。秦、汉、三国时期，人们的生活活动主要是在室内，由席地而坐趋向居于床上，导致了与床配套家具的盛行。这一时期的主要家具有俎、几、案、床、榻、屏风、步障、胡床、柜、橱、簏等。汉朝的案在战国案的基础上逐渐加宽，仍为放置东西的承具，形式上有方案、圆案、叠案多种。汉代，人们的起居是以床为中心，一般在床后设屏风，床上有帐，几案置于床前或床上。西汉出现一种专供坐用的家具——榻。榻较床矮小些，适合1～2人独坐。屏风的历史悠久，春秋战国时期屏风的使用相当广泛，品种繁多，有高大的屏风，也有"床屏"、"枕屏"等小巧之物。柜是古代似矩形带矮足的箱子。橱是立柜，使用较晚，汉代开始出现，最早叫做橱。立柜是从仓房式的橱发展而来，汉代的仓已具备了立柜的形态。这一时期，诸如架类、挂物架、抬物架、镜台、灯檠、六博盘等家具都较春秋战国时期有所进步。

西周俎（辽宁义县花儿楼窖藏坑出土）

西周夔纹铜案

木抬盘与铜足漆案（陕西西周井叔墓出土）

商周铜甗（一种中部有箅子的灶具）

西周早期四直足十字青铜俎

西周兽足方甗（柜形青铜器）

西周蹲兽方甗（《殷周青铜器通论》）

商石俎（河南安阳出土）

11 中国古代前期家具

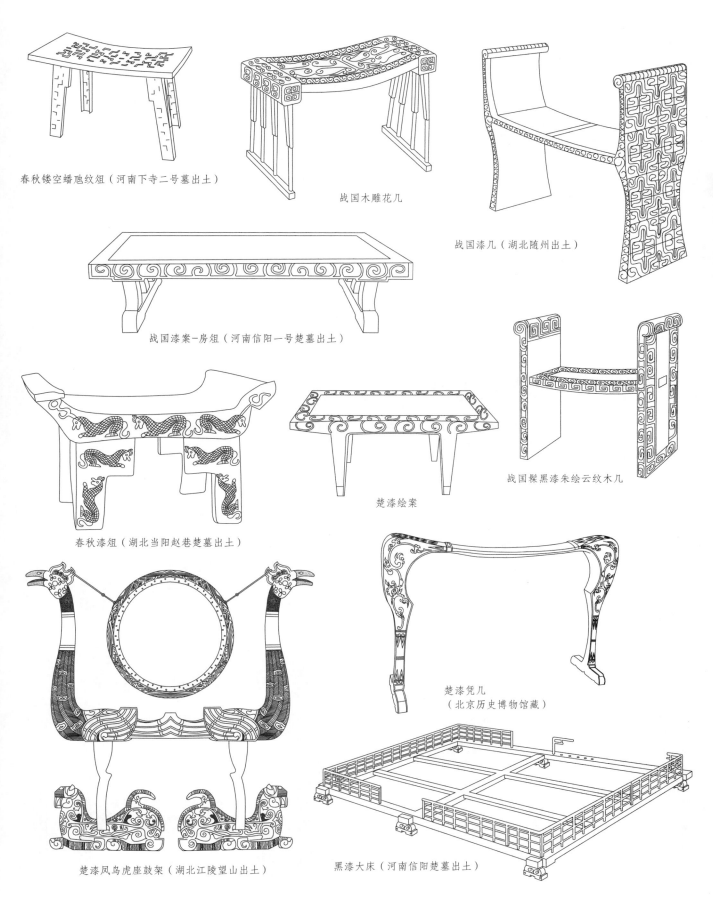

春秋镂空蟠虺纹俎（河南下寺二号墓出土）

战国木雕花几

战国漆几（湖北随州出土）

战国漆案-房俎（河南信阳一号楚墓出土）

春秋漆俎（湖北当阳赵巷楚墓出土）

楚漆绘案

战国髹黑漆朱绘云纹木几

楚漆凭几
（北京历史博物馆藏）

楚漆凤鸟虎座鼓架（湖北江陵望山出土）

黑漆大床（河南信阳楚墓出土）

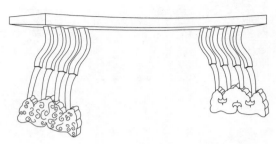

汉代曲栅式漆案（河南密县打虎亭东汉墓
《宴饮图》中的大案）

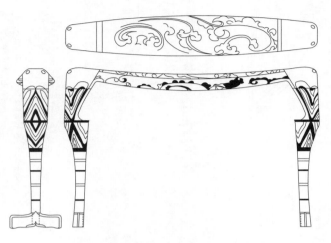

汉代漆案和漆凭几的装饰纹样（湖南长沙马王堆西汉墓出土）

海南灵宝张湾汉墓出土陶桌

汉橱
（杨耀《明式家具研究》）

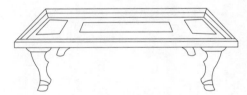

江苏仪征西汉墓出土漆案

汉代漆案和漆凭几的装饰纹样（湖南长沙马王堆西汉墓出土）

汉漆笥盖纹样

西汉彩绘木屏（长沙马王堆汉墓出土）

古代中期家具是指两晋、南北朝时期低矮型倚靠家具的流行和高型坐具的出现，以及隋、唐、五代时期椅、凳的普及和高桌案的出现。

这个时期，席地而坐的习惯仍然流行，除了传统的家具外又出现了不少新的家具。床增加高度，人们可以坐在床上，也可以垂足坐于床沿，倚靠隐囊和凭几。屏风发展成为移动式的多折形式，并非常流行。东汉末年传入的胡床逐渐普及到民间。同时，还出现了一些高型坐具，如筌蹄、方凳、椅子等，这些家具对当时人们的起居习惯与室内陈设有一定的影响，为唐代以后逐渐废止低矮型家具奠定了基础。这时期，低矮型家具向高坐型家具过渡和交替使用，是两晋、南北朝时期的家具特征。

隋、唐、五代十国时期，由于生活习惯（跪坐）的改变，导致了前、后期家具的交替。两晋、南北朝时期的低矮型倚靠用具依然使用，但是隋、唐时期垂足坐的习惯逐渐普及全国，后期的家具类型在唐末、五代之间已经出现。高型桌案的产生与发展，代替了低矮家具。中国古代家具，到了隋、唐、五代开始走向高型坐具。家具的功能趋于合理，桌椅的构件实用与装饰结合，生产工艺也有了长足的进步。

瓷几（河南安阳隋张盛墓出土）

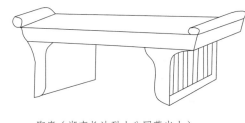

陶案（湖南长沙烈士公园墓出土）

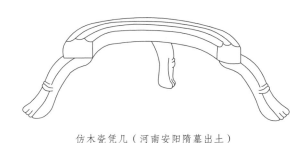

仿木瓷凭几（河南安阳隋墓出土）

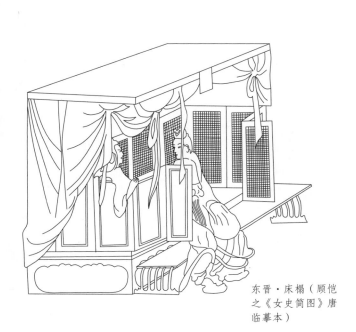

魏晋南北朝漆屏风所见的贵族步舆
舆轿本是贵族的交通工具，魏晋南北朝时逐渐普及，平民也可使用，只是形式有分别。这乘四人所抬的步舆，上有伞盖及人字形帐幕，通常为贵族使用

独坐小榻

东晋·床榻（顾恺之《女史箴图》唐临摹本）

南朝时期青瓷铜禁，禁为家具之雏形之一。该禁仿照先秦时期的青铜器制作而成，造型别致

敦煌285窟西魏壁画中的椅

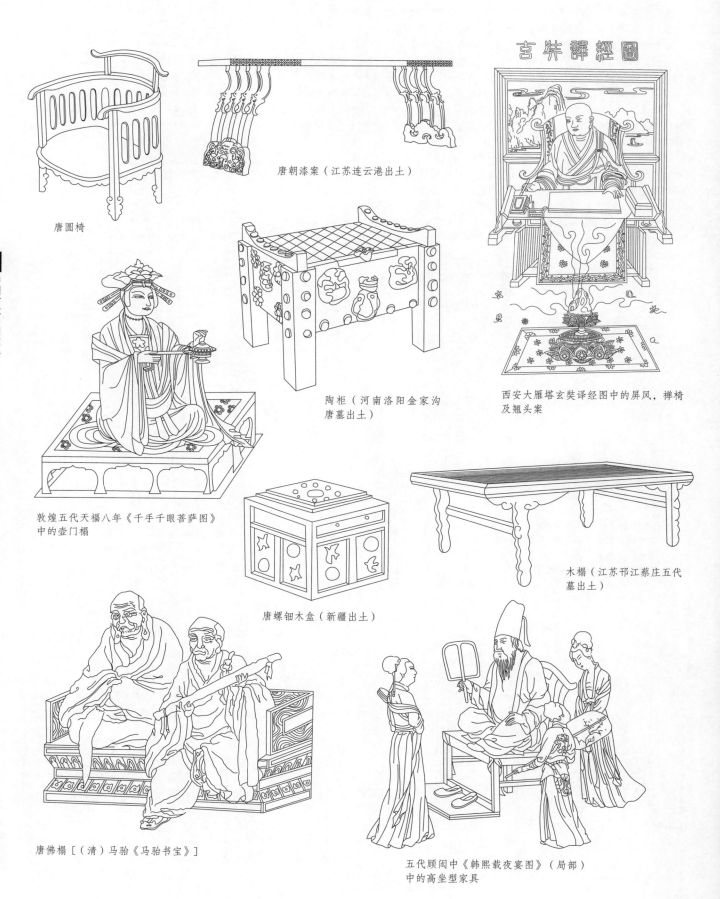

唐圆椅

唐朝漆案（江苏连云港出土）

古牂譯經圖

敦煌五代天福八年《千手千眼菩萨图》
中的壶门榻

陶柜（河南洛阳金家沟
唐墓出土）

西安大雁塔玄奘译经图中的屏风、禅椅
及翘头案

唐螺钿木盒（新疆出土）

木榻（江苏邗江蔡庄五代
墓出土）

唐佛榻［（清）马驼《马驼书宝》］

五代顾闳中《韩熙载夜宴图》（局部）
中的高坐型家具

古代后期家具是指宋代、辽、金时期的高坐型家具，以及元代的家具。

这个时期的手工作坊的产品多种多样，有小木器、漆、藤、竹器等。在工艺方面，南宋家具比北宋家具细致柔和，线条的装饰多而复杂，藤、竹家具亦有新的发展。宋时期的坐具有粗木小凳、方凳、圆凳、长凳、藤墩、坐墩、椅子。承具有高型桌案、琴桌、高几、供桌。卧具有床和榻。庋具多为箱、行箱、平柜。屏风多独扇式，也有三叠式。其他家具有衣架、盆架、巾架和镜台、灯檠等。

宋至辽、金时期，高型家具尤其是桌、椅的结构上出现了台型结构和案型结构。案型结构，是仿建筑大木梁架构的构造，桌出现了夹头榫和插肩榫的结构。这个时期，由于插肩榫的出现，腿有侧脚，呈方形、圆形。束腰的运用有了三弯腿型。在宋代时梁架结构的家具中，使用夹头榫的普遍带有牙头。椅子基本上是宋的造型与制度。桌子无牙头、朴素无华，腿与桌面以直接榫铆结合。夹头榫或有花牙子，或有带托泥，桌以围裙装饰，从辽金墓葬出土实物看其造型和艺术风格，硬木打制成，棕色，桌不仅

有牙头装饰，带托泥，且桌除髹漆外，在朱红的桌面上出现了四脚饰金箔包角的做法。高几是宋代出现的一种新型家具，可以分为无束腰、无托泥和带托泥束腰三种。供桌是祠庙中放置供品的家具，为不同用途的一种桌子，是桌案的变体。矮桌在北方亦叫小炕桌，是平民百姓家中的日常用具。床有多个壸门和带托泥的床，一个壸门带托泥的床和没有壸门、托泥而只带牙子的床。庋具是箱、行箱、平柜的总称，从形制上来推测，此类箱可能是作为文具或小日用品的贮藏之用。屏风这时期多独扇式，独扇式又有座屏和插屏之别。辽、金时期的高型家具，出现了一些新的结构方式，壸门和托泥减少，桌、案方面出现的夹头榫、插肩榫使用普遍，中部有高束腰并四隅有云足托，出现了花牙子、蕉叶以及云头装饰构件。

承袭宋制的家具传统，凳有束腰无托泥、三弯腿和有鼓钉的做法。桌多承袭宋大木架结构的做法，也出现了束腰类的新式桌，又有壸门带托泥的老形式。卧具有带壸门托泥与无壸门托泥之分。屏风多见一折或三叠式样。架格类家具多见巾架、盆架、鼓架、蜡台、棋局等物品。南宋时期，家具有了很大的发展，几乎明式家具的主要品种和式样这时期大体已具备。

椅（四川广汉雒城镇宋墓出土）

宋扶手禅椅

江西乐平宋墓壁画中的曲靠背交椅、屏风

宋朝陶肩舆（江苏镇江溧阳竹箦乡李彬墓出土）

四川广汉雒城镇宋墓出土男女卧床俑之床

《云笈七签》卷72所附镜台（《白沙宋墓》）

宋代木椅（河北巨鹿出土）

辽代释迦涅槃石雕像中的禅床

辽代点茶图中的台子

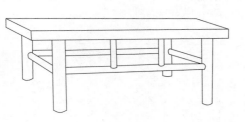

河北古墓中的桌、椅，河北宣
化下八里辽墓出土木椅、木桌

辽代山东安丘画像石中的床、屏风

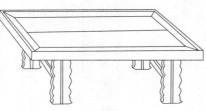

小桌（内蒙古解放营子公社辽墓出土）

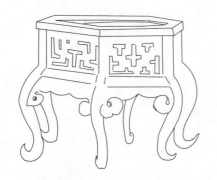

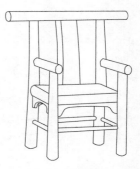

炕桌、椅（山西大同金代阎德源墓出土）

盆座（山西大同金代阎德源墓出土）

椅（山西大同金代阎德
源墓出土）

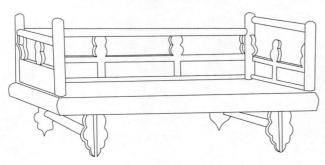

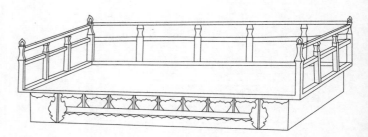

小床（山西大同金代阎德源墓出土）

床（内蒙古解放营子公社辽墓出土）

长陶供桌（山西大同元代崔莹
李氏墓出土）

双屉桌（山西文水北峪口元墓壁画）

陶椅（山西大同元代崔
莹李氏墓出土）

元代任仁发书《张果见明皇图卷》
中的圈椅

元代山西芮城绘画中的折叠凳

陶方凳（山西大同元代崔莹李氏
墓出土）

木桌（甘肃漳县汪世显家族墓出土）

倪云林画像摹本（元代）

元代黄花梨木圆后背交椅

陶屏（山西大同元代崔莹李氏
墓出土）

明式家具是中国古典家具鼎盛时期的代表，是中国古典家具艺术的典范，在世界家具艺术体系中独树一帜，以致于被国外学者盛誉为东方艺术的一颗明珠。明式家具，通常是指明代特别是明代中后期至清代前期生产的、具有鲜明工艺特色和设计风格，在家具发展过程中有着划时代意义的典型家具群体。

明式家具有七个特点。第一个特点是造型简练质朴，比例匀称，线条雄劲，以线为主，不论是椅凳类、几案类、橱柜类、床榻类、台架类等，都可以看到其造型的特点。第二个特点是不以繁缛的花饰取胜，而着重在造型中充分运用多种多样的线脚来体现造型的完美。第三个特点是铆榫结构。第四个特点是装饰与结构是一致的。牙头、牙条、券口、花饰和雕刻不是附加物，而是与整体融汇在一起，成为结构中不可缺少的组成部分。第五个特点是常以很小的面积，饰以精微雕镂，点缀在最适当的部位上，与大面积的素件形成强烈的对比，使家具整体显得明快简洁。明式家具中的木雕构图，多是采用对称与均衡图案，形象生动活泼、神态自若。第六个特点是使用金属饰件在柜、箱、橱、椅、交机等家具上，根据功能要求配置。铜饰件的式样，也是种类繁多和千变万化的，有圆形、长方形、如意形、海棠形、环形、桃形、葫芦形、蝙蝠形等。第七个特点是选用优质木材制造家具。明式家具的用材为硬木和紫木两大类，硬木包括紫檀、铁力木、花梨木、鸡翅木、红木、乌木等，紫木包括楠木、榆木、椐木、樟木、柞木、核桃木等。

明式家具的内容丰富、形式多样、种类繁多。按家具的功能分类，凳椅类有兀凳、方凳、条凳、梅花凳、官帽椅、灯挂椅、扶手椅、圈椅等；几案类有平头案、翘头案、条案、书案、架几案、琴桌、二屉桌、方桌、供桌、月牙桌、方几、茶几、琴几、香几等；橱柜类有竖柜、书柜、四件柜、门户橱、二连橱、三连橱、衣箱等；床榻类有凉床、暖床、架子床、罗汉榻；台架类有花台、烛台、书架、衣架、面盆架、承足、围屏、插屏、地屏等。

明代黄花梨背板开透光靠背椅
高1000、宽520、深440

明代黄花梨嵌楠木五屏式宝座
高1020、宽1070、深730

明代黄花梨冰凌纹围子玫瑰椅
高855、宽520、深430

明代黄花梨如意云纹大圈椅
高1120、宽700、深510

明代黄花梨凤菊纹圈椅
高930、宽545、深430

明代鸡翅木空心背玫瑰椅
高890、宽570、深445

明代黄花梨团螭纹南官帽椅
高1110、宽575、深445

明代黄花梨勾卷纹玫瑰椅
高860、宽590、深450

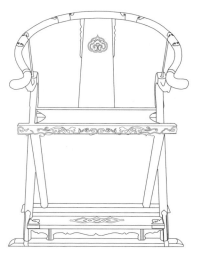

明代黄花梨如意云头纹交椅
高1000、宽730、深350

明代黄花梨牙条云纹官帽椅
高1165、宽570、深480

明代黄花梨双套环玫瑰椅
高925、宽600、深460

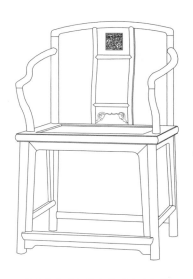

明代黄花梨凤纹高扶手南官帽椅
高930、宽560、深475

明代红木藤面蝠磬纹背圈椅
高1040、宽630、深590

明代榉木凤纹矮南官帽椅
高770、宽710、深580

明代红木笔梗式靠背椅
高1020、宽600、深500

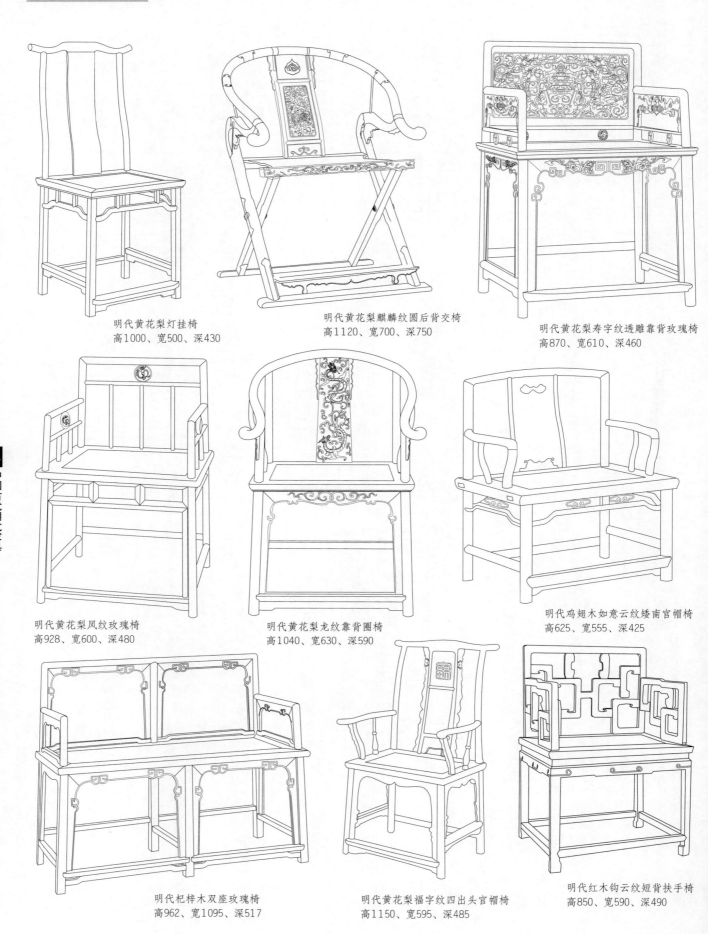

明代黄花梨灯挂椅
高1000、宽500、深430

明代黄花梨麒麟纹圆后背交椅
高1120、宽700、深750

明代黄花梨寿字纹透雕靠背玫瑰椅
高870、宽610、深460

明代黄花梨凤纹玫瑰椅
高928、宽600、深480

明代黄花梨龙纹靠背圈椅
高1040、宽630、深590

明代鸡翅木如意云纹矮南官帽椅
高625、宽555、深425

明代杞梓木双座玫瑰椅
高962、宽1095、深517

明代黄花梨福字纹四出头官帽椅
高1150、宽595、深485

明代红木钩云纹短背扶手椅
高850、宽590、深490

明代红漆嵌珐琅面龙戏珠纹圆凳
高440、宽524、深425

明代紫檀有束腰鼓腿彭牙方凳
宽570、深570、高520

明代黄花梨藤面有束腰鼓腿形大方凳
高540、宽480、深480

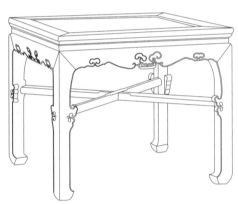

明代黄花梨有束腰十字枨方凳
高485、宽550、深465

明代黄花梨交机面支平
高555、宽660、深290

明代红木有束腰有托泥勾卷纹圆凳
高480、宽565、深565

明代黄花梨藤面有束腰三弯腿霸王枨方凳
高520、宽555、深555

明代黄花梨有束腰罗锅枨长方凳
高500、深425、宽485

明代黄花梨无束腰长方凳
高513、宽515、深405

明代黄花梨夹头榫小画桌
高820、宽1070、深700

明代黄花梨凤纹有束腰展腿式半桌
高870、宽1040、深640

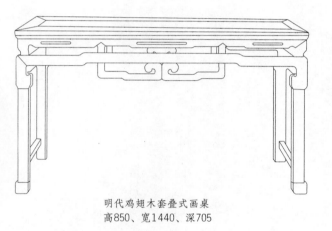

明代鸡翅木套叠式画桌
高850、宽1440、深705

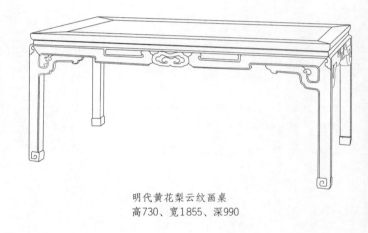

明代黄花梨云纹画桌
高730、宽1855、深990

明代有束腰直足攒角牙条桌
高820、宽1500、深520

明代黄花梨条桌
高835、宽1060、深400

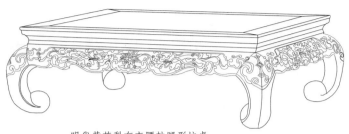

明代黄花梨有束腰鼓腿形炕桌
高290、宽840、深520

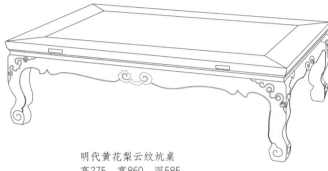

明代黄花梨云纹炕桌
高275、宽860、深585

明代黄花梨有束腰三弯腿炕桌
高300、宽880、深460

明代黄花梨螭纹斗棋式半桌
高870、宽985、深645

明代黄花梨无束腰攒牙子方桌
高840、宽1025、深1025

明代黄杨木瘿木芯如
意结子马蹄足小方桌
高600、宽540、深540

明代黄花梨三弯腿月牙桌
高935、宽970、深480

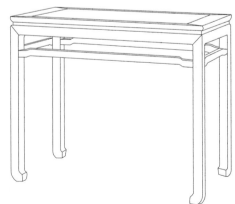

明代黄花梨半桌
高800、宽1300、深650

14
中国古代明式家具

明代黄花梨夹头榫酒桌
高760、宽790、深570

明代黄花梨鸳鸯帐半桌
高770、宽1100、深550

明代铁力木和桦木展腿式半桌
高855、宽960、深545

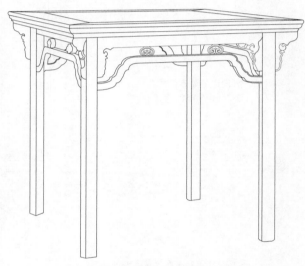

明代黄花梨插肩榫酒桌
高830、宽1250、深540

明代黄花梨罗锅帐加卡子花方桌
高855、宽890、深890

明代柴木云纹红漆供桌
高640、宽835、深445

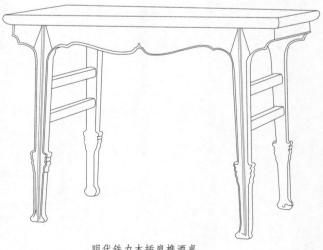

明代铁力木插肩榫酒桌
高720、宽945、深500

明代黄花梨雕龙翘头案
高850、宽1260、深400

明代黄花梨夹头榫翘头案
高865、宽1260、深400

明代鸡翅木夹头榫直棖式平头案
高795、宽870、深430

明代花梨夔凤纹翘头案
高910、宽2255、深530

明代紫檀夹头榫带托子翘头案
高860、宽1550、深420

明代鸡翅木夹头榫翘头案
高850、宽1560、深410

明代黄花梨夹头榫翘头案
高830、宽1410、深470

明代黄花梨架几案
高850、宽1920、深400

明代柏木夹头榫带托子翘头案
高850、宽2200、深480

明代黄花梨夹头榫带搁板小平头案
高810、宽710、深375

明代黄花梨攒牙子脚平头案
高845、宽1580、深475

明代黄花梨雕龙翘头案
高970、宽1500、深420

明代黄花梨翘头炕案
高475、宽1390、深375

明代黄花梨长方案
高780、宽925、深525

明代榉木勾卷纹画案
高850、宽1380、深755

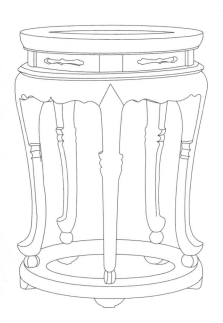

明代铁力木高束腰五足香几
高890、宽670、深670

明代黄花梨带屉方几
高940、宽510、深620

明代黄花梨如意纹带托泥香几
高535、宽425、深425

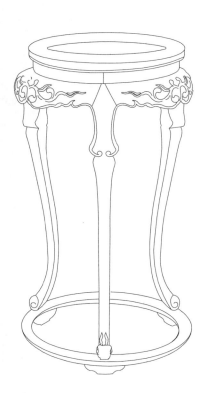

明代黄花梨卷草纹三足香几
高890、宽430、深500

明代瘿木面拐子纹茶几
高640、宽355、深355

明代黄花梨缠枝纹香几
高855、宽415、深415

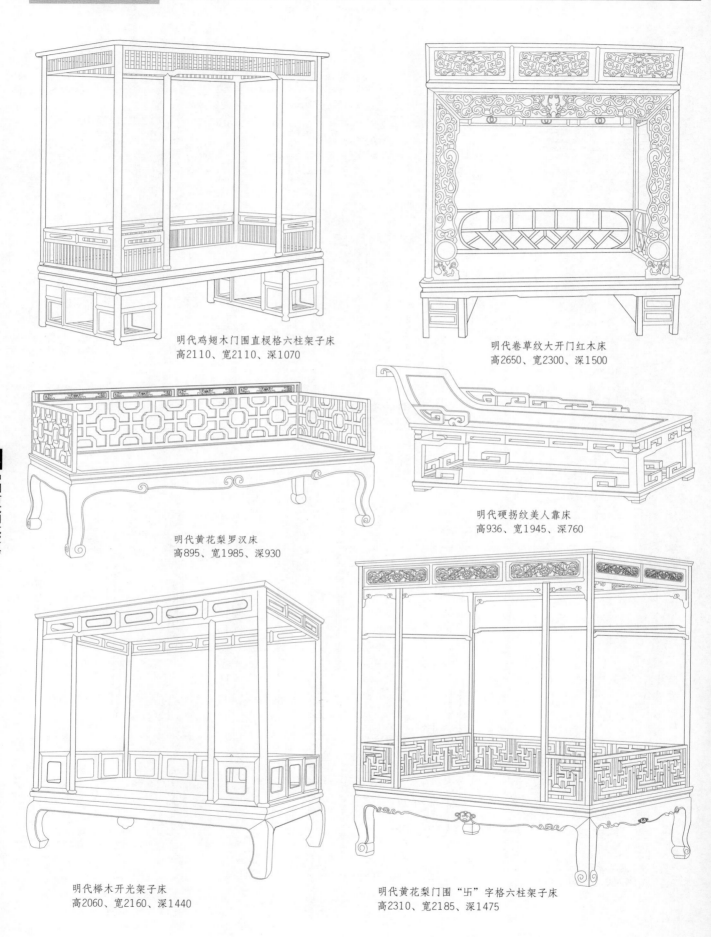

明代鸡翅木门围直棂格六柱架子床
高2110、宽2110、深1070

明代卷草纹大开门红木床
高2650、宽2300、深1500

明代黄花梨罗汉床
高895、宽1985、深930

明代硬拐纹美人靠床
高936、宽1945、深760

明代榉木开光架子床
高2060、宽2160、深1440

明代黄花梨门围"卐"字格六柱架子床
高2310、宽2185、深1475

明代紫檀直棂架格柜
高1790、宽1000、深480

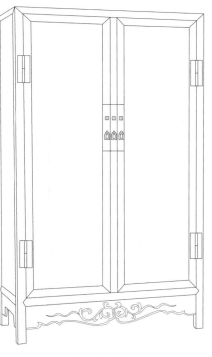

明代黄花梨卷草纹方角柜
高1610、宽900、深470

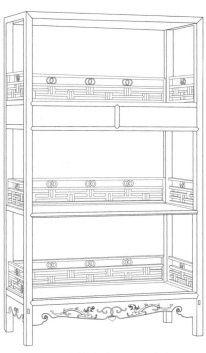

明代黄花梨龙纹栏杆书架
高1775、宽980、深460

明代花梨柜格
高2040、宽920、深595

明代黄花梨攒牙条架格
高1825、宽1230、深455

明代黄花梨螭纹柜
高1230、宽840、深405

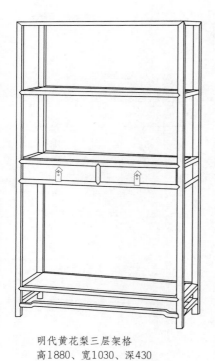

明代黄花梨三层架格
高1880、宽1030、深430

明代紫檀透格门方角橱
高2000、宽1000、深550

明代黄花梨变体圆角柜
高1755、宽1060、深530

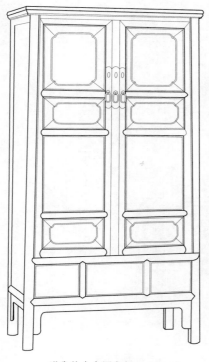

明代铁力木圆角柜
高1800、宽1100、深540

明代黄花梨螭云纹栏杆架格
高1775、宽980、深460

明代黄花梨富贵花三节柜
高1870、宽810、深520

明代黄花梨雕双螭纹方台
高1400、宽485、深485

明代宁式花梨木面盆架
高1680、宽500、深480

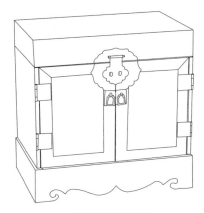

明代黄花梨官皮箱
高370、宽350、深235

明代黄花梨提盒
高213、宽360、深200

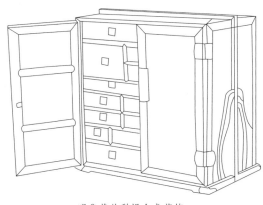

明代黄花梨提盒式药箱
高770、宽690、深415

明代黄花梨凤纹宝座式镜台
高2455、宽1500、深780

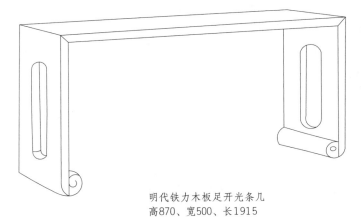

明代铁力木板足开光条几
高870、宽500、长1915

　　清式家具是指出现于清康熙年间，盛行于乾隆时期，具有典型清式工艺美术风格的家具。清代早期家具基本上继承了明代风格，到了乾隆年间，广泛吸收了多种工艺美术手法，家具风格为之一变，为清式家具风格奠定了基础。清早期家具为乾隆制品，中期为嘉庆、道光制品，晚期为咸丰、同治、光绪制品。

　　清式家具用紫檀、红木、酸枝、柚木等优质木材，家具色彩贵黑不尚黄，故宫传世遗留珍品以紫檀、红木居多，黄花梨也改染深色，民间家具即便是杂木也要染成紫黑色。清式家具不但品种繁多，而且制作工艺也有超越，新的造型和新的装饰成为清代的特色，尤其在工艺、技术的综合应用方面，是历代都无法相比的。清式家具在造型艺术特征上凸现出不同的美学风格，家具变肃穆为流畅，化简素为雍贵，使家具显得富丽繁缛，气派非凡；整体造型舒展而柔婉，富丽而流畅，充分体现了清式家具的特

征。就家具品种、类型而言，清式家具是中国古代家具中最为丰富的时期。按其使用功能的不同可归纳为：椅凳类、桌案类、床榻类、柜架类。清代家具以装饰取胜，其装饰手段，集历代精华于一朝，雕、嵌、描、绘、堆漆、剔犀、镶金、饰件等工艺精湛高超，镂镂雕剔巧夺天工，且题材丰富。

　　清朝家具发展到乾隆时期，已形成独特的风格，并逐渐形成民间工艺和宫廷工艺两个体系，前者淳朴自然，后者矫饰雕琢，各种不同的审美倾向竞相争辉。清式家具又构成不同的地域特色，依其产地和风格之差异，大体上分成京作、苏作、宁作、扬作、徽作、广作等流派。清代广式家具大量吸收外来家具风格，形式上从纯真、洗练、淳朴、隽永转向富丽、豪华、精致和凝重，融中西多种艺术的表现手法，形成了具有鲜明的地域特色和强烈时代气息的家具形式。

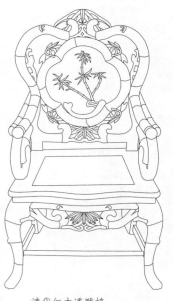

清代红木透雕椅
高1000、宽570、深450

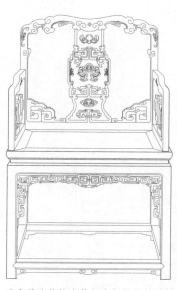

清代乾隆紫檀嵌黄杨木蝠螭纹扶手椅
高990、宽660、深510

清代酸枝木镶大理石广式扶手椅
高1420、宽600、深480

清代红木短背钩云纹扶手椅
高810、宽575、深450

清代红木屏背插角扶手椅
高900、宽500、深400

清代紫檀拐子纹扶手椅
高925、宽580、深470

明末清初黄花梨靠背椅
高1030、宽420、深540

清代酸枝木镶黄铜花纹理石凹栊扶手椅
高880、宽650、深480

清末民国广式靠背椅
高1100、宽580、深440

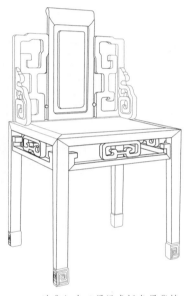

清代红木三屏风式插角屏背椅
高970、宽580、深460

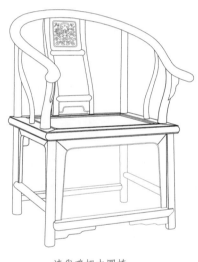

清代鸡翅木圈椅
高990、宽615、深505

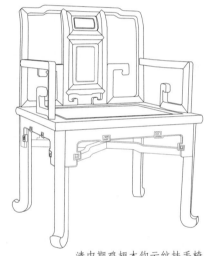

清中期鸡翅木钩云纹扶手椅
高940、宽640、深540

清代老花梨木圈椅
高990、宽584、深460

清代红木镶大理石屏背扶手椅
高900、宽560、深450

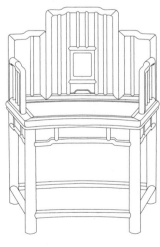

清中期铁力木扇形座面扶手椅
高960、宽730、深400

清代两式腿卷书头搭脑扶手椅
高920、宽600、深480

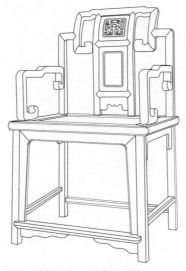

清代红木镶大理石屏背扶手椅
高1008、宽550、深500

清代酸枝木洋花镶石靠背椅
高900、宽600、深540

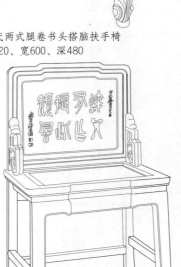

清代红木插角屏背椅（椅背题铭装饰）
高920、宽520、深400

清代榉木圈椅
高925、宽570、深450

清代酸枝木洋花镶理石扶手椅
高980、宽650、深480

清代黑漆靠背彩绘官帽椅
高1160、宽570、深500

清代紫檀蔓凤纹扶手椅
高810、宽530、深420

清代晚期花梨木靠背椅
高920、宽440、深450

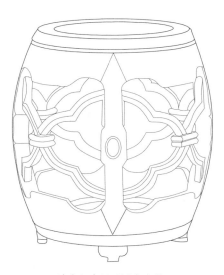

清代红木四面开光坐墩
高530、宽360、深360

清代早期鸡翅木六开光坐墩
高465、宽275、深275

清代康熙楠木嵌瓷面云龙纹圆凳
高490、宽410、深410

清代红木嵌理石圆凳
高460、宽340、深340

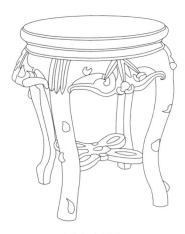

清代红木圆凳
高440、宽330、深330

清代宁式榉木脚凳
高370、宽370、深370

清代紫檀如意云头纹方凳
高430、宽370、深370

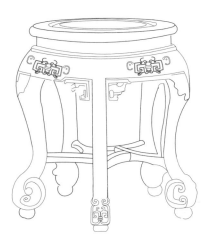

清代红木圆凳
高500、宽420、深420

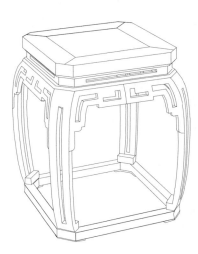

清代中期方形抹脚文竹凳
高460、宽345、深345

15
中国古代清式家具

清代红木凳
高48.50、长400、宽290

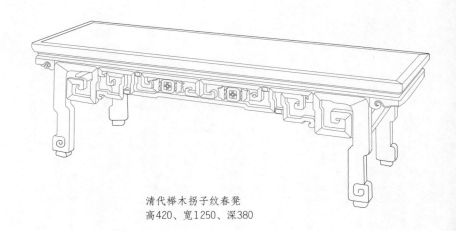

清代榉木拐子纹春凳
高420、宽1250、深380

清代紫檀木有束腰展腿式方凳
高500、宽420、深420

清代宁式柏木方凳
高495、宽415、深415

清代鸡翅木藤面无束腰圆腿脚方凳
高520、宽480、深480

清代红木擢脚花牙方凳
高510、宽412、深412

清代中期红木扇面形凳
高500、宽690、深330

15
中国古代清式家具

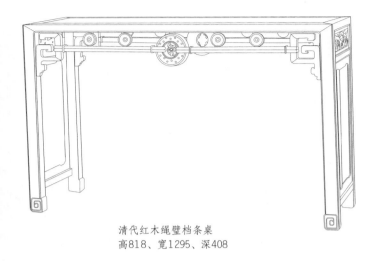

清代红木绳璧档条桌
高818、宽1295、深408

清代黄花梨云龙寿字纹方桌
高865、宽950、深950

清代酸枝木嵌理石长方桌
高860、宽1240、深710

清代红木八仙桌
高820、宽970、深970

清代乾隆紫檀拐子纹长桌
高810、宽1160、深390

清代榉木黑漆方桌
高870、宽960、深960

清代乾隆紫檀方桌
高870、宽1000、深1000

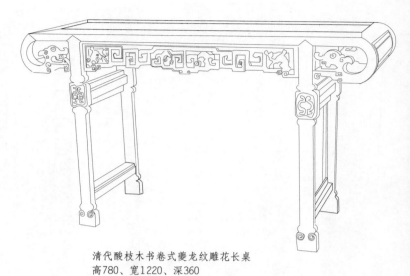

清代酸枝木书卷式夔龙纹雕花长桌
高780、宽1220、深360

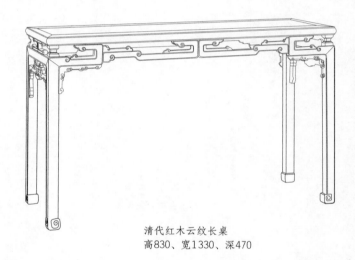

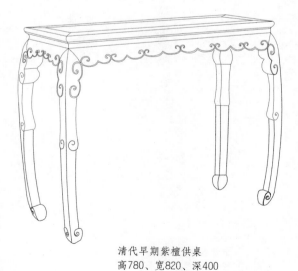

清代红木半桌
高830、宽920、深460

清代红木云纹长桌
高830、宽1330、深470

清代早期紫檀供桌
高780、宽820、深400

清代紫檀灵芝纹长桌
高860、宽1800、深700

清代早期紫檀夔纹暗屉方桌
高870、宽965、深965

清代中期红木灵芝纹插角八仙桌
高890、宽860、深860

清代紫檀拐子纹条桌
高835、宽1175、深385

清代束腰镂空牙条炕桌
高318、宽995、深670

清代早期紫檀卷云纹炕桌
高375、宽1085、深705

清代早期紫檀夔纹暗屉方桌
高870、宽965、深965

清代竹簧画案
高865、宽1942、深820

清代紫檀有束腰马蹄足画案
高838、宽1728、深670

清代苏式红木小翘头案
高860、宽1195、深420

清代老花梨木龙凤纹翘头案
高855、宽1290、深406

清代黄花梨如意云纹平头案
高855、宽1280、深425

清代黄花梨夹头榫翘头案
高900、宽1325、深520

清代花梨木如意图花几
高780、宽445、深445

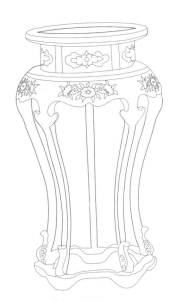

清代棕漆圆几
高915、宽550、深450

清代乾隆紫檀四方香几
高820、宽515、深515

清代拐子龙井口字花几
高800、宽445、深445

清代紫檀茶几
高770、宽450、深450

清代红木方胜形香几
高830、宽618、深450

清代紫檀方炕几
高400、宽630、深630

清代紫檀长方小几
高350、宽1100、深450

清代酸枝木书卷式花樽脚长几
高820、宽1120、深400

清代中期描金桃蝠纹方胜形几
高140、宽450、深275

清代乾隆紫檀夔龙纹香几
高905、宽550、深410

清代早期紫檀炕几
高340、宽945、深345

清代红木大理石炕几
高320、宽1560、深340

清代核桃木拐子龙下卷长几
高360、宽1550、深440

清代酸枝木玉璧纹镶石小花几
高360、宽360、深320

清代榉木架子床
高2020、宽2170、深1380

清代红木雕子孙万代架子床
高2600、宽2150、宽1700

清代中期榉木攒格架子床
高2150、宽2280、深1380

清代榉木台柱架子床
高2200、宽2100、深1380

清代酸枝三围屏卷云纹半床
高950、宽1900、深600

清代末年红木嵌大理石美人榻
高1112、宽1700、深720

清代宁式柏木楹联床
高2300、宽2150、深1350

清代中期榆木开光浮雕龙纹罗汉床
高1220、宽2200、深850

清代红木五屏风雕竹节罗汉床
长1930、宽1230、高1260

清代红木鼓抛牙镶云石藤面弥陀榻
高1000、宽1305、深750

清代红木带枕凉床
高660、宽1800、深590

清代宁式楠木衣柜
高2150、宽1060、深560

清代紫檀雕花多宝格
高2140、宽2060、深400

清代楠木双层衣柜
高1720、宽1105、深515

清代中期红木浮雕折枝花卉宝格
高1690、宽1700、深360

清代老花梨矮柜
高850、宽1 390、深490

清代黄花梨梅花纹多宝格
高1 125、宽800、深320

清代中期黄杨木嵌黄花梨书格
高1 340、宽835、深405

清代老花梨木老爷柜
高900、宽1 090、深550

清代酸枝木书卷式博古架
高1 550、宽960、深360

清代宁式楠木床头柜
高890、宽670、深495

清代黄花梨雕麒麟纹官箱
高375、宽415、深315

清代紫檀百宝嵌插屏
高460、宽396、深160

清代紫檀镂空雕花佛龛
高460、宽278、深140

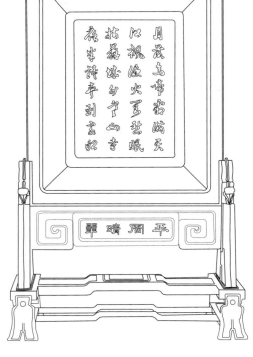

清代镶瘿木黄杨唐诗插屏
高720、宽455、深210

15

中国古代清式家具

清代紫檀镂雕一品清廉纹镜台
高580、宽532、深280

清代宁式榉木缠脚架
高1 190、宽298、深266

清代黄花梨六方形雕花火盆架
高1 130、宽1 318、深1 318

清代宁式柏木火盆架
高740、宽560、深560

清代紫檀灯架
高1 664、宽550、深550

清代红木嵌螺钿三星图插屏
高455、宽430、深125

民国家具是中国封建王朝走到尽头的产物，它的产生是中国传统家具发展史上的一个飞跃，历史可追溯到清末。从清末至20世纪50年代是民国家具的鼎盛时期，60至80年代是它的低谷期，但当时大陆尚有少量出口，在港台地区相当流行。在"文化大革命"十年动乱中，大量的民国家具遭到破坏。自改革开放以来，国内外掀起收藏中国明清家具的热潮。因为明清家具存世量渐少，现在古物市场上流通的家具主要是民国时期的家具。不久，民国家具将成为家具收藏中的"主体"。当今，全国各地许多厂商在仿制明清家具和民国家具，由此可见民国家具深远的历史影响和巨大的经济动力。

民国家具可分为四大形式，即继承明清家具的"仿古式"，仿造西洋（包括少量东洋式）家具的"复制式"，中西混合的"杂交式"，以及小改小革的"改良式"。民国家具恪守硬木为贵的原则，主要用材是花梨木、香红木、紫檀木、酸枝木、鸡翅木、柚木、柳桉、榉木等，其中以印度花梨木、泰国花梨木及柚木居多。

与明清家具相比较，民国家具有12个特征：第一是形体西洋化，体积增大。如大床高度可达2.2m以上，大衣柜高度可超过2m，宽度也超过2m，一个四开门的大衣柜，宽度达到2.5m。但仿东洋的家具体形则小。第二是大型家具可以拆卸。如红木顶柜可分为6件，大衣柜的顶帽、基座与柜身可分为3～5件，大餐桌的台面与台脚可分为2～3件等。第三是顶帽和基座跑出，形似"穿靴戴帽"，视觉上增大了体积，近似洛可可风格。第四是将

玻璃与镜子用于家具中，使民国家具尤其带有现代工业化的色彩。民国时期家具上玻璃及镜子的使用，是完全受到欧式家具的影响。第五是腿爪的变化，吸纳了欧洲洛可可和巴洛克等风格，雕刻有兽头和兽爪抓球式的腿爪，以及镟木纺锤形、螺纹形的家具腿柱。第六是椅子后腿变弯，靠背后倾。明清时期的椅子大多为直腿，靠背为垂直形。第七是装饰纹样洋化。花饰内容与明清时期大不相同，大量引用西欧肥厚的涡卷纹、垂花幔纹、玫瑰、葡萄花饰等。第八是木纹装饰。民国家具受西洋家具的影响，是用不同种类的木材纹理（瘿木等），在家具的门芯、抽屉芯及床片芯贴面装饰，这在明清家具中很少使用。第九是铜饰件西洋化。明清家具的拉手大多呈片状，而民国家具的拉手大多呈坠状。明清家具的合页是装饰性的，民国家具合页是拆卸式的。第十是式样最多。民国家具有三种类别：一种是纯粹的"洋气"，都以柚木或胡桃木制作，式样有哥特式、洛可可式、巴洛克式，还有东洋式的；第二类是海派家具，皆以红木制作，既有西欧气息，又有中国色彩；第三类是中西混合式的，这类家具样式小气、花饰俗气。第十一是漆色的变化。民国时期的红木家具多数是暗红色，也有棕黄色和黑色，柚木制的家具多为黄色（行业内称柚木色），木纹装饰部分是清漆本色，暗红色是承明清家具的传统色，棕黄色和黄色是受西洋家具的影响。第十二是地域性。民国家具在上海、广州、北京、天津、南京、宁波、武汉、重庆、苏州、扬州等地都有流行，且各具特色，但以上海的海派家具为主流，这是由当时上海特殊的地理位置所决定的。

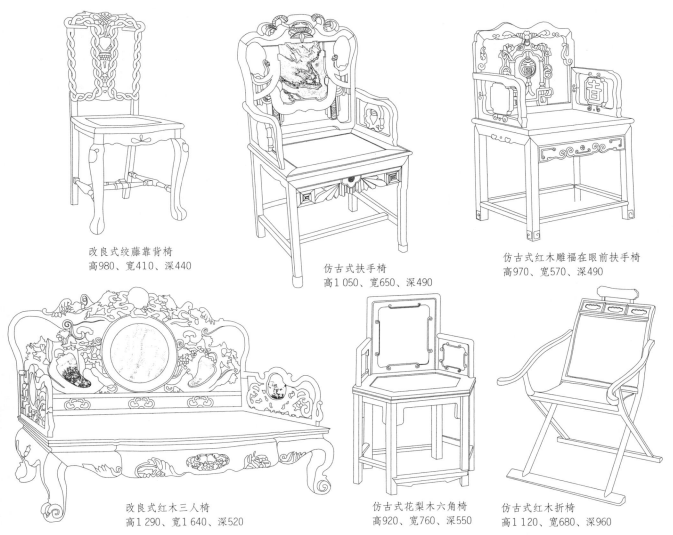

改良式绞藤靠背椅
高980、宽410、深440

仿古式扶手椅
高1 050、宽650、深490

仿古式红木雕福在眼前扶手椅
高970、宽570、深490

改良式红木三人椅
高1 290、宽1 640、深520

仿古式花梨木六角椅
高920、宽760、深550

仿古式红木折椅
高1 120、宽680、深960

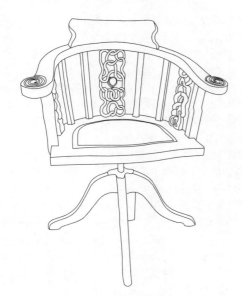

复制式红木转椅
高900、宽660、深520

复制式鸡翅木硬木面靠背椅
高950、宽445、深400

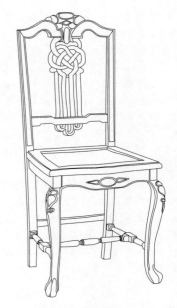

复制式红木靠背椅
高980、宽420、深400

仿古式红木云石座屏背椅
高980、宽500、深450

改良式花梨木扶手躺椅
高900、宽500、深1 100

仿古式红木扶手椅
高890、宽570、深450

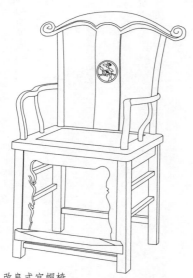

改良式官帽椅
高1 140、宽570、深480

复制式红木椅
高1 000、宽420、深390

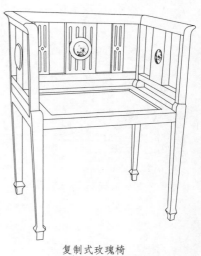

复制式玫瑰椅
高720、宽570、深440

杂交式花梨木镂雕小姐椅
高790、宽415、深380

杂交式红木椅
高940、宽430、深370

杂交式红木靠背椅
高940、宽420、深400

杂交式扶手椅
高980、宽650、深480

复制式红木靠背椅
高940、宽405、深400

仿古式高嵌黄杨太师椅
高900、宽570、深440

仿古式"喜"字背靠背椅
高992、宽490、深380

杂交式红木三人椅
高1 300、宽1 630、深500

仿古式红木灵芝纹云石面八仙桌
高860、宽920、深920

改良式红木方桌
高820、宽900、深900

杂交式灵艺纹旋转桌
高820、宽780、深780

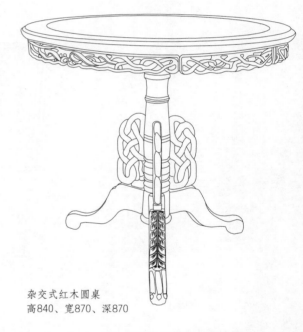

杂交式红木圆桌
高840、宽870、深870

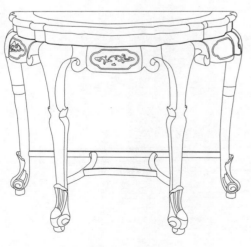

仿古式红木高束腰月牙书桌
高900、宽800、深440

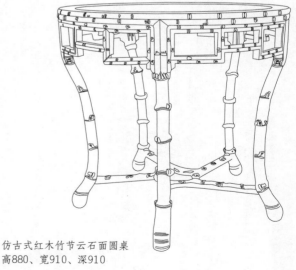

仿古式红木竹节云石面圆桌
高880、宽910、深910

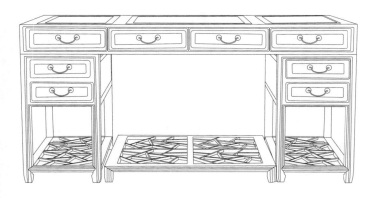

仿古式红木镶云石面写字台（可拆卸）
高840、宽1 700、深800

仿古式红木褡裢式四屉书桌
高830、宽1 400、深700

仿古式红木夔龙纹书桌（可拆卸）
高820、宽1 500、深780

仿古式红木书桌（可拆卸）
高820、宽1 400、深700

仿古式红木写字台
高840、宽1210、深640

仿古式榉木六斗桌（可拆卸）
高830、宽1 380、深690

杂交式红木梳妆台桌
高1700、宽1 100、深600

杂交式红木镜台
高1 670、宽960、深600

杂交式红木汤台
高1 530、宽800、深480

复制式花梨木梳妆台
高2 170、宽1 090、深430

复制式柚木双人床
宽1 350、高片高1 150、低片高680

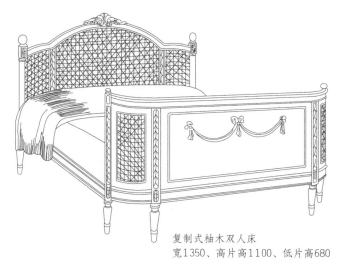

复制式柚木双人床
宽1 350、高片高1 100、低片高680

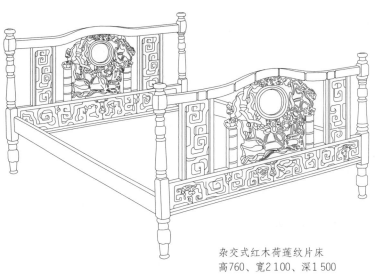

杂交式红木荷莲纹片床
高760、宽2 100、深1 500

复制式柚木双人床
宽1 500、床面高440
高片高1 180、低片高750

杂交式红木双人床
宽1 500、高片高1 050、低片高640

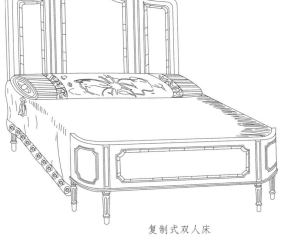

复制式双人床
宽1 500、床面高440
高片高1 150、低片高600

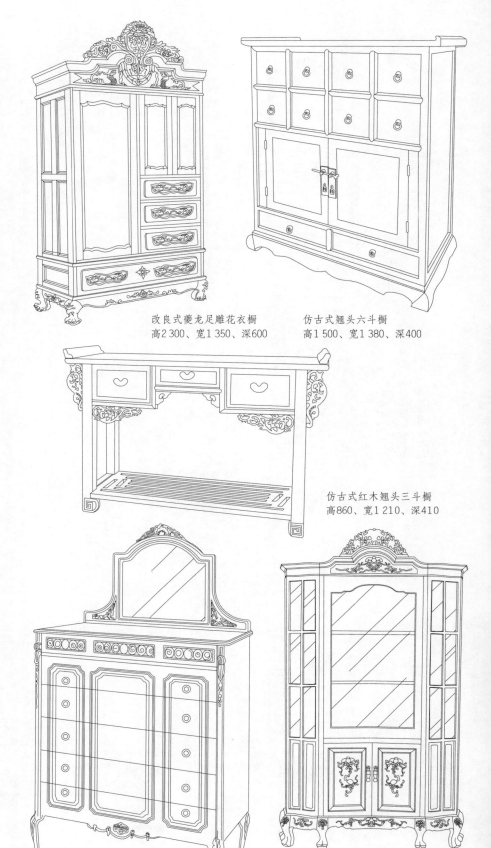

改良式夔龙足雕花衣橱
高2 300、宽1 350、深600

仿古式翘头六斗橱
高1 500、宽1 380、深400

杂交式花梨木亮格柜
高1 910、宽840、深420

仿古式红木翘头三斗橱
高860、宽1 210、深410

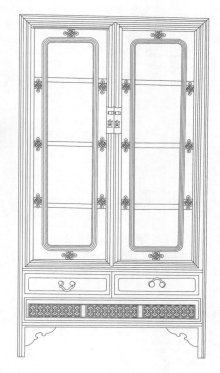

改良式红木镶玻璃书柜
高1890、宽990、深430

复制式柚木五斗橱
高1 500、宽1 000、深500

改良式红木玻璃酒柜
高2 760、宽1 110、深500

改良式红木古玩架
高1 210、宽980、深340

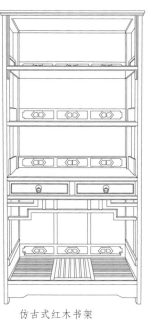

仿古式红木书架
高1 990、宽860、深405

改良式红木雕花衣橱
高2 200、宽1 500、深600

仿古式花梨木雕梅花多宝格
高1 900、宽940、深380

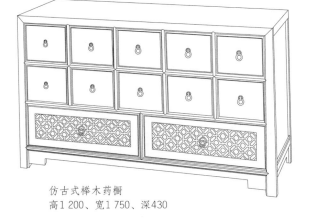

仿古式榉木药橱
高1 200、宽1 750、深430

改良式红木古玩架
高1 250、宽900、深330

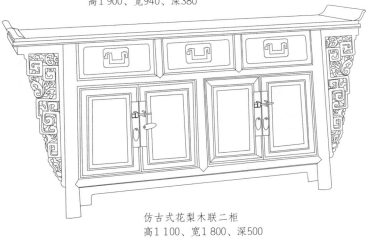

仿古式花梨木联二柜
高1 100、宽1 800、深500

仿古式花梨木栏杆书架
高1 820、宽930、深430

仿古式红木直棍格橱
高1 800、宽900、深440

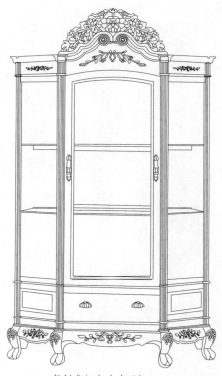

复制式红木玻璃酒柜
高2 600、宽1 110、深510

复制式红木玻璃酒柜
高2 750、宽1 116、深500

杂交式夔龙足草花雕弧屉大衣橱
高2 300、宽2 000、深600

改良式花梨木高面盆架
高1 710、宽560、深560

改良式柚木大衣橱
高2 000、宽1 700、深600

杂交式柚木小衣橱
高1 200、宽900、深520

杂交式红木书橱
高1 750、宽1 000、深400

杂交式红木大衣橱
高1 900、宽1 700、深580

杂交式红木小衣橱
高1 500、宽950、深500

杂交式柚木茶具柜
高780、宽700、深700

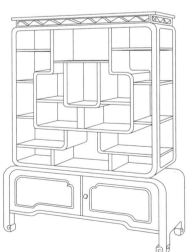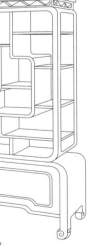

改良式柚木博古架
高1 800、宽1 100、深450

改良式红木小衣橱
高1 450、宽1 000、深520

杂交式柚木小衣橱
高1 300、宽900、深500

复制式三人沙发
高880、宽1 880、深750

复制式单人沙发
高920、宽700、深750

复制式三人沙发
高840、宽1 860、深760

复制式翼状沙发
高980、宽790、深770

杂交式多人沙发
高870、宽2 100、深760

杂交式单人沙发
高870、宽780、深760

改良式单人沙发
高860、宽780、深750

复制式单人沙发
高900、宽800、深780

复制式单人沙发
高880、宽780、深760

中国历代的家具艺术历经盛衰演变，几千年来，通过祖先的智慧与创造，逐渐形成了各具风格异彩的独特形象，它深刻反映出当时的生产发展、生活习惯、思想感情和审美意识，其艺术成就对东西方许多国家都产生过不同的影响，在世界家具体系中占有重要的地位。

中国自古以来即为礼仪之邦，而家具更是实质反映礼仪和艺术及与实用结合的用具。在家居生活中，家具是不可或缺的生活用品，但除了实用性之外，随着时代的发展，家具的品类也日趋完善，更发展出每个时代的独特性。实际上，古典家具的美即蕴含着中国一贯优雅朴实的精神美意。

随着返朴归真理念的深入，以及独特的艺术价值，购买收藏古典家具的人逐年增多，古典家具摆在家居中不仅能显出主人的品位，而且这种木制环境对人还能起到保健作用。古典家具珍稀，但具有升值潜力的仿古典家具，不但一般工薪阶层能消费得起，而且使用多年后，仍会浑然无痕、光亮如新，广受欢迎。

现在，一些造型艺术价值较高的三四百年前的明代制品，常被视为珍品供后人鉴赏了。但是，它的艺术风格和制作特色，又为各地工艺匠师们继承下来，形成了京式、苏式、广式等不同做法的硬木家具和镶嵌工艺品的镶嵌硬木家具。他们还推陈出新，创作了一批舒适大方、工整精致、具有中国传统风格的新型家具，有些作品是在明清家具风格的基础上，为适应我们现代人的使用而重新设计的，用以装点会堂、宾馆等室内环境。

四屉书桌
高860、宽1150、深590

有托泥供桌
高800、宽1 200、深400

四屉书桌
高800、宽1 130、深580

×形小方桌
高850、宽450、深450

酒桌
高800、宽780、深580

四屉书桌
高900、宽1400、深600

房前桌
高900、宽1 570、深600

圈椅
高700、宽720、深500

屏背扶手椅
高930、宽580、深490

×形扶手椅
高800、宽600、深480

官帽式吧台椅
高1 000、宽380、深380

屏背吧台椅
高920、宽370、深370

圈椅
高700、宽700、深490

官帽式高背椅
高680、宽360、深320

高升背摇椅
高1 100、宽545、深470

高背文椅
高750、宽500、深400

塔形双屉凳
高500、宽430、深300

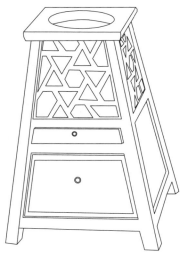

塔形童立凳
高860、宽560、深560

塔形二门四屉凳
高850、宽380、深380

圆形面座凳
高500、宽300、深300

四开光鼓形凳
高470、宽260、深260

弧形面座凳
高560、宽470、深230

腰子形凳
高500、宽390、深230

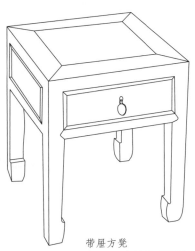

带屉方凳
高420、宽330、深330

带屉塔形圆凳
高550、宽350、深350

一屉双门平头案
高790、宽620、深450

带屉平头案
高800、宽1 800、深460

带足翘头案
高1 000、宽1 350、深350

博古纹平头案
高830、宽1 030、深430

卷头案
高780、宽1 400、深320

双屉翘头案
高820、宽870、深350

双屉平头案
高830、宽1 030、深450

大茶几
高420、宽1 750、深1 310

卷头几
高470、宽1 290、深490

翘头几
高530、宽1 400、深330

长方几
高500、宽880、深600

长方几
高560、宽1 320、深500

唐式平头画几
高520、宽1 350、深770

六角形香几
高1 130、宽310、深310

带屉花几
高900、宽330、深330

唐式卷头画几
高500、宽1 200、深450

凉床
高760、宽1 850、深820

架子床
高1 970、宽2 100、深1 040

双枕凉床
高530、宽1 860、深900

罗汉床
高800、宽1 960、深800

贵妃床
高720、宽1 880、深600

婴儿摇床
高700、宽1 000、深660

罗汉床
高840、宽2 210、深1 220

婴儿床
高850、宽1 000、深650

三屉小柜
高750、宽480、深400

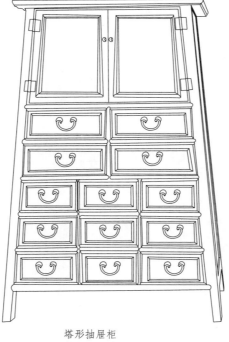

塔形抽屉柜
高1 500、宽100、深400

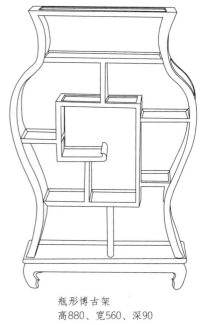

瓶形博古架
高880、宽560、深90

双屉双门床头柜
高770、宽480、深440

双屉双门大衣柜
高1 600、宽700、深45

九屉文件柜
高1 600、宽500、深470

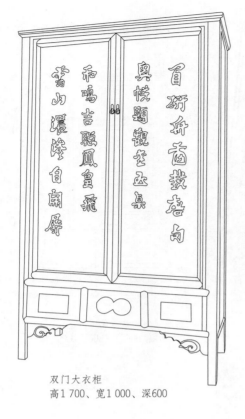

双门大衣柜
高1 700、宽1 000、深600

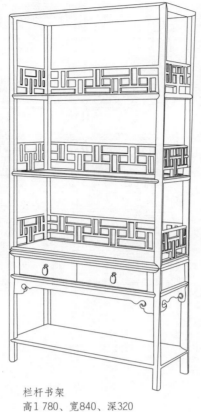

栏杆书架
高1 780、宽840、深320

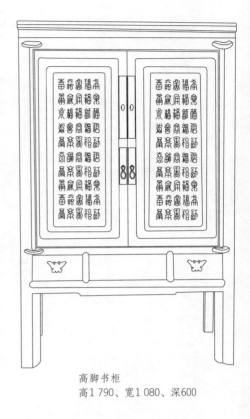

高脚书柜
高1 790、宽1 080、深600

带屉直棂碗柜
高1 650、宽1 000、深450

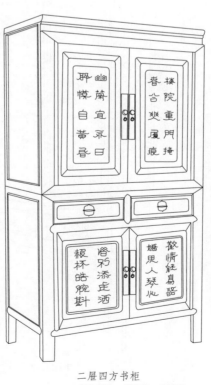

二屉四方书柜
高1 780、宽960、深520

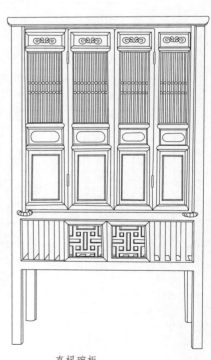

直棂碗柜
高1 960、宽1 130、深550

四屉四门低柜
高850、宽1 800、深450

一屉双门床头柜
高600、宽500、深400

二门九屉低柜
高850、宽1 800、深550

双屉双门翘头柜
高900、宽1 200、深400

高低翘头柜
高1 150、宽1 400、深33

六角形床头柜
高590、宽640、深490

双门床头柜
高600、宽500、深400

双门床头柜
高600、宽500、深400

带屉大衣柜
高1 940、宽1 100、深600

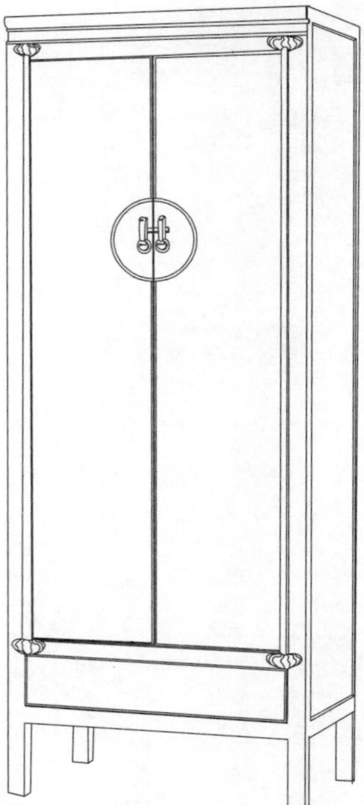

双门大衣柜
高2 100、宽800、深500

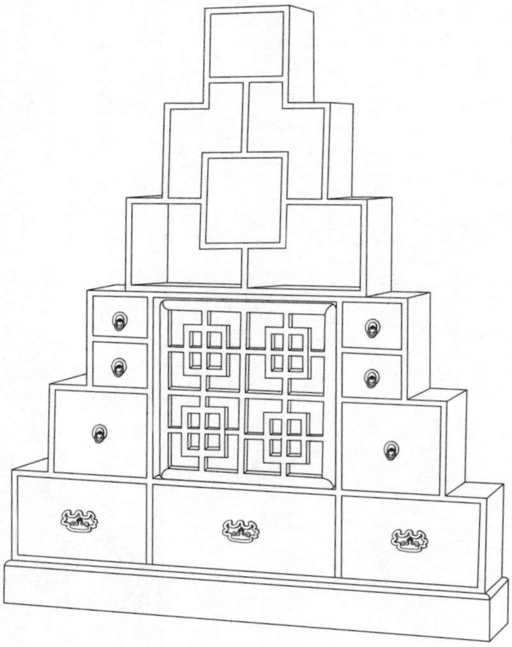

塔形抽屉柜
高1 950、宽1 550、深300

带屉小衣柜
高870、宽460、深460

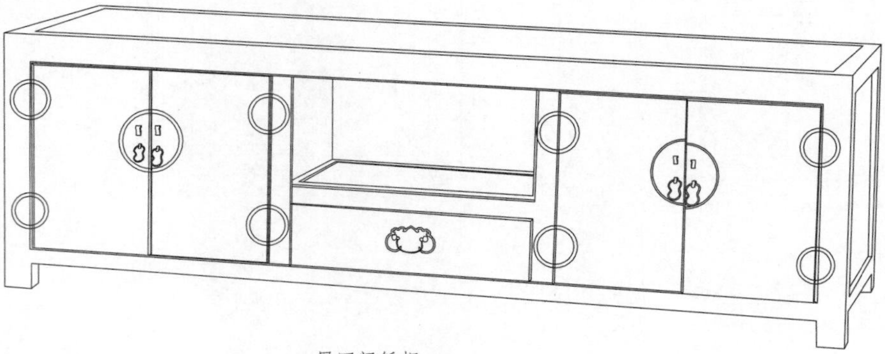

一屉四门低柜
高650、宽1 800、深420

瓶形抽屉柜
高800、宽700、深400

双门九屉柜
高1 100、宽1 000、深500

大衣柜
高1 750、宽1 100、深600

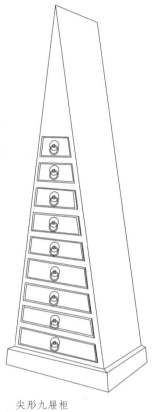

尖形九屉柜
高1 000、宽500、深260

栏杆书架
高1 980、宽900、深420

高脚书柜
高1 690、宽560、深450

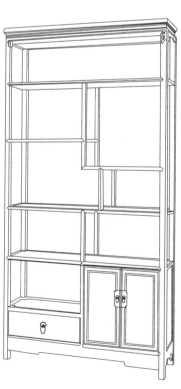

一屉双门博古柜
高1 800、宽850、深260

17
中国仿古典家具

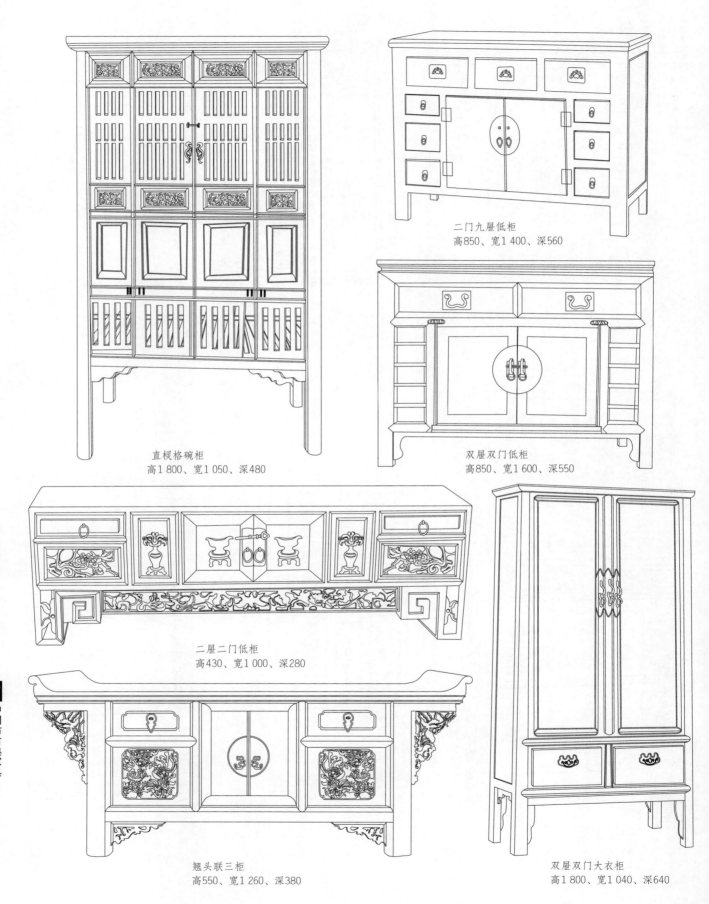

直棂格碗柜
高1 800、宽1 050、深480

二门九屉低柜
高850、宽1 400、深560

双屉双门低柜
高850、宽1 600、深550

二屉二门低柜
高430、宽1 000、深280

翘头联三柜
高550、宽1 260、深380

双屉双门大衣柜
高1 800、宽1 040、深640

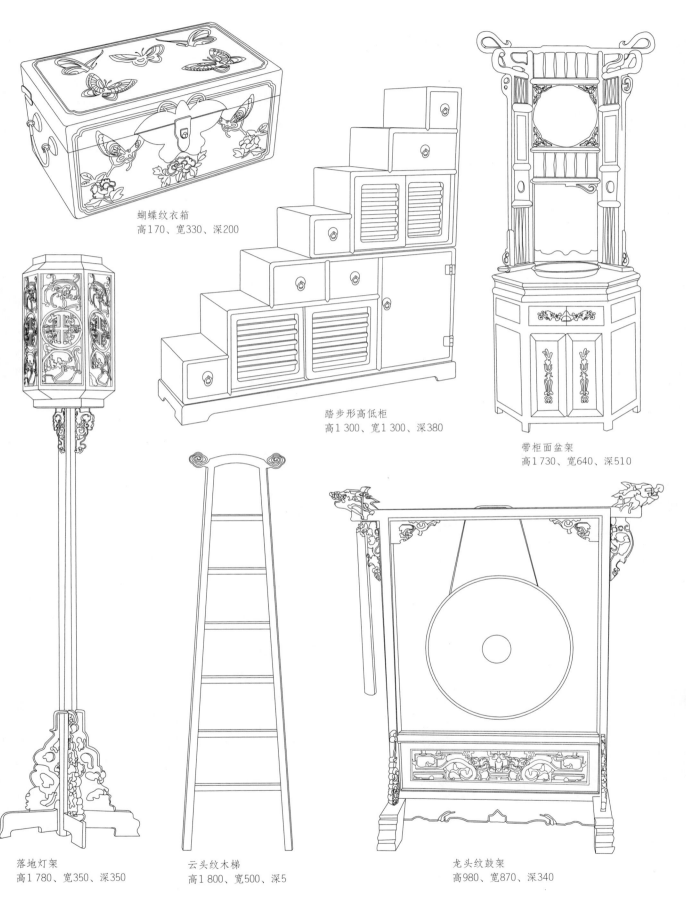

蝴蝶纹衣箱
高170、宽330、深200

踏步形高低柜
高1 300、宽1 300、深380

带柜面盆架
高1 730、宽640、深510

落地灯架
高1 780、宽350、深350

云头纹木梯
高1 800、宽500、深5

龙头纹鼓架
高980、宽870、深340

红漆雕家具
明代红漆雕鳞凤纹插屏

百宝嵌家具
清代紫檀百宝嵌插屏

嵌玉璧家具
清代花梨嵌玉璧插屏

嵌螺钿家具
清代红木嵌螺钿三星图插屏

黑漆描金家具
清早期木胎黑漆描金有束腰带托泥大宝座

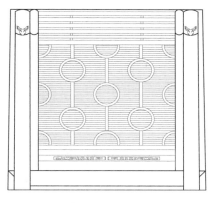

竹面家具
清代红木回纹躺椅

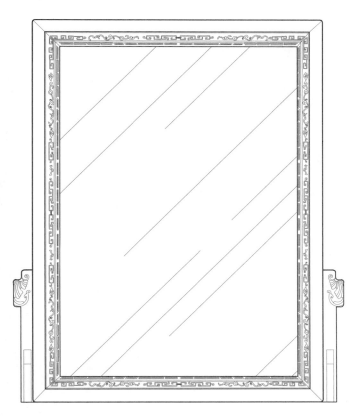

镜面家具
清代红木双狮绣球纹衣帽镜

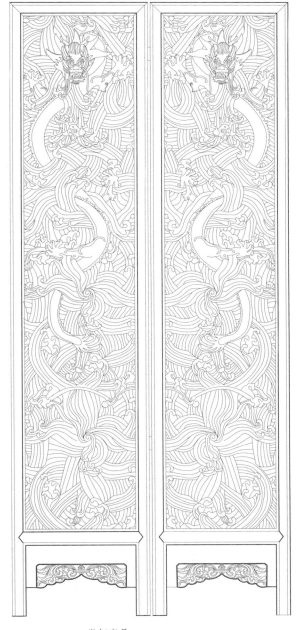

玻璃油画家具
明代黄花梨人物插屏式座屏

嵌铜家具
清代紫檀木海水龙纹四扇折屏

藤面家具
清代榉木屏风攒边围子藤面罗汉床

珐琅漆家具
清乾隆紫檀嵌珐琅漆面团花纹方凳

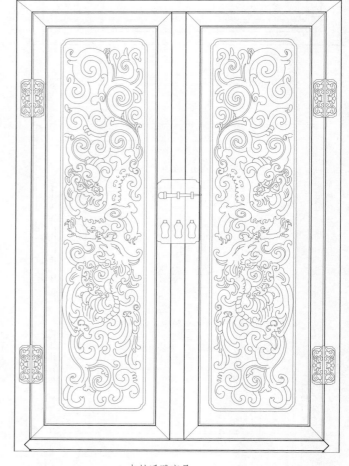

木材浮雕家具
清代紫檀木龙凤纹立柜

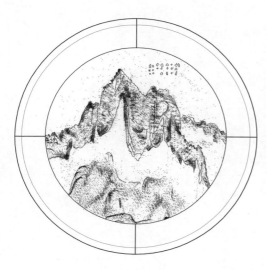

大理石家具
清代红木面圆桌

木格家具
清代黄花梨木卷草纹书柜

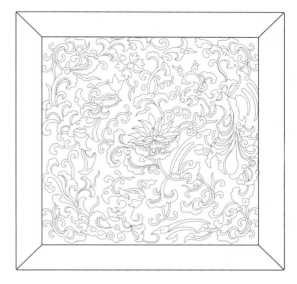

瓷面家具
清代红木瓷面灵芝回纹四方桌

铁画家具
清代康熙硬木铁画挂屏

竹丝家具
清代乾隆楠木嵌竹丝回纹香几

明代卷草纹

明代卷草纹

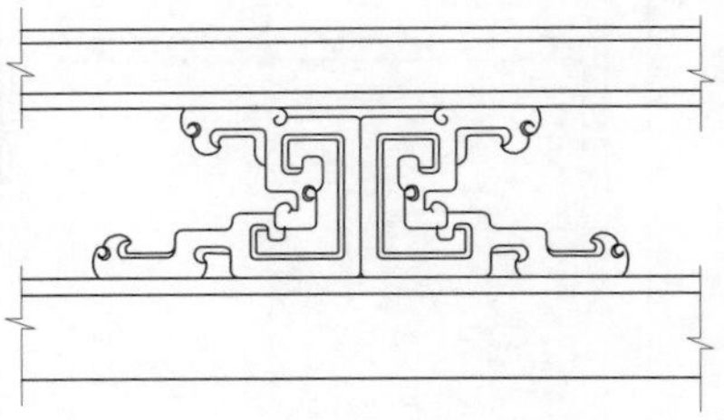

清代结子纹

明代绵结纹

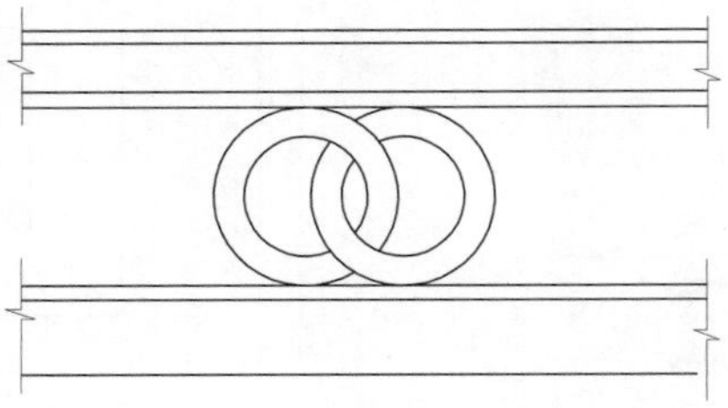

明代圈结纹

明代如意纹

明代卷草纹

明代圆寿纹

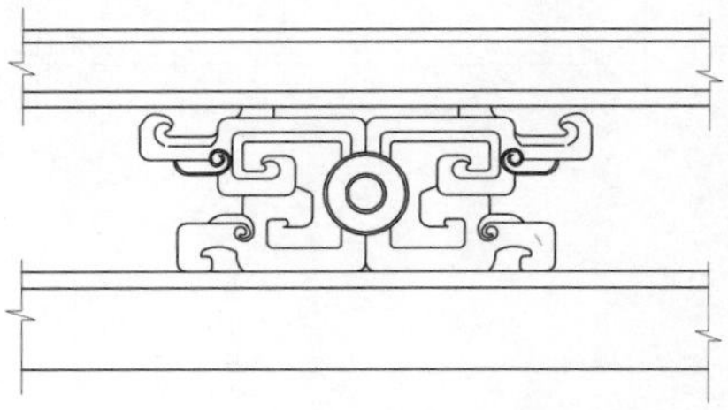

明代带结纹

明代云纹

清代花结纹

明代卷叶纹

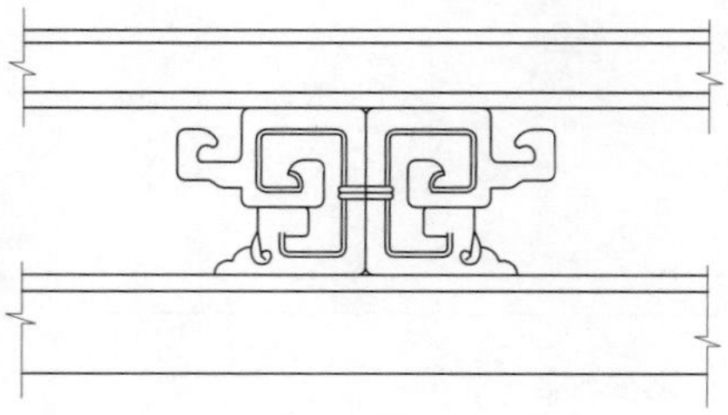

明代带结纹

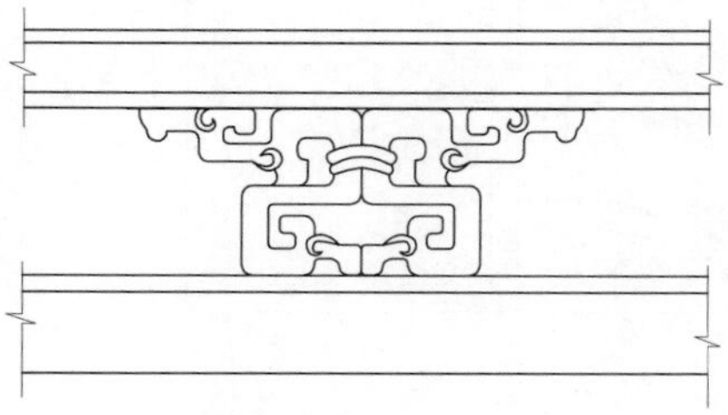

明代带结纹

明代长寿纹

明代双龙戏珠纹

清代方勾花草纹

清代绞绳拉钱纹

清代草龙戏珠纹

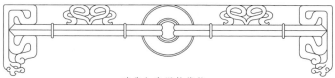

清代如意绳拉钱纹

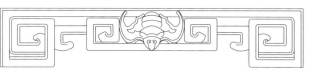

明代拐子蝙蝠纹

清代勾卷纹

清代双螭纹

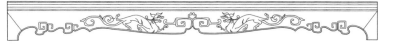

清代草龙回纹

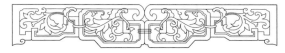

清代方勾花草纹

清代龙云纹

清代卷草双结纹

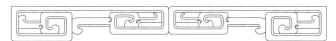

明代拐子纹

清代卷草双结纹

清代云头百吉纹

清代双龙喜纹

如意百吉纹

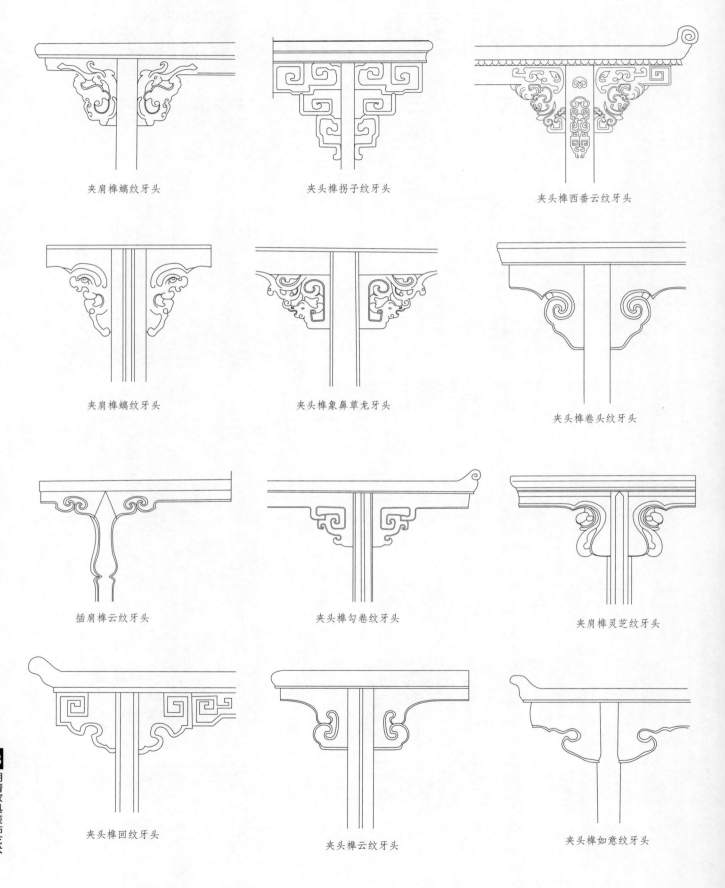

夹肩榫螭纹牙头　　　　　　夹头榫拐子纹牙头　　　　　　夹头榫西番云纹牙头

夹肩榫螭纹牙头　　　　　　夹头榫象鼻草龙牙头　　　　　　夹头榫卷头纹牙头

插肩榫云纹牙头　　　　　　夹头榫勾卷纹牙头　　　　　　夹肩榫灵芝纹牙头

夹头榫回纹牙头　　　　　　夹头榫云纹牙头　　　　　　夹头榫如意纹牙头

明代云头纹

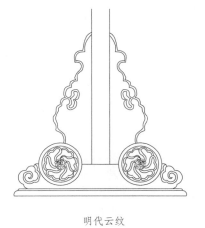

明代云纹

明代缠枝纹

清代卷草纹

明代凤纹

明代卷草纹

清代灵芝纹

清代卷草纹

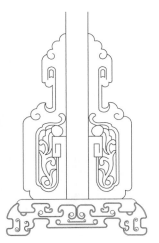

明代卷草纹

清代西番莲花纹

明代卷草纹

明代云头纹

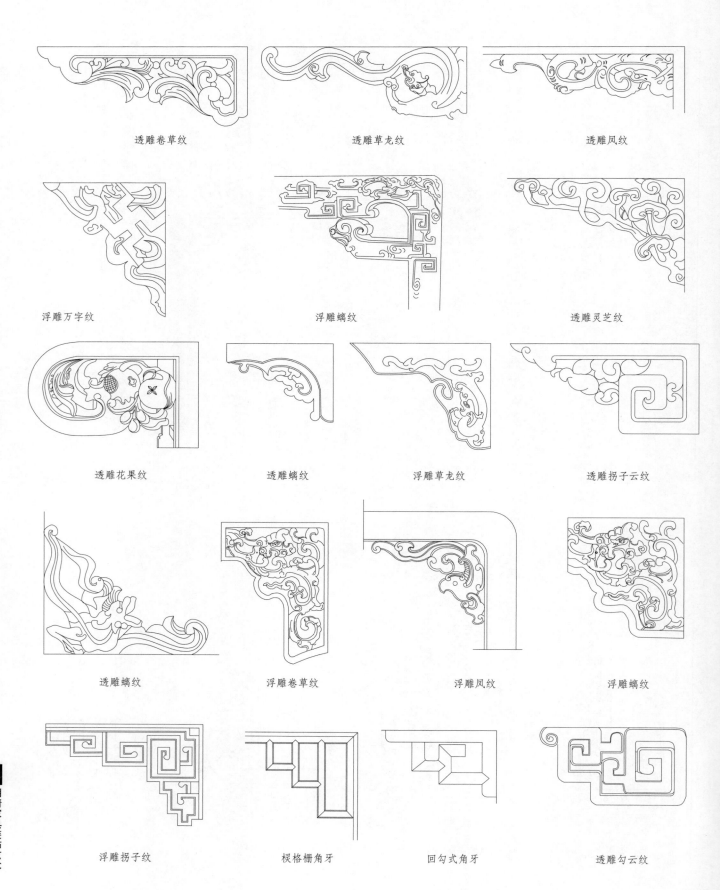

透雕卷草纹　　　　　透雕草龙纹　　　　　透雕凤纹

浮雕万字纹　　　　　浮雕螭纹　　　　　透雕灵芝纹

透雕花果纹　　　透雕螭纹　　　浮雕草龙纹　　　透雕拐子云纹

透雕螭纹　　　浮雕卷草纹　　　浮雕凤纹　　　浮雕螭纹

浮雕拐子纹　　　棂格栅角牙　　　回勾式角牙　　　透雕勾云纹

明代灵芝纹圆雕

清中期黄花梨凤首纹装饰

清中期黄花梨凤首纹装饰

明代灵芝纹圆雕

清代龙首纹圆雕

明代面盆架龙首圆雕

明代凤首纹圆雕

清代缠脚架卷草纹透雕

清代宫灯架龙首圆雕

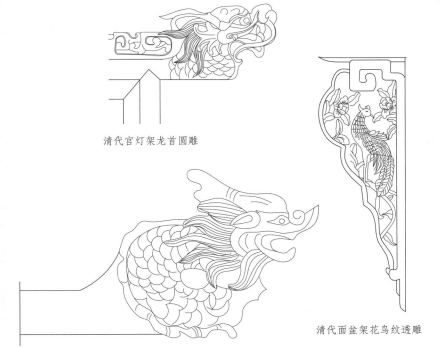

明代面盆架龙首圆雕

清代面盆架花鸟纹透雕

清代镜台花鸟纹透雕

清代缠竹狮纹

清代团寿螭纹

清代福蝠寿纹

清晚期福到眼前纹

清代团螭纹

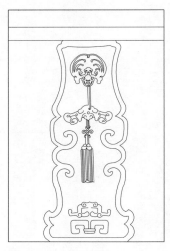

清代蝠磬纹

清代吉祥纹

明代麒麟纹

清代牡丹纹

清代龙云纹

清代灵芝双螭纹透雕

清代凤纹透雕

明代花草纹浮雕

清代灵芝螭纹透雕

清代螭纹透雕

清代螭纹透雕

明代螭云纹透雕

明代螭纹透雕

明代海棠花纹透雕

明代凤纹透雕

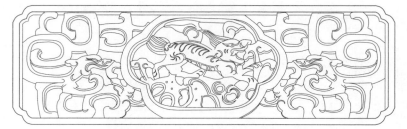

明代麒麟纹透雕

清代云纹浮雕

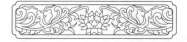

清代缠枝纹透雕

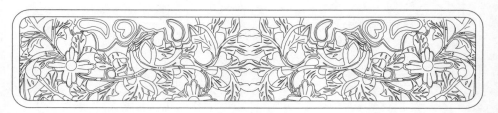

明代梅花纹透雕

清代卷草纹透雕

明代水仙花纹透雕

清代卷草纹透雕

清代螭龙纹透雕

明代螭龙纹透雕

明代四合如意纹

明代喜雀登梅纹透雕

明代喜雀登菊纹透雕

明代献礼纹花格

明代献礼纹花格

明代花草纹浮雕

明代花鸟纹透雕

明末花鸟纹透雕

明代麒麟纹透雕

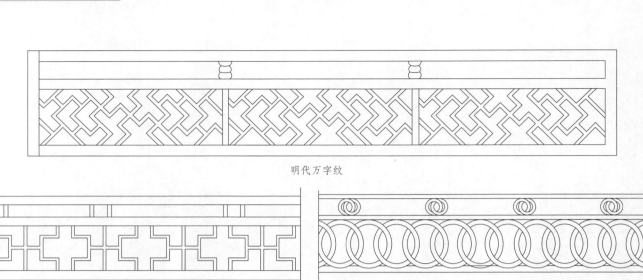

明代万字纹

明代十字纹

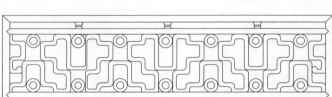

明代连环纹

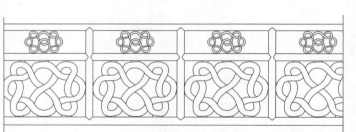

明代十字云纹

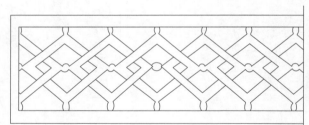

清代回纹

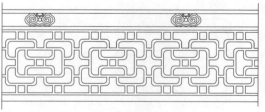

清代绞藤纹

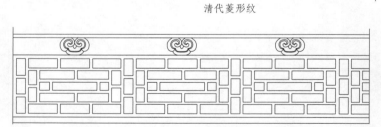

清代菱形纹

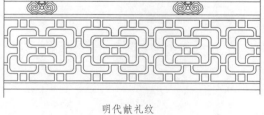

明代献礼纹

清代步步锦纹

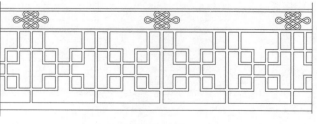

明代套方锦纹

明代献礼纹

清代山水人物格柜

清代龙凤纹立柜

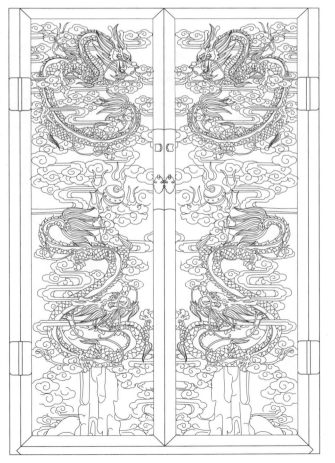

清代龙纹方角柜

清代双门双屉书橱

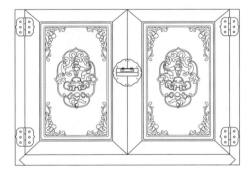

清代雕花多宝格

清代券口带栏杆万历柜

明代富贵花三节柜

清代双层衣柜

清代龙凤纹立柜

清代双门多宝格

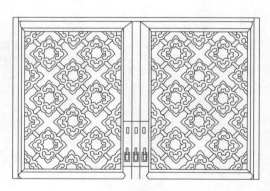

明代透格门圆角柜

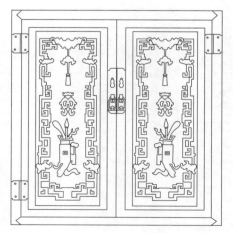

清代黄花梨柜格

清代浅雕人物博古纹立柜

清代乾隆金夔凤纹多宝格

花鸟博古

清代寿字纹浮雕　　　　明代花鸟纹浮雕　　　　清代五福捧寿纹浮雕　　　　清代花草纹浮雕

明代团螭纹浮雕　　　　明代牡丹纹浮雕　　　　清代和合甜蜜透雕　　　　清代花草纹浮雕

明代连科纹透雕　　　　　　　　　　明代牡丹瑞兽纹透雕

明代松鹰纹透雕　　　　　　　　　　明代花梨透雕莲花纹

清代进宝图插屏

清中晚期素黑漆嵌竹诗文四扇挂屏，北京荣宝斋藏

清晚期小柜式茶炉套门板刻

清中期王献之帖笔筒

清代唐诗插屏

清代骨牙玉嵌挂屏

明清架子床挂圈雕刻

清乾隆紫檀大座屏屏心（局部），
刻乾隆御制诗文，阴刻填石青

明正德树根雕

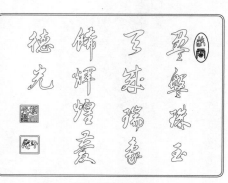

清代三星图插屏

清代书画家吴昌硕椅背题刻

明代书画家周天球椅铭拓片

宝葫芦锁插门拉手

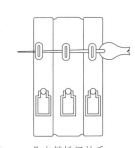
凸方锁插门拉手

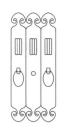
箭头锁插门拉手

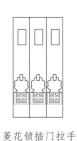
菱花锁插门拉手

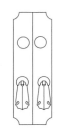
鸡心条形拉手

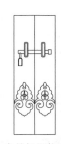
箭尾锁插门拉手

如意锁插门拉手

鱼纹锁插门拉手

如意纹锁插门拉手

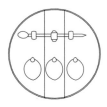
鸡心锁插门拉手

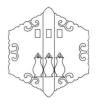
如意六边形拉手

如意锁插门拉手

方形锁插门拉手

鱼纹锁插门拉手

寿字锁插门拉手

开心海棠拉手

金色古币拉手

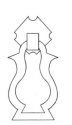
菱花宝瓶拉手

吉祥如意拉手

开心腰圆拉手

宝瓶拉手

团圆方胜拉手

团圆如意拉手

团圆腰鼓拉手

金鼎双鱼拉手

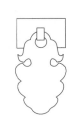
四方如意拉手

四方如意拉手

称心如意拉手

开心柿蒂拉手

菱花宝瓶拉手

团圆双鱼拉手

团花方环拉手

三方凹环拉手

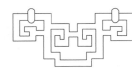
勾纹拉手

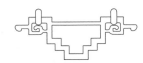
夔龙纹拉手

双菱拉手

18

明清家具装饰艺术

明式家具的造型，除简练质朴、比例匀称外，家具的线型也是丰富多彩、千变万化的，主要用在顶底板、旁板木档以及腿脚上。明式家具的线型，没有繁琐、呆板以及使人厌烦的地方，而是自如地运用各种直线、曲线的不同组合，充分利用线与面所产生的光影，大大丰富家具的造型，从而塑造出明式家具所具有的刚柔相济、浑厚隽永、流畅舒展、富于节奏感和韵律感的艺术效果。

明式家具的线型种类很多，在民间广为流传的有：文武线、竹板线、亚木角线、阳浑线、碗口线、挖角线、钝面线、阳凹线、凸口浑线、活线、半凹线（泥鳅背）、凹线、阳线、双亚、鲫鱼背线、双鲫鱼线、芝麻梗、方线、皮条线、半混面单边线、双混面单边线、三浑、凹面梅花瓣线、合桃线、方板浑线、平面双皮条线等。

各式桌沿装饰

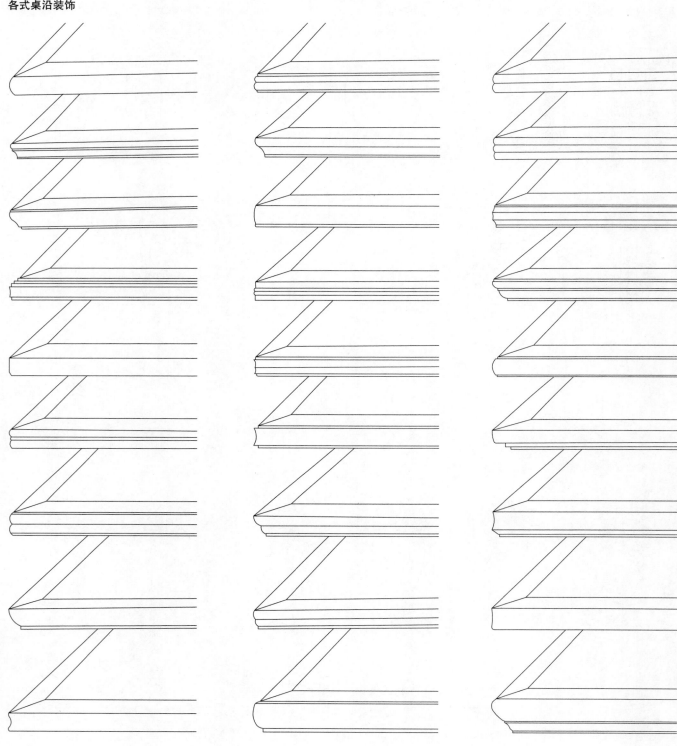

椅凳脚样

床几脚样

桌案脚样

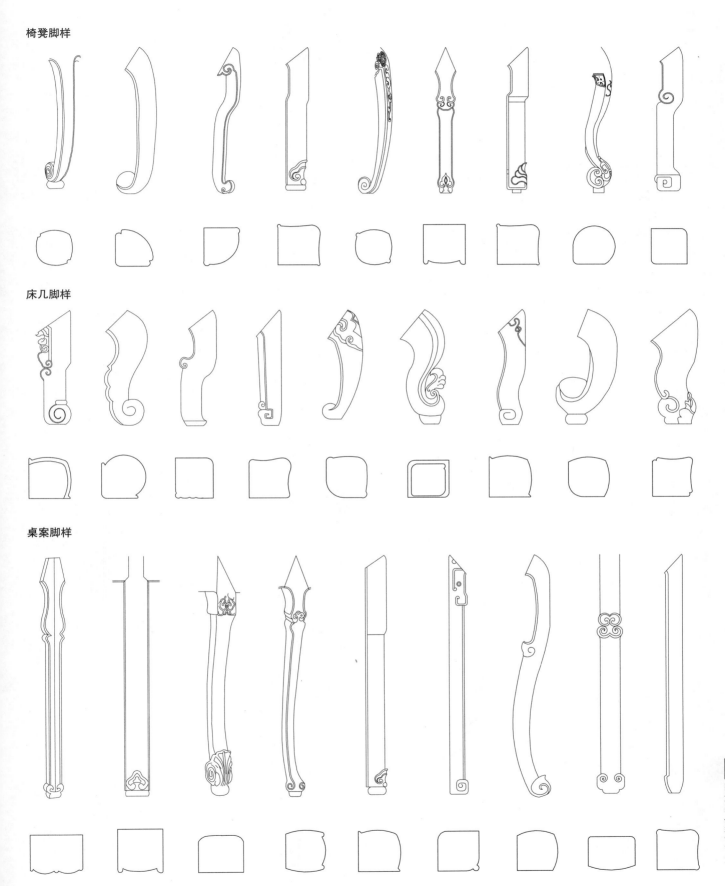

　　明式家具的卯榫结构是非常科学的，它吸收了我国古代建筑大木结构的优点，做法巧妙灵活，牢实耐用。卯榫结构非常丰富，种类大致有：格角榫、粽角榫、明榫、闷榫、通榫、半榫、抢角榫、托角榫、长短榫、勾挂榫、燕尾榫、穿带榫、夹头榫、削丁榫、走马榫、盖头榫、独出榫、穿鼻榫、马口榫、独个榫、套榫、穿榫、挂楔等。

　　基本的结合有平板拼合、平板角接合、横竖材丁字形接合、直材或板条角接合、直材交叉的接合、弧形短材的接合、格角榫攒边、攒边打槽装板等。上部构件的接合有腿与边抹的结合、脚贯穿面子的接合、各种角牙与横竖材的接合等。下部构件的接合有腿与托泥、座墩的接合等。

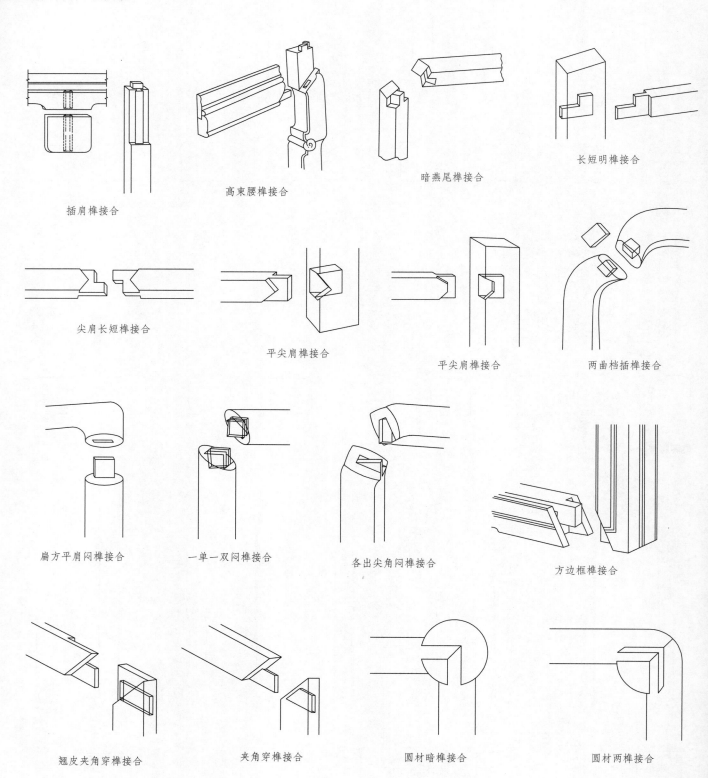

插肩榫接合　　高束腰榫接合　　暗燕尾榫接合　　长短明榫接合

尖肩长短榫接合　　平尖肩榫接合　　平尖肩榫接合　　两曲档插榫接合

扁方平肩闷榫接合　　一单一双闷榫接合　　各出尖角闷榫接合　　方边框榫接合

翘皮夹角穿榫接合　　夹角穿榫接合　　圆材暗榫接合　　圆材两榫接合

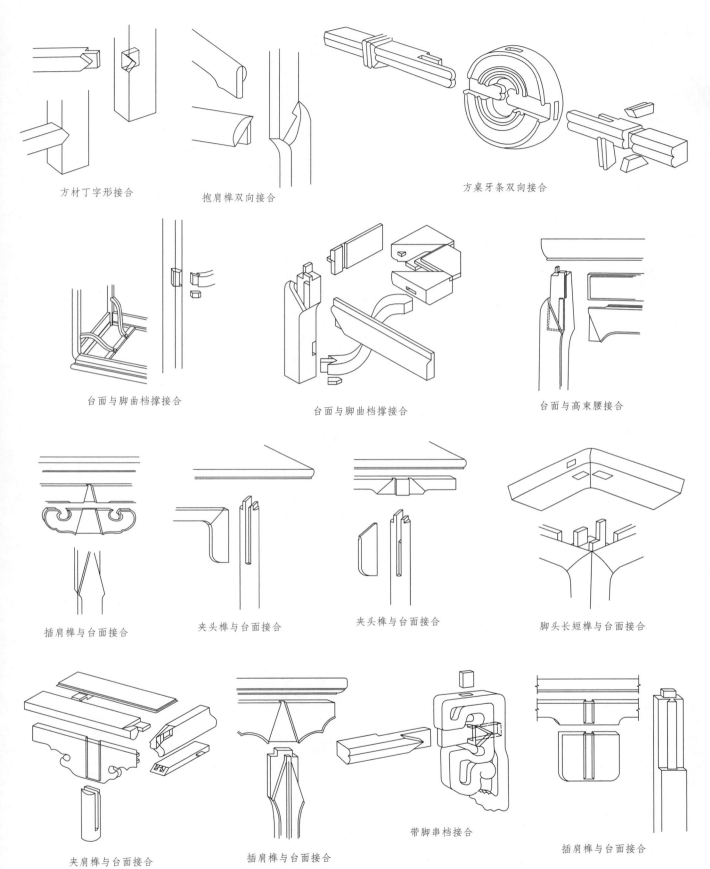

方材丁字形接合

抱肩榫双向接合

方桌牙条双向接合

台面与脚曲档撑接合

台面与脚曲档撑接合

台面与高束腰接合

插肩榫与台面接合

夹头榫与台面接合

夹头榫与台面接合

脚头长短榫与台面接合

夹肩榫与台面接合

插肩榫与台面接合

带脚串档接合

插肩榫与台面接合

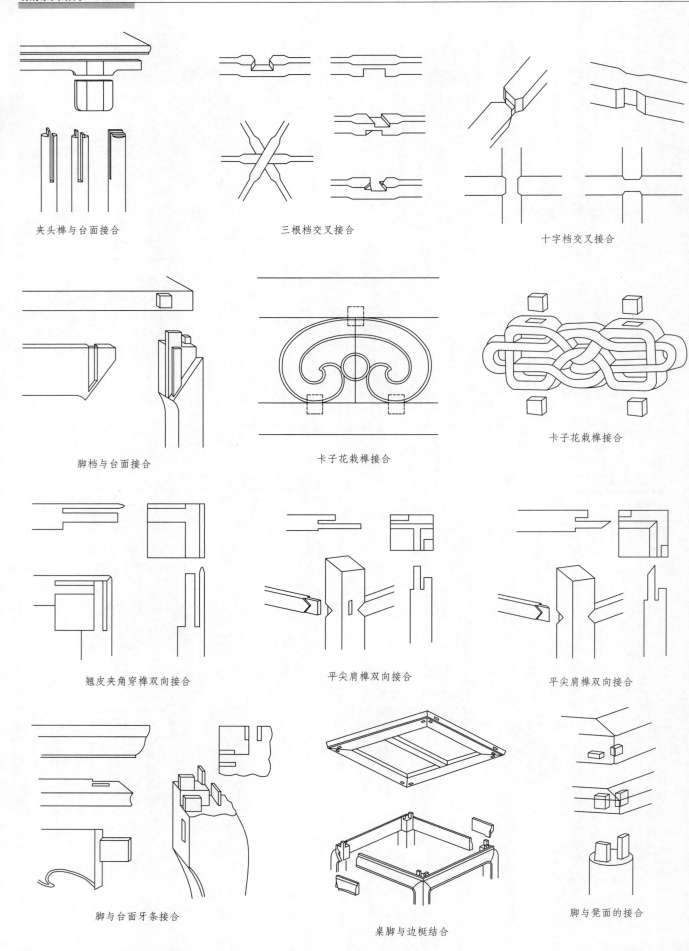

19

明清家具结构

夹头榫与台面接合

三根档交叉接合

十字档交叉接合

脚档与台面接合

卡子花栽榫接合

卡子花栽榫接合

翘皮夹角穿榫双向接合

平尖肩榫双向接合

平尖肩榫双向接合

脚与台面牙条接合

桌脚与边梃结合

脚与凳面的接合

脚与托足双榫接合

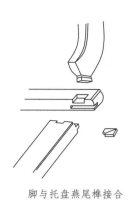

脚与托盘燕尾榫接合

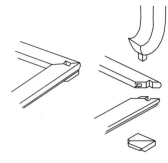

脚与托盘方榫接合

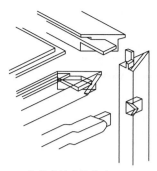

方角桌棕角榫接合

椅子后脚穿盘接合

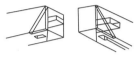

棕角榫三向接合

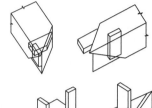
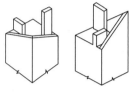

棕角榫三向接合

圆材与牙条双向接合

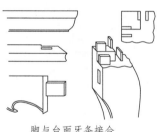

脚与台面牙条接合

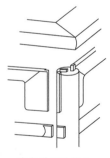

脚与凳面的接合

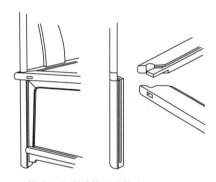

椅子后足穿过椅盘的接合

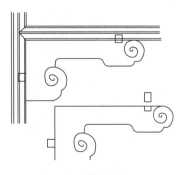

角牙与竖横材接合

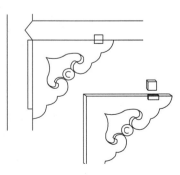

角牙入槽竖横材接合

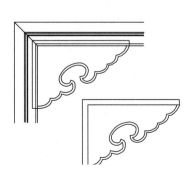

角牙入槽竖横材接合

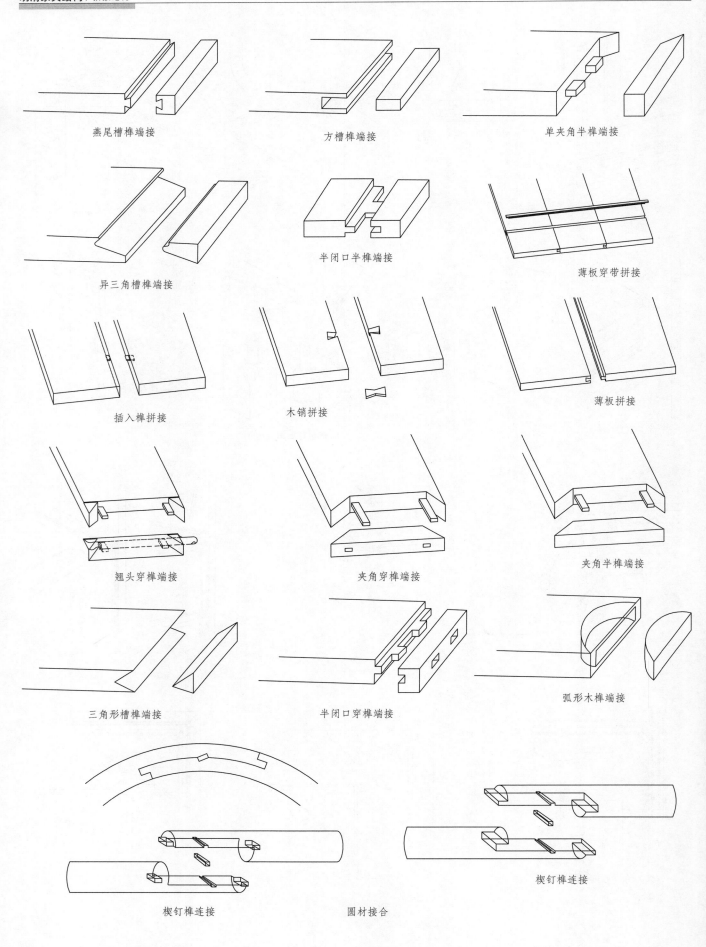

燕尾槽榫端接

方槽榫端接

单夹角半榫端接

异三角槽榫端接

半闭口半榫端接

薄板穿带拼接

插入榫拼接

木销拼接

薄板拼接

翘头穿榫端接

夹角穿榫端接

夹角半榫端接

三角形槽榫端接

半闭口穿榫端接

弧形木榫端接

楔钉榫连接

圆材接合

楔钉榫连接

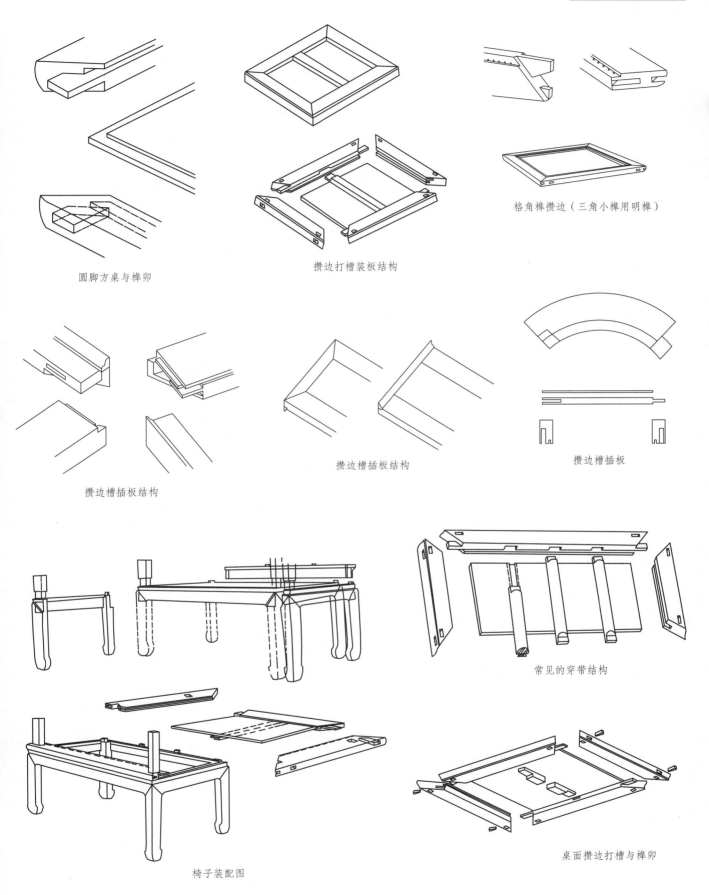

格角榫攒边（三角小榫用明榫）

圆脚方桌与榫卯

攒边打槽装板结构

攒边槽插板结构

攒边槽插板结构

攒边槽插板

常见的穿带结构

椅子装配图

桌面攒边打槽与榫卯

中国现代家具篇

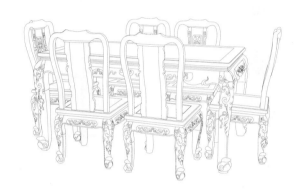

在当前这个崇尚返朴归真的时代，古典家具行业掀起一轮"新古典主义"的浪潮，目的是在继承的基础上继续创造它的经典，赋予其新时代的生命力，不断将这永久的精华延续传承，重新展现。

当今社会无论是房屋结构、居室空间或生活方式，与明清时期相比都发生了巨大的变化。所以家具不能脱离生活需求而独立存在，这就必须对传统古典家具改良，设计出适合现代人多元化家居生活的新中式家具。要倡导家居新概念，家具尺寸必须与住宅面积匹配，家具的品种必须与功能诉求匹配，即必须依据现代居室环境布置方式和人体工程学进行设计，满足最基本的陈设和实用功能。设计的目的是提升人们的生活品质，让国内外不同年龄层的消费者都喜欢中式家具。

新中式家具的外观造型要彰显古典家具优美、典雅、雍贵、大气的韵味，能让人们感受到中式风格的现代气息。新中式设计元素并不是简单借用古典家具中的图案点缀而已，要在继承传统文化基础上进行创新。新中式家具也应该结合布、皮软包和串藤面，既可以增加舒适感，又可以节省贵重木材。新中式家具造型设计、工艺设计、人体工程学设计、纹饰设计和材料，都要呈现古典风范与现代技术的完美结合。设计师应不断向市场学习，不断适应消费者需求。

卧室家具

床：高1 260、宽1 800、长2 120
床边柜：高610、宽600、深500

床：高1 280、宽1 800、长2 120
床边柜：高610、宽580、深500

客厅家具

三人沙发：高1 115、宽1 710、深675　　　单人沙发：高1 115、宽780、深675　　　茶几：高500、宽1 350、深1 350

三人沙发：高1 090、宽2 270、深680　　　单人沙发：高1 090、宽850、深680　　　茶几：高500、宽1 240、深910

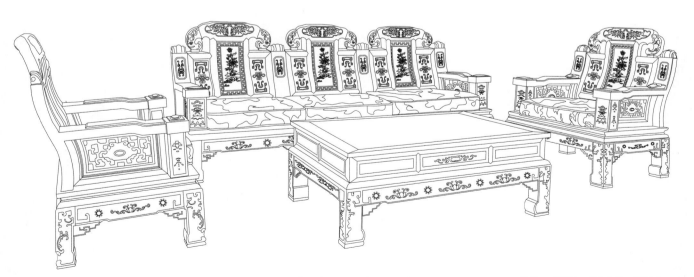

三人沙发：高1 090、宽2 270、深680　　　单人沙发：高1 090、宽850、深680　　　茶几：高500、宽1 240、深910

餐厅家具

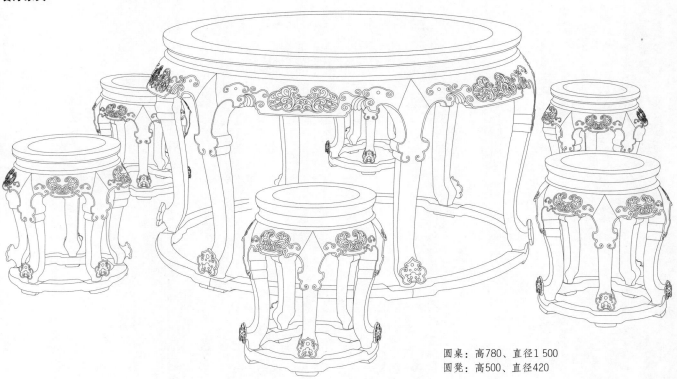

圆桌：高780、直径1 500
圆凳：高500、直径420

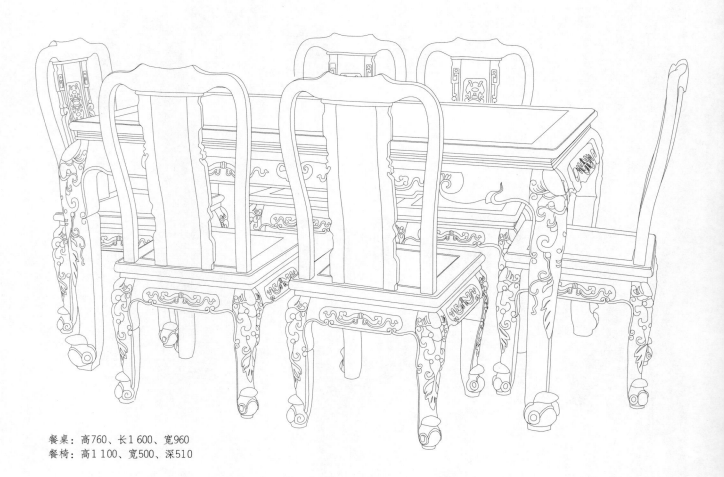

餐桌：高760、长1 600、宽960
餐椅：高1 100、宽500、深510

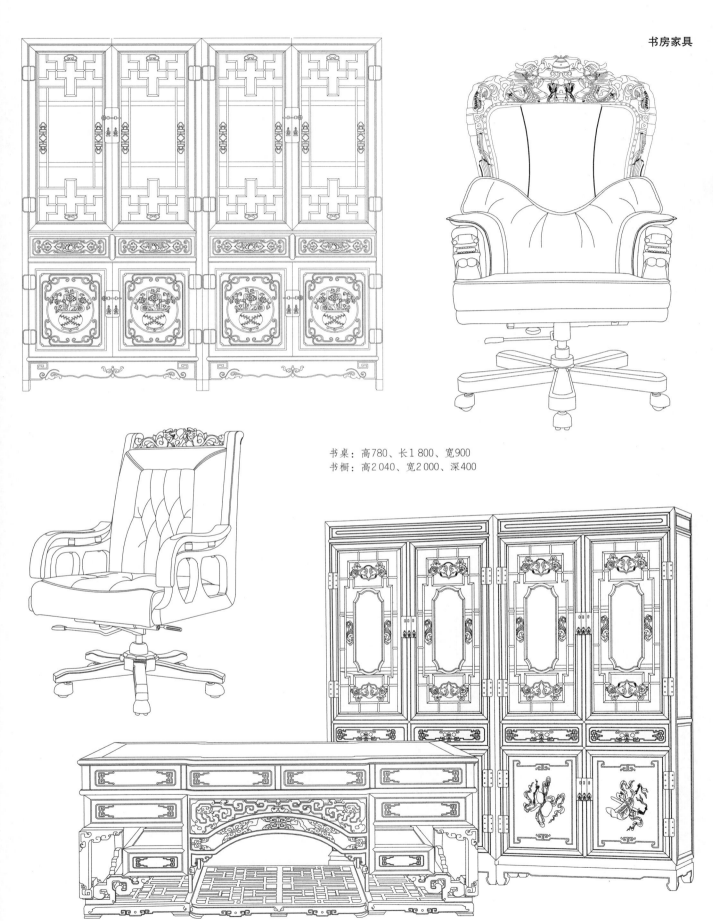

书桌：高780、长1 800、宽900
书橱：高2 040、宽2 000、深400

玄关家具设计

　　玄关家具主要有壁柜、装饰柜、花台、桌几、屏风隔断、鞋柜、衣架、伞架等，玄关家具设计要求考虑以下几点：

　　应根据室内走道空间或玄关的大小来确定家具的品种。

　　注意玄关与大门、客厅的衔接关系，考虑到进出方便，不阻碍走道的必要空间尺度。

　　采用的形式可以结合当地的生活习惯以及家具的使用习惯、要求加以综合考虑。

　　一般设计的使用功能有挂衣、放东西、吊物件、照镜子等用途，通常产品采用悬挂的结构形式，与室内环境协调。

　　设计玄关家具时一定要注意其家具的装饰功能。

木制双门鞋柜
高1 030×宽870×深300

带伞架玻璃台面鞋柜
高1 100×宽1 000×深310

一门四屉鞋柜
高1 010×宽800×深330

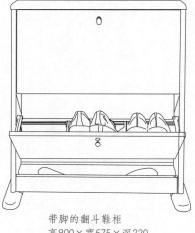

带脚的翻斗鞋柜
高800×宽675×深220

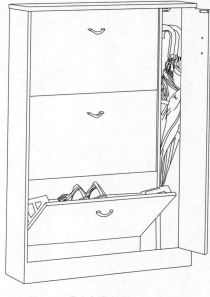

带伞架鞋柜
高1 050×宽800×深160

软座木制鞋箱
高450×宽640×深300

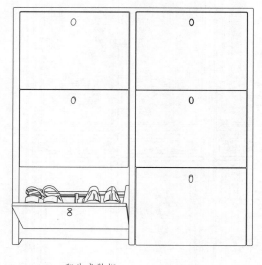

翻斗式鞋柜
高1 030×宽1 000×深165

高低型软座木制鞋箱
高600×宽800×深300

起居室、客厅家具设计

起居室、客厅家具主要有沙发、茶几、电视柜、装饰柜等。家具应与起居室、客厅内相协调，并考虑当地的生活习惯。

家具设计要考虑到多种人的使用需要，符合人体工程学。

家具品种以软体沙发类与柜类家具为主。沙发的设计要进行细微考虑，角度大小要根据使用要求、空间大小来确定。

设计时所采用的家具表面材料有木材、塑料、钢、织物、真皮（皮革）等。

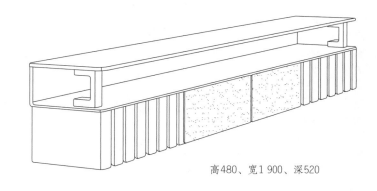

高480、宽1 900、深520

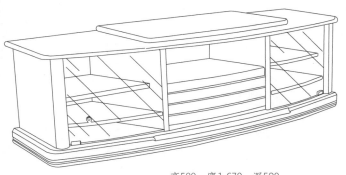

高500、宽1 670、深580

高664、宽1 200、深570

金属架玻璃面长方茶几
高430、宽1 300、深730

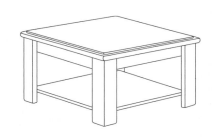

木制正方形茶几
高510、宽730、深730

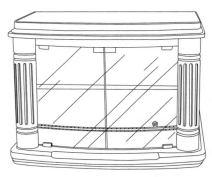

高608、宽790、深580

木制长方形茶几
高420、宽1 200、深600

木架玻璃面圆形茶几
高400、宽900、深900

木制圆形茶几
高550、宽600、深600

　　沙发是由椅子逐渐演变过来的。现代沙发的特点是舒适的功能和有吸引力的外观，由于设计师们的努力，现代沙发已经变得多种多样。

　　沙发外形分框架式、背坐式、整体式、落地式、组合式等。按沙发的外表包裹材料分类有皮沙发、布沙发及人造革沙发。按骨架分类有木结构沙发、钢结构沙发及藤木结构沙发等。按使用功能分类有单人沙发、双人沙发、三人沙发、贵妇沙发等。

高950×宽1 900×深900

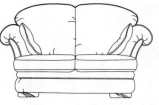
高950×宽1 200×深900

高950×宽1 060×深900

高450×宽600×深600

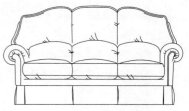
高950×宽2 000×深900

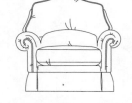
高950×宽1 500×深900

高950×宽1 040×深900

高450×宽650×深650

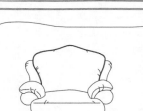

高950×宽2 000×深900

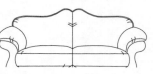
高950×宽1 500×深900

高950×宽1 060×深900

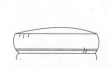
高450×宽650×深650

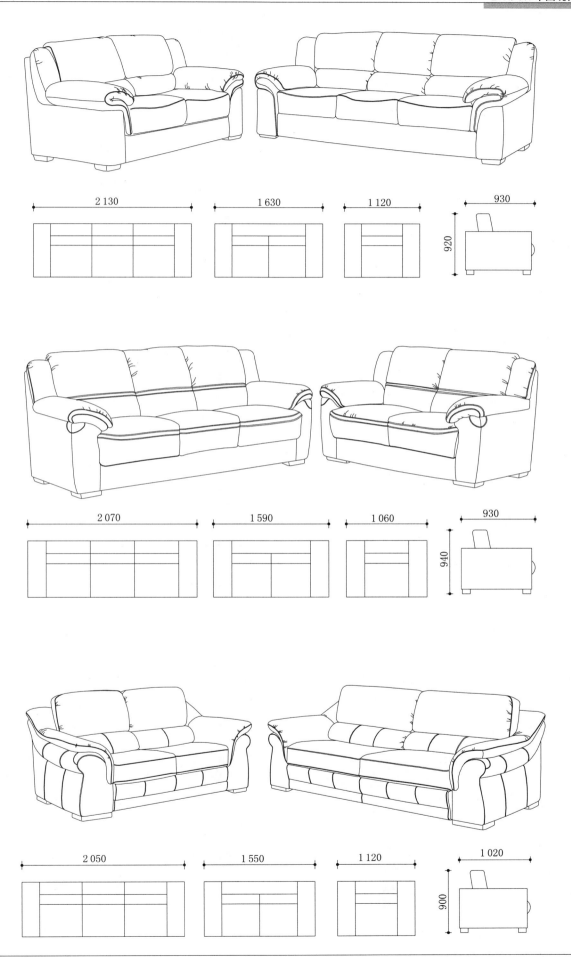

组合沙发

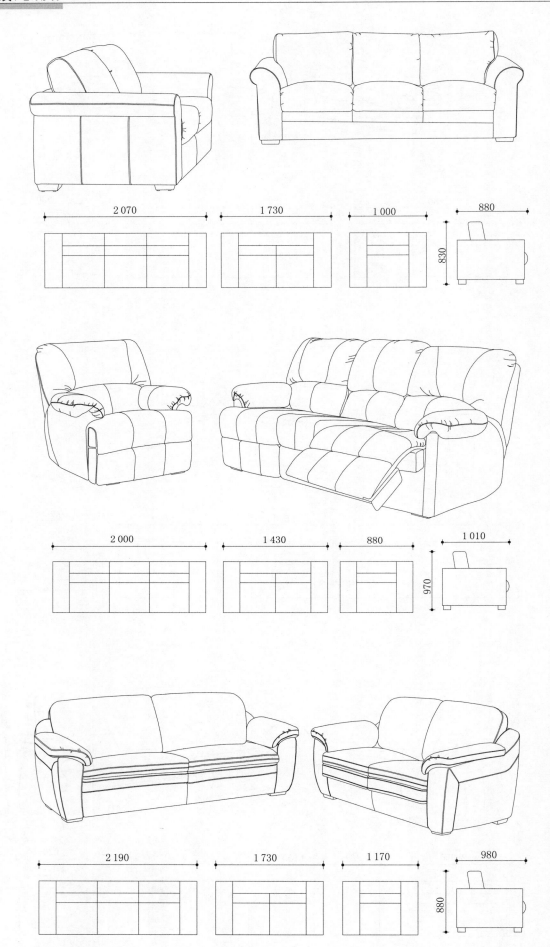

餐厅家具设计

　　餐厅家具包括餐桌、餐厅柜、餐椅等，设计时要考虑：

　　餐厅面积的大小，并以此为依据确定家具的品种和规格尺寸。

　　餐厅家具的规格尺寸，应符合人体工程学原理。

　　餐厅家具采用的材料有木材、玻璃、石材、金属等。

　　综合地区习俗和居住者的爱好、兴趣来确定家具的造型或风格。

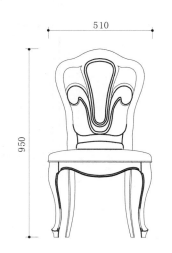

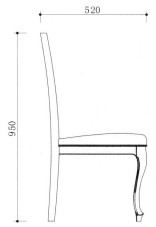

高1 070×宽500×深460

高1 020×宽540×深470

高1 050×宽480×深460

高1 040×宽490×深460

高1 080×宽480×深440

高1 070×宽500×深460

高1 070×宽480×深470

高1 070×宽500×深460

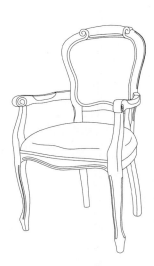

高1 010×宽580×深470

餐具柜

餐具柜
高870、宽1 200、深430

餐具柜
高860、宽1 480、深420

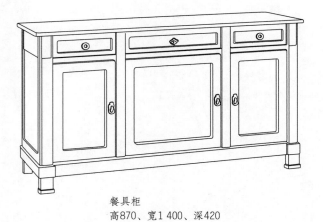

餐具柜
高870、宽1 400、深420

陈设柜
高2 200、宽1785、深500

餐具柜
高2 000、宽1 400、深460

陈设柜
高920、宽1 980、深520

餐桌

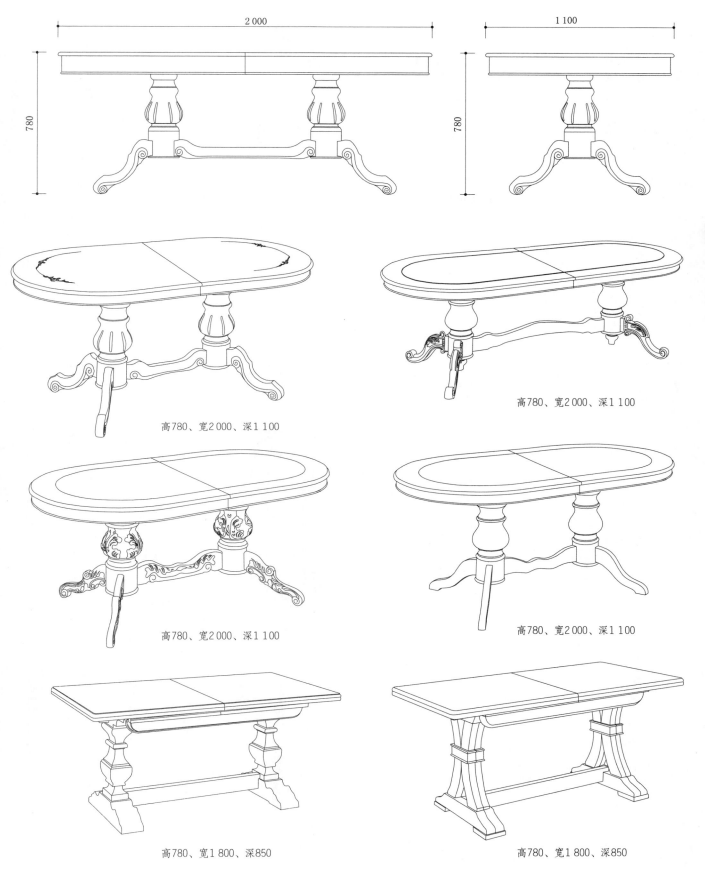

高780、宽2 000、深1 100

高780、宽2 000、深1 100

高780、宽2 000、深1 100

高780、宽2 000、深1 100

高780、宽1 800、深850

高780、宽1 800、深850

21
中国现代民用家具

卧室家具设计

卧室家具主要有床、床头柜、衣柜、桌、椅。卧室家具设计要考虑:

根据卧室面积的大小,及一般生活所必需的物品来确定家具的品种。

结合地区风俗习惯和居住者的爱好、兴趣来确定家具的造型或风格。

规格尺寸合乎生活要求、人体工程学原则和房间面积的大小。

材料一般以木材为主,也可以配搭金属、塑料、人造板材、皮革和纤维织物。

结构以拆装为主,可适当采用固定连接。表面处理以不耀眼的光亮度较为适宜。小卧室不宜设计大家具,大卧室应根据需要,灵活对待。设计的家具品种,要适应人们的随意布置装饰。

高低床
床高片高1 300、宽1 500、厚100
床低片高800、宽1 500、厚100

高650、宽650、深430

高1 130、深490、宽800

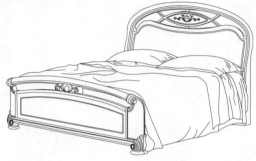

高低床
床高片高1 200、宽1 720、厚70
床低片高650、宽1 720、厚70

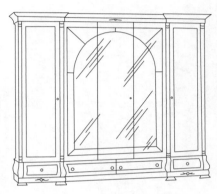

高2 520、宽2 930、深680

高2 110、宽1 230、深550

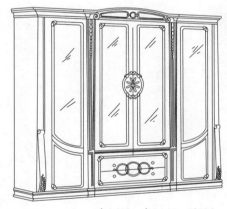

高2 200、宽2 100、深510

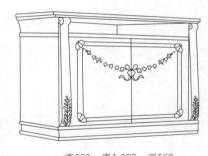

高930、宽1 080、深560

高450、宽500、深380

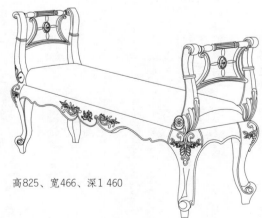

高825、宽466、深1 460

高2 200、宽510、深1 200

大衣橱
高2 570、宽2 900、深660

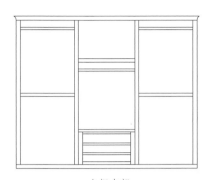

衣柜内部

梳妆台
高1 950、宽1 720、深500

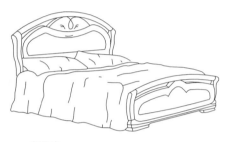

高低床
床高片高1 310、宽1 900、厚60
床低片高610、宽1 810、厚60

床边柜
高630、宽620、深410

扶手椅
高800、宽600、深520

梳妆柜
高2 060、宽1 400、深560

高2 590、宽3 010、深690

高2 200、宽2 100、深700

高2 080、宽1 600、深560

高640、宽660、深440

高800

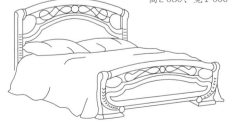

高低床
床高片高1 290、宽1 850、厚60
床低片高620、宽1 850、厚60

高2 600、宽2 980、深700

长1 280、高1 100、深550

高950、宽1 020

高1 400、宽2 240、深1 860

高6 70.5、宽560、深410

扶手椅
高800、宽600、深520

背高1 100、座高500

背高1 100、座高500

高2 270、宽1 960、深520

长2 380、高1 030、深570

高430、宽1 400、深450

书写桌

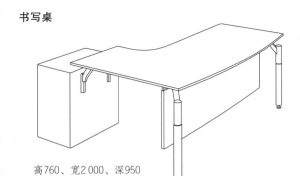

高760、宽2 000、深950

高760、宽2 200、深950

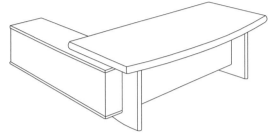

高760、宽2 100、深1 800

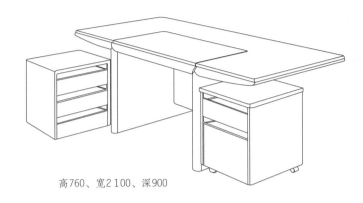

高760、宽2 100、深900

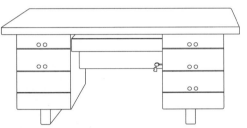

高760、宽1 850、深950

高750、宽1 950、深1 050

高750、宽1 800、深980

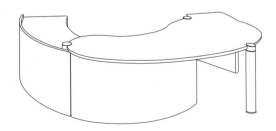

高720、宽2 800、深1 500

高750、宽2 000、深1 000

整体书柜设计

书房又称家庭工作室，是主人用于阅读、书写以及业余学习、研究、工作的空间，特别对从事文教、科教、艺术工作的工作者是必备的活动空间。现代书房的设计一般和室内其他空间设计同时进行，也就是整体设计，最核心的部分表现为书柜的整体设计，设计时主要考虑：

书柜主要的功能是提供书刊、资料、用具等物品存放，设计时要充分考虑物品的尺寸。

书柜的表面分割要满足物品的需求，同时要满足美观要求，注重艺术感、文化内涵需求。

书柜的设计要符合书房空间整体需要，要考虑整体设计。

书柜结构设计要满足书房空间结构，便于安装需要。

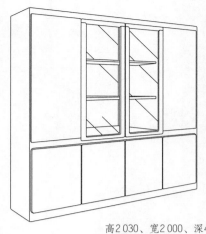

高2 030、宽2 000、深470

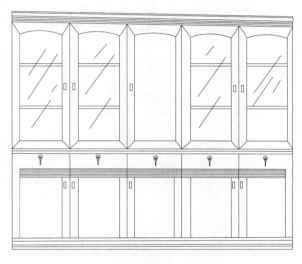

高1 800、宽2 100、深500

高2 030、宽3 000、深470

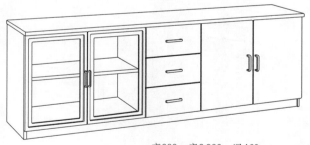

高900、宽2 300、深460

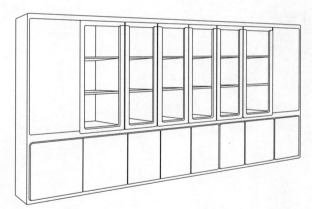

高2 030、宽4 000、深470

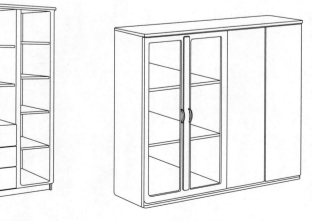

高2 000、宽2 000、深480　　　　高1 850、宽2 200、深500　　　　高1 900、宽2 000、深470

儿童家具设计

儿童使用的桌、椅、床等日常用具必须达到一定的要求，这样才能符合儿童的生活特性和成长规律。儿童家具应该按人体工程学要求并根据儿童的年龄阶段和身高专门制作。

不同成长阶段的孩子，对于家具的配置有不同的需求。一套完整的儿童家具包括床、椅、沙发、挂衣柜、书柜、玩具柜、小写字桌、游戏台等。

鲜艳色彩和生动活泼的风格，是儿童家具的最大特色。科学研究证实，色彩对儿童的个性、爱好情绪有着重大影响。各种不同的颜色可以刺激儿童的视觉神经，而千变万化的图案则可满足儿童对整个世界的想象。儿童家具色彩宜明快、亮丽、鲜明，以偏浅色调为佳，并注意色彩的合理搭配。

小学生家具主要为课桌椅、讲台、多媒体用家具和其他活动室家具，要根据这时期小孩子的活动特点和学习要求，既要考虑实用、经济，又要考虑美观。

家庭儿童家具主要为儿童床、儿童桌椅、儿童衣柜和储物柜等，设计家具时要注意考虑家具能适用不同的年龄阶段而不会造成大的浪费以及儿童房的家具设计要注意性别，色彩可大胆些。

家具采用的材料以轻质材料为主，便于儿童自己搬拿。

婴儿床

家庭幼儿家具

儿童书桌与床组合

高1 836、宽400、深400

高650、宽500、深510

高1 600、宽1 800、深1 080

整体衣柜设计

    整体衣柜根据卧室平面的不同，一般可分为一字型、"L"形或者"U"形三种不同的布置方式。设计时应该注意：

    在设计中要考虑到使用的方便性，在衣柜中部的两侧靠近移门口顺手部位安排几个抽屉和挂衣区，用于存放最近常更换的衣物。可以将衣柜按衣物更换频度划分为三个区域：过季、当季、常换。在衣柜的顶部安排三层隔板，用于叠放除当季以外三个季节的衣物，而下部靠中间部分因为在移门内侧，存放当季衣物，也可以叠放，比顶部容易取用。

    衣柜的设计不仅要考虑到居住者的构成、职业、年龄、个人衣物的特点和摆放次序，还应考虑到空间的合理、有效利用。

    遵循衣柜尺寸规范，挂短衣或上架的空间高度不低于800mm；挂长大衣的高度不低于1 400mm；抽屉的高度不低于150~200mm；至于叠放衣物的柜体，以衣物折叠后的宽度来看，柜体设计时宽度应在330~400mm之间、高度不低于350mm；整个衣柜上端通常会设置成放置棉被等不常用物件，高度也要不低于400mm；衣柜深度一般为530~620mm，常用尺寸是600mm。如果设计成移动门，要留75~80mm的滑道的位置。

    设计要考虑与室内装饰风格及线型的整体一致。

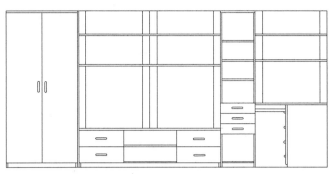

双门衣柜与陈设柜组合
高1 800、宽3 600、深600

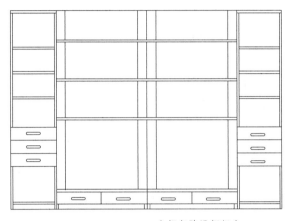

衣柜与陈设柜组合
高1 800、宽2 400、深550

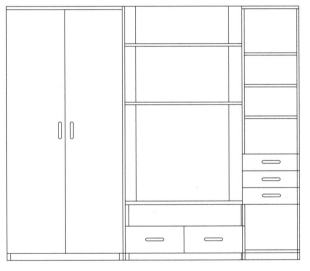

双门衣柜与陈设柜组合
高1 800、宽2 000、深600

大中小柜组合
大柜 高1 800、宽1 000、深450
中柜 高1 500、宽1 000、深450
小柜 高760、宽1 000、深450

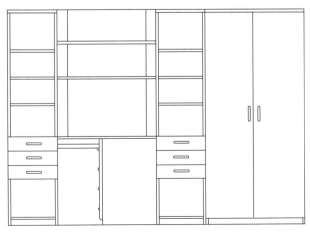

双门衣柜与书柜组合
高1 800、宽2 400、深600

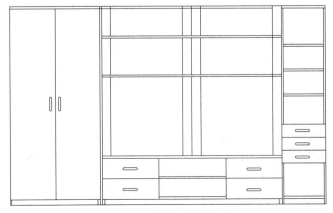

双门衣柜与陈设柜组合
高1 800、宽2 800、深600

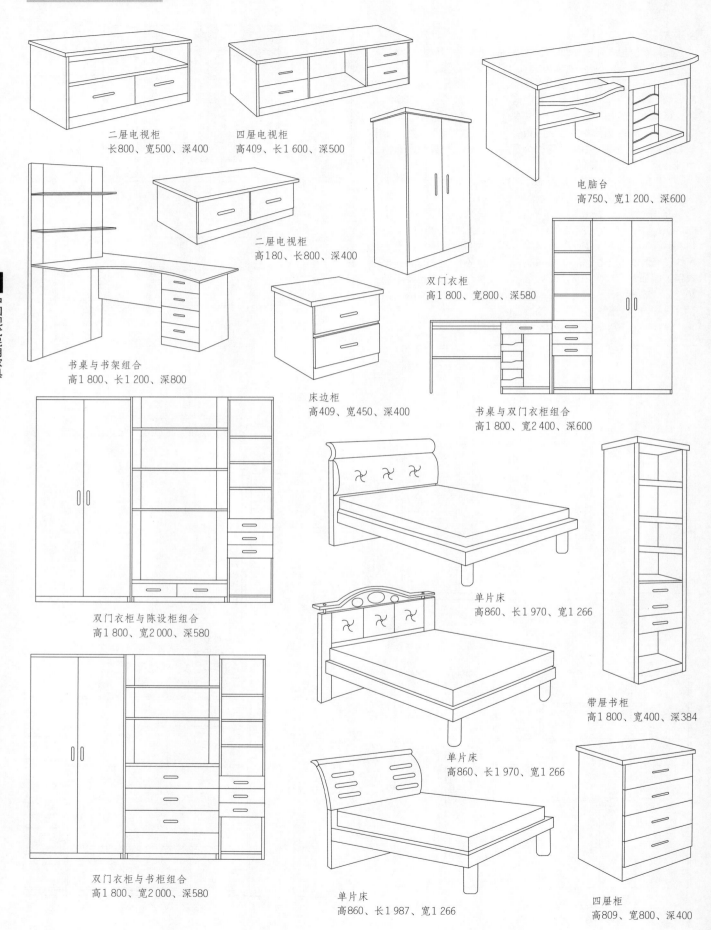

二屉电视柜
长800、宽500、深400

四屉电视柜
高409、长1 600、深500

电脑台
高750、宽1 200、深600

二屉电视柜
高180、长800、深400

双门衣柜
高1 800、宽800、深580

书桌与书架组合
高1 800、长1 200、深800

床边柜
高409、宽450、深400

书桌与双门衣柜组合
高1 800、宽2 400、深600

双门衣柜与陈设柜组合
高1 800、宽2 000、深580

单片床
高860、长1 970、宽1 266

带屉书柜
高1 800、宽400、深384

单片床
高860、长1 970、宽1 266

双门衣柜与书柜组合
高1 800、宽2 000、深580

单片床
高860、长1 987、宽1 266

四屉柜
高809、宽800、深400

厨房家具设计

厨房家具包括台座、吊柜等，设计时要考虑：

厨房家具设计应考虑到炊煮功能的要求和相关电器的规格尺寸。

厨房家具的高低、长宽之间的比例尺度，应符合人体工程学。

厨房家具采用的材料应满足防火、防水等特殊的功能要求

J形柜体

U形柜体

并列形柜体

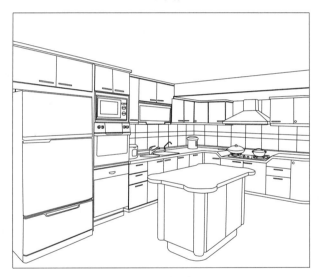

岛台形柜体

L形柜体

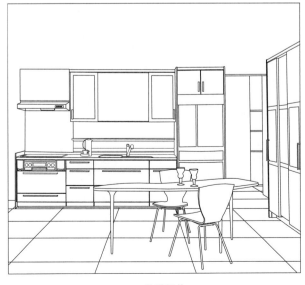

一字形柜体

目前，大多数用户为了省钱，选择厨房家具柜体由装饰公司现场制作，橱柜的门板则外配，向橱柜公司定制成品门板装配上去。为此，向设计师简要介绍橱柜门板有关常识如下：

1. 实木门板

由天然木材拼接、加工而成。常见的木材种类有橡木、胡桃木、山毛榉、赤杨、梨木、樱桃木、枫木等。利用天然的木材颜色、天然的木材纹理、图案的自然美感，能显现出橱柜的高雅、名贵。但天然木材若干燥不好容易变形。

2. PVC薄片包覆门板

用中密度板经电脑镂铣机铣削成型，再将仿真印刷的PVC薄膜，在包覆机上将已铣削成型的中密度门板包覆起来。除了门板的背面以外，其余五个面全部包覆PVC膜。PVC薄膜可以印刷仿木纹、仿石纹、仿皮纹、仿织物等。由于五个面都包覆了PVC，所以有较高的抗湿性，其品质的高低，由选用的PVC薄膜的质量而定。现以进口的材料品质为佳。

3. 烤漆门板

用中密度板经电脑镂铣机铣削成型，再喷涂高度的钢琴漆，其表面色彩艳丽，光亮度非常高，表面平滑，容易清理，表面的硬度为2H，不能用硬物或锋利的器具划碰，易留下划痕，无法修补。

4. 水晶门板

将亚克力（一种有机玻璃）薄板经处理，贴于经喷涂颜色的细木工板加工成的门板上，即制成水晶门板。其表面光滑亮丽，犹如水晶的表面，故名。因亚克力材料的硬度较低，故容易被硬物、利器划伤，会影响表面亮度的持久性。

5. 薄木贴面的复合门板

利用名贵木材加工成单板，再以高温高压的方式贴在基材上加工成门板。其具有天然木材的自然美感，并能节省天然木材的资源，是当前欧洲最流行的款式，容易清理。成型涂装后，不变形，与实木门板一样，可持久使用。

6. 防火胶板门板

将防火胶板施胶后压合于基材上（细木工板或刨花板），门板的周边再封以PVC封边条。因防火胶板色彩艳丽，丰富多彩，所以选择性非常大，容易清理。这种门板防潮、耐高温、耐磨，是目前应用非常普遍的材料，价格也比较低。

7. 防火胶板贴面、门芯四边镶实木框

将贴防火胶板的门芯板的四边镶上实木的门框，框材选用优质木材（山毛榉、橡木、枫木等）。这种门板将防火胶板丰富多彩的颜色和花纹与天然的木材自然美的门框结合起来，使橱柜门既古典又现代。其清理比实木门容易，是目前欧洲市场上走俏的时尚精品。

橱柜各部分名称

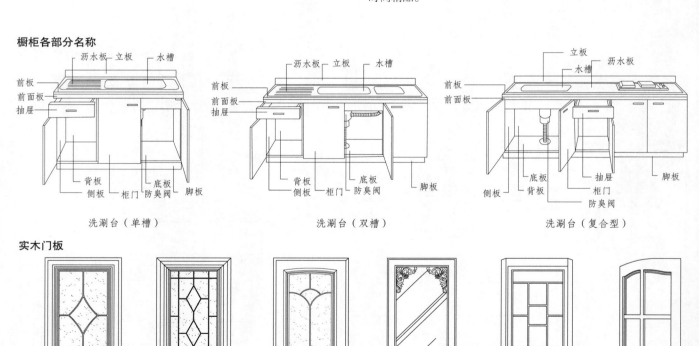

洗涮台（单槽）　　　　　洗涮台（双槽）　　　　　洗涮台（复合型）

实木门板

   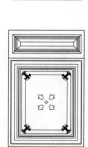  

PVC薄片包覆门板

橱柜门板与配件

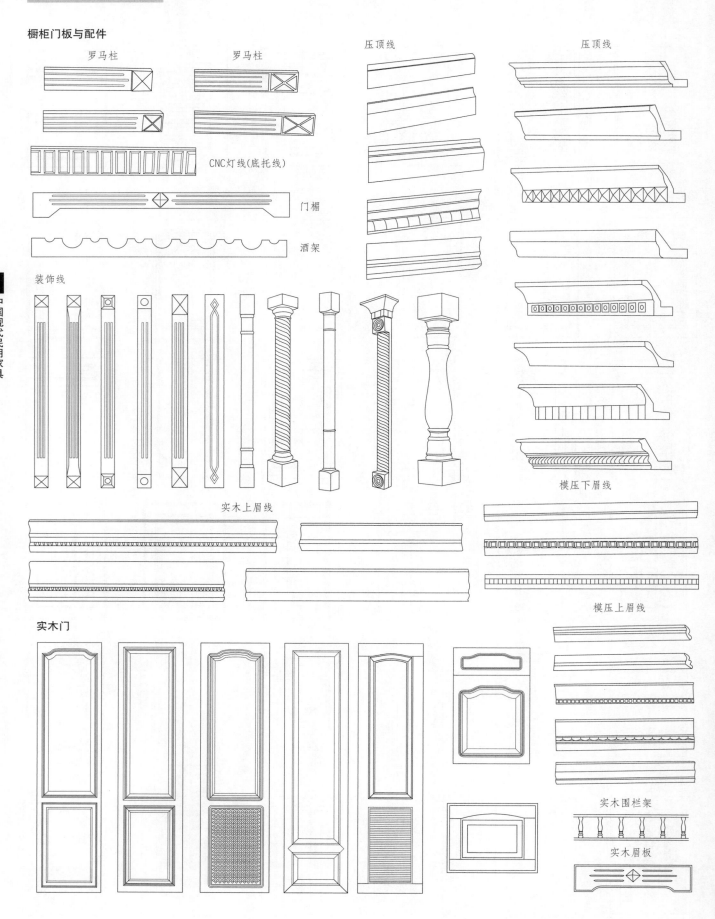

罗马柱　　　　　罗马柱　　　　　压顶线　　　　　　　　压顶线

CNC灯线(底托线)

门楣

酒架

装饰线

实木上眉线

模压下眉线

模压上眉线

实木门

实木围栏架

实木眉板

卫生间家具设计

卫生间家具主要包括盥洗柜和储物柜，设计时要考虑：

卫生间面积的大小，并以此为依据确定家具的品种和规格尺寸。

卫生间家具的规格尺寸和位置，应符合人体工程学原理。

卫生间家具采用的材料应具有良好的防水性能，如金属、玻璃、天然石材、人造石材、防火中纤板等。

卫生间家具的设计与卫生间设计应统筹考虑，保持造型与风格的协调统一。例如镜子与储物柜的组合设计，洗脸盆与盥洗柜的结合等。

高1 800、宽1 000、深560

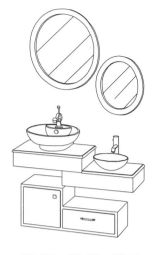

高1 850、宽1 000、深540

高1 750、宽600、深500

高1 950、宽600、深560

高1 950、宽600、深560

高1 850、宽900、深460

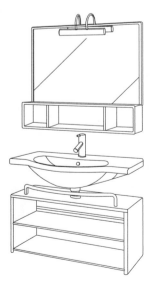

高1 850、宽900、深530

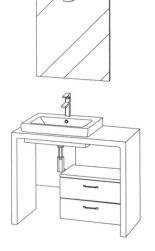

高1950、宽900、深560

高1900、宽600、深570

高1700、宽1 000、深450

镜片：650×960
主柜：850×520×850

镜片：1100×1100
主柜：1200×620×850

镜片：850×950
主柜：980×620×850

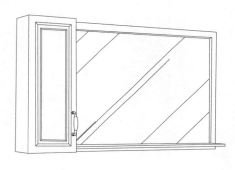

镜片：1300×1000
主柜：1650×520×850

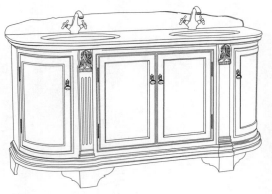

镜片：1190×1000
主柜：1600×620×850

镜片：500×780×100
主柜：600×580×850

户外家具设计

　　户外家具为重要的户外设施之一，是供人们休憩歇坐、观赏、交流的一类家具；放置于户外，供人们坐、靠、凭倚，以桌椅为主。户外家具一般结构、造型皆较为简单，材料要结实且耐水、耐紫外线。户外家具的设计还应注意反映地域文化特色。

　　户外家具的主要类型有躺椅、靠椅、长椅、桌、几台、架等。户外家具的主要用材多为耐腐蚀、防水、防晒、质地牢固的不锈钢、铝材、铸铁、硬木、竹藤、石材、陶瓷、FRP成型塑料等。

钢木制坐椅

实木制三人椅

椅：高730、宽647、深955
桌：高737、直径1 380

带座位的花坛

实木公园长凳

花坛木条凳

钢木公园长椅

实木制双人椅

21

中国现代民用家具

塑料制圆桌

铝木制手推车

塑料制扶手椅

木制手推车

钢木制双人椅

铝合金骨架躺椅

沙滩躺椅

沙滩躺椅

铝合金骨架躺椅

柚木铝架躺椅

铁艺床

  铁艺床是用钢管和钢筋制成床架，用扁钢条制成床棚组成的。制造的方法一般有铸造法、弯曲法、中压法三种。

  铁艺床也可配置床边柜、床尾凳。表面有镀铜、镀金、涂各种色漆等装饰。

  铁艺床有结构牢固，造型多样，线条流畅美观，重量轻，容易清洁等优点。

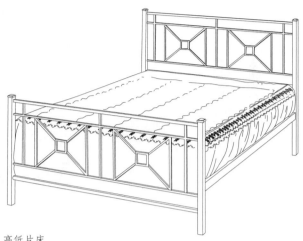

高低片床
高1 230、宽2 030、深1 700

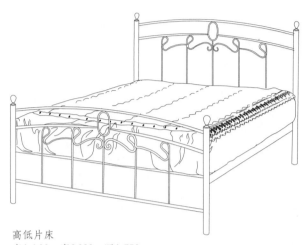

高低片床
高1 130、宽2 030、深1 750

高低片床
高1 220、宽2 030、深1 750

高低片床
高1 020、宽2 030、深1 750

高低片床
高1 270、宽2 050、深1 700

高低片床
高1 250、宽2 030、深1 750

高1 320、宽1 450、深1 800

高1 190、宽1 790、深2 170

高1 220、宽1 790、深2 170

高1 280、宽1 700、深2 030

高1 220、宽1 720、深2 080

高1 190、宽1 720、深2 190

床边柜
高670、宽620、深450

床头凳
高650、宽1 100、深420

床头凳
高650、宽1 100、深450

圆桌
高850、宽1 000、深1 000

八角小桌
高650、宽500、深500

圆桌
高750、宽1 200、深1 200

圆桌
高760、宽1 200、深1 200

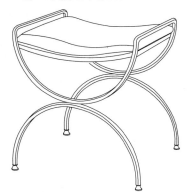

×形凳
高550、宽850、深450

小圆桌
高740、宽750、深750

21
中国现代民用家具

圆桌
高740、宽1 000、深1 000

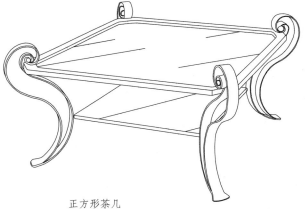

正方形茶几
高470、宽900、深900

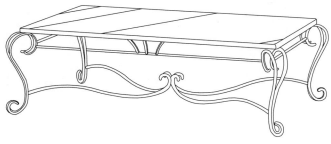

长方形茶几
高390、宽1 300、深760

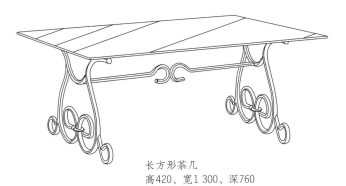

长方形茶几
高420、宽1 300、深760

写字桌
高780、宽1 600、深450

椅子
高940、宽440、深420

椅子
高980、宽500、深410

双人沙发
高1 000、宽1 700、深800

椅子
高960、宽410、深410

椅子
高940、宽440、深420

扶手椅
高820、宽560、深470

扶手椅
高980、宽500、深470

扶手椅
高820、宽590、深415

扶手椅
高950、宽500、深500

藤是自然材料，具有不怕挤、不怕压、柔韧有弹性的特性。用于藤制家具的品种主要有竹藤、白藤和赤藤。

藤家具品种很多，按使用功能分类有客厅家具、餐厅家具、卧室家具、书房家具及户外家具等。按制作材料分类有粗藤家具、藤竹家具、藤钢家具等。所谓藤竹家具是用竹子做骨架的藤家具；藤钢家具是用金属做骨架的藤家具。

藤家具外观线条流畅柔和、造型华贵舒适、颇有豪迈典雅的气派，不失纯朴、自然、清新爽快的特色，充满生活气息和时尚韵味。

木架藤椅
高800、宽460、深530

螺旋式底坐椅
高1 110、宽560、深600

扶手椅
高850、宽830、深860

木架藤椅
高788、宽560、深573

扶手椅
高980、宽680、深780

摇椅
高870、宽750、深800

钢管架藤椅
高930、宽580、深750

圆凳
高410、宽380、深380

穹形书架
高1 000、宽800、深280

餐椅
高940、宽450、深420

吧台椅
高950、宽400、深470

吧台椅
高920、宽400、深470

吧台椅
高940、宽410、深480

双人软垫藤椅
高880、宽1 200、深760

吊篮椅
高1 760、宽700、深700

三扇屏风
高1 700、宽1 500、深40

三套几
高580、宽460、深460

玻璃面圆桌
高700、宽920、深920

圈椅
高810、宽820、深850

办公会议家具设计

办公家具根据办公的特点可分为办公室家具、绘图设计室家具、阅览室家具、资料室家具和会议室家具以及会议接待家具等。

办公室家具根据工作特点、工作性质的不同可分为开敞式、半开敞式、封闭式家具，主要有办公桌、办公椅、文件柜和矮柜等品种。现代办公室桌椅类家具根据职员的职位、职别又可分为普通职员桌椅、小班台椅、中班台椅和大班台椅。

设计绘图家具主要有设计桌椅、资料柜和绘图桌椅、电脑桌椅等，设计这类家具要考虑该工作的特点，结合绘图仪器、工具进行。

会议室以及接待室家具为现代家具最常见的一种形式，应用场所也最多，主要品种有会议桌、会议椅、沙发、茶几、茶水柜等，设计时应根据不同需求区别对待。

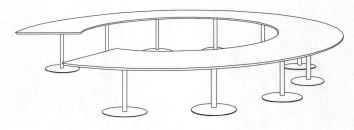

高750、宽4 000、深4 000

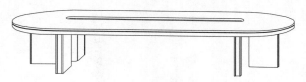

高750、宽6 000、深3 900

高760、宽1 800、深900

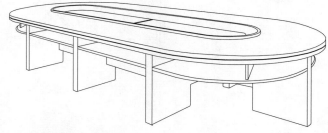

高750、宽4 000、深1 800

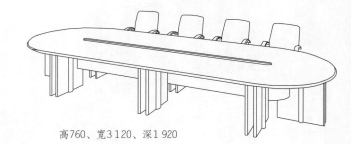

高760、宽3 120、深1 920

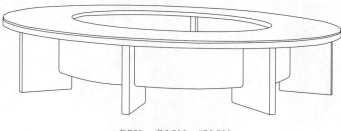

高760、宽4 000、深1 660

高750、宽3 900、深3 900

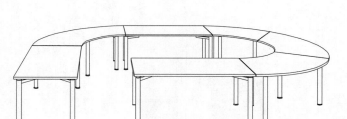

高760、宽3 500、深3 500

液晶显示屏会议系统

　　液晶显示屏会议系统作为一种新型的会议配套产品，在现今的一些高级多媒体会议系统、监控系统、高级多媒体办公室、办公室家具的应用已成为一种新的发展趋势。液晶显示幕会议桌在继承传统办公家具舒适、实用等性能的基础上，铭刻上了21世纪的时代特征，尤其是和网络、音频等高科技产品的结合，使它具有了多种功用，并凭此可以完成很多过去在传统会议桌上无法完成的工作。

液晶显示屏会议桌

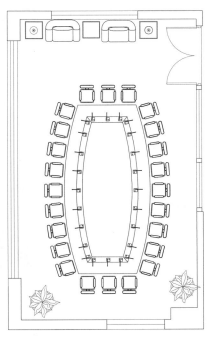

鼓形会议室平面布置图

1 400×700

1 400×1 400

1 200

1 800×1 400

1 400×900

3 200×1 400

4 600×1 400

2 000×1 400

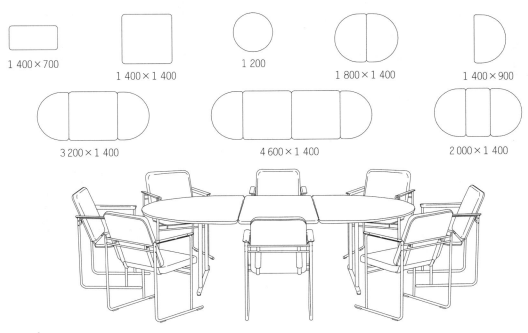

书写坐椅

演讲台

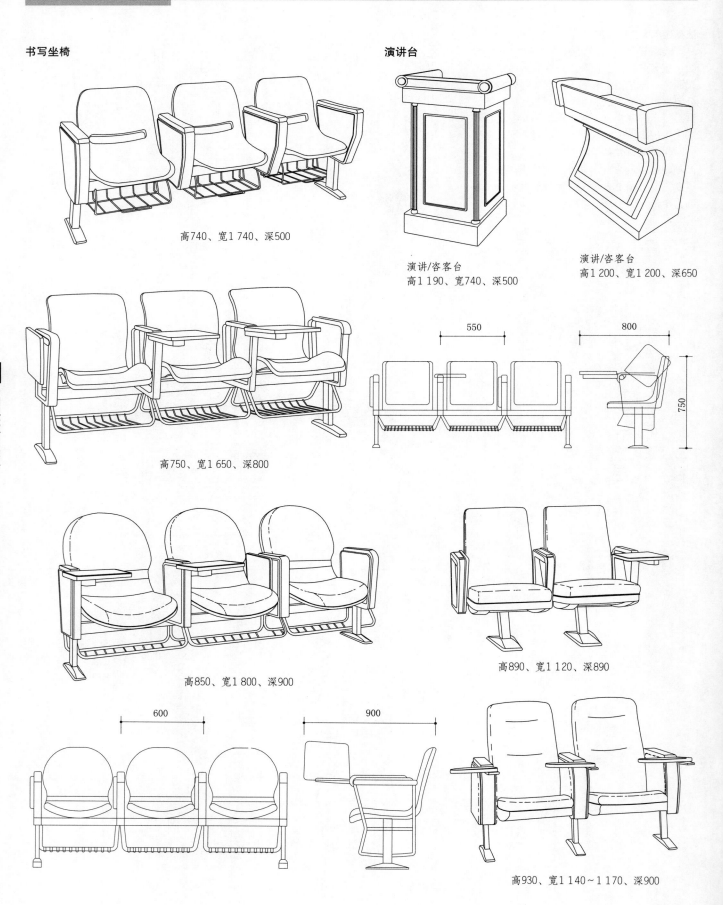

高740、宽1 740、深500

演讲/咨客台
高1 190、宽740、深500

演讲/咨客台
高1 200、宽1 200、深650

高750、宽1 650、深800

高890、宽1 120、深890

高850、宽1 800、深900

高930、宽1 140～1 170、深900

书写坐椅

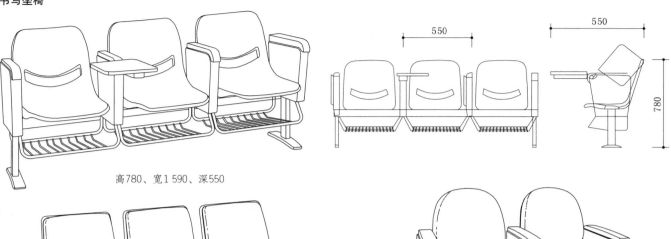

高780、宽1 590、深550

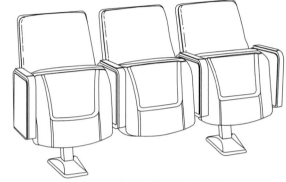

高890、宽1 590、深730

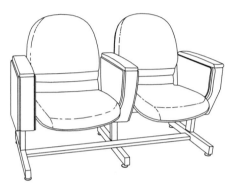

高850、宽1 200、深730

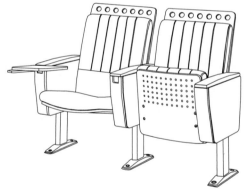

高982、宽1 040、深650

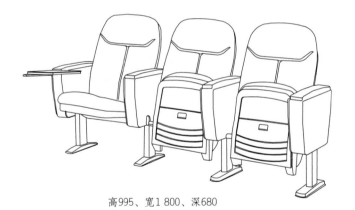

高995、宽1 800、深680

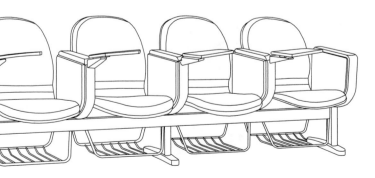

高740、宽2 600、深430

高890、宽525、深730

接待台设计

接待台已成为规范化管理的公司与来访者之间必不可少的一个联络点，来访者可在接待台前得到热情的服务和详尽的咨询。因此接待台的设计也越来越趋于多样化，设计的风格也与公司的文化内涵相关联。接待台设计要简洁明快，合理地利用空间。

现代感极强的接待台，其信息化的设置既方便工作人员，又有利于来访者。具有浓厚传统美和沉郁风格的接待台，在色泽上会给人以厚实凝重之感。

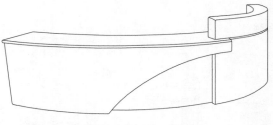

高750、宽4 500、深630

高990、宽2 350、深650

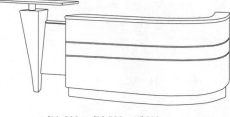

高1 000、宽2 500、深600

高945、宽410、深400

高1 150、宽3 000、深1 000

高1 150、宽3 100、深660

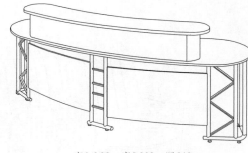

高1 100、宽2 900、深640

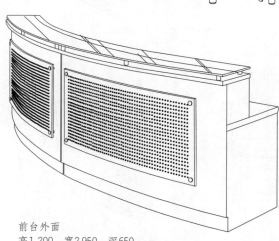

前台外面
高1 200、宽2 950、深650

前台里面

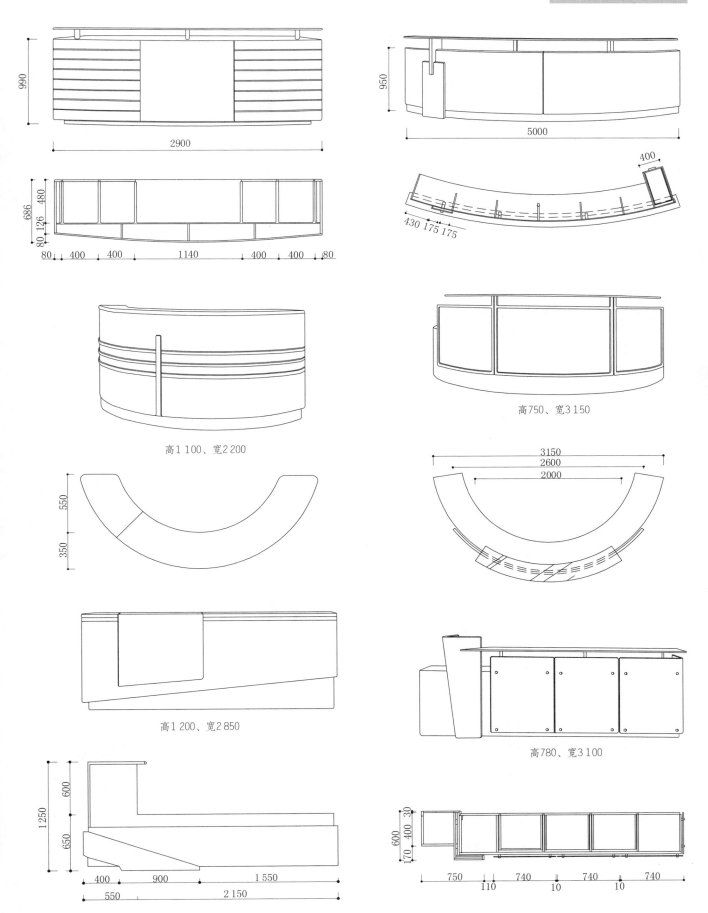

高1 100、宽2 200

高750、宽3 150

高1 200、宽2 850

高780、宽3 100

现代办公桌

高760、宽2 200、深1 000

高750、宽1 800、深820

高750、宽2 700、深1 060

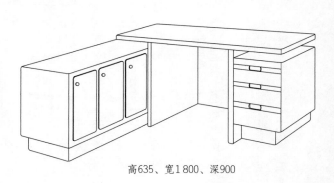

高635、宽1 800、深900

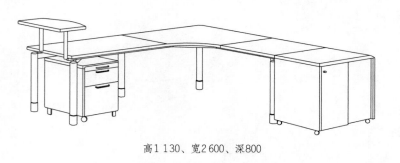

高1 130、宽2 600、深800

高760、宽1 400、深900

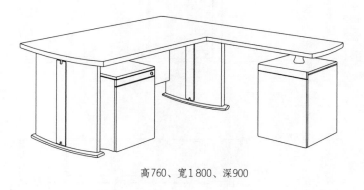

高760、宽1 800、深900

高740、宽1 600、深700

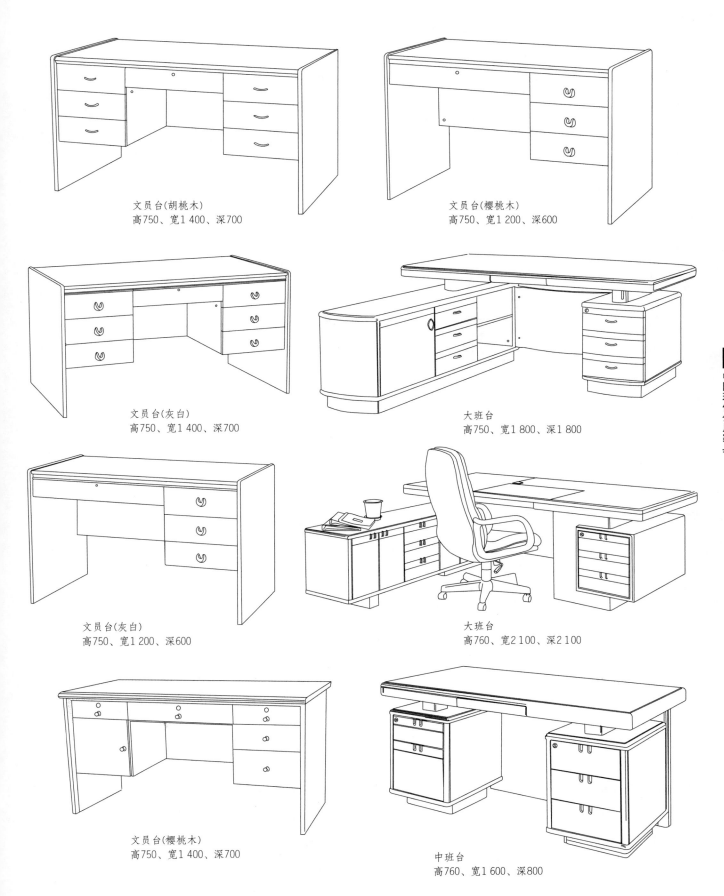

文员台(胡桃木)
高750、宽1 400、深700

文员台(樱桃木)
高750、宽1 200、深600

文员台(灰白)
高750、宽1 400、深700

大班台
高750、宽1 800、深1 800

文员台(灰白)
高750、宽1 200、深600

大班台
高760、宽2 100、深2 100

文员台(樱桃木)
高750、宽1 400、深700

中班台
高760、宽1 600、深800

屏风家具

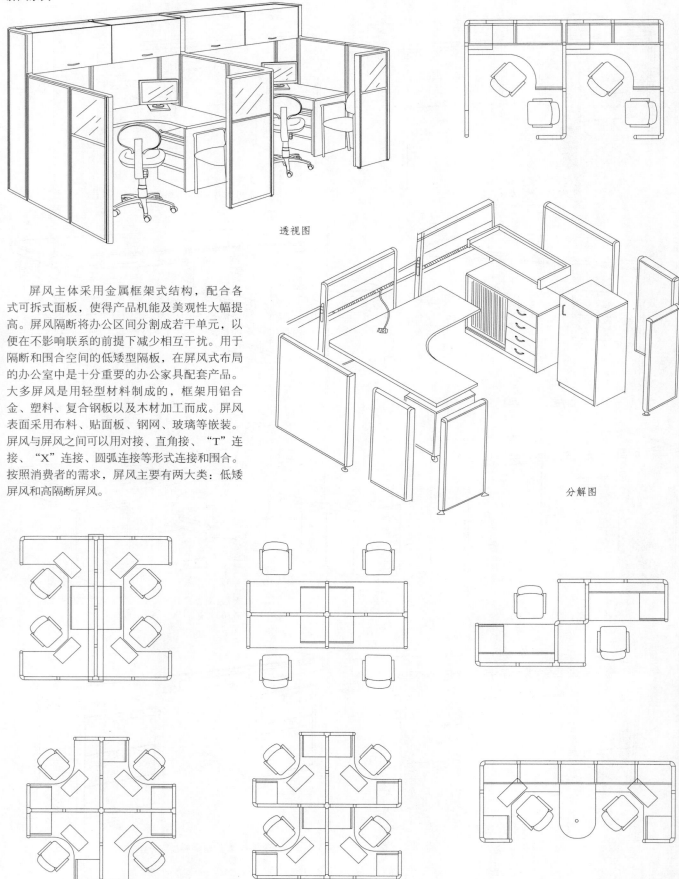

透视图

分解图

屏风主体采用金属框架式结构，配合各式可拆式面板，使得产品机能及美观性大幅提高。屏风隔断将办公区间分割成若干单元，以便在不影响联系的前提下减少相互干扰。用于隔断和围合空间的低矮型隔板，在屏风式布局的办公室中是十分重要的办公家具配套产品。大多屏风是用轻型材料制成的，框架用铝合金、塑料、复合钢板以及木材加工而成。屏风表面采用布料、贴面板、钢网、玻璃等嵌装。屏风与屏风之间可以用对接、直角接、"T"连接、"X"连接、圆弧连接等形式连接和围合。按照消费者的需求，屏风主要有两大类：低矮屏风和高隔断屏风。

办公屏风家具图解

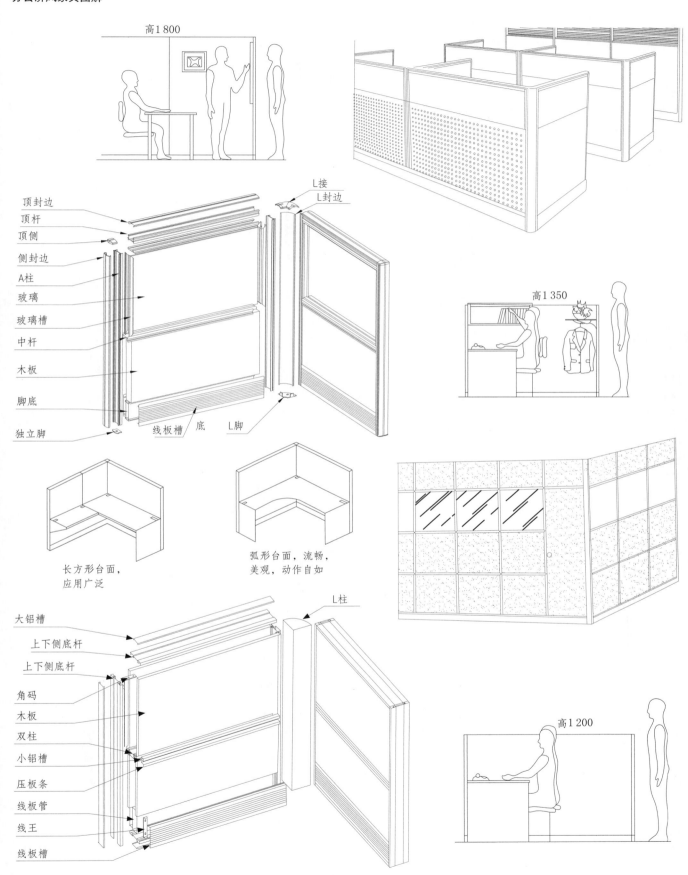

高1 800

L接
L封边

顶封边
顶杆
顶侧
侧封边
A柱
玻璃
玻璃槽
中杆
木板
脚底
独立脚

线板槽 底
L脚

高1 350

长方形台面，
应用广泛

弧形台面，流畅，
美观，动作自如

L柱

大铝槽
上下侧底杆
上下侧底杆
角码
木板
双柱
小铝槽
压板条
线板管
线王
线板槽

高1 200

办公屏风家具图解

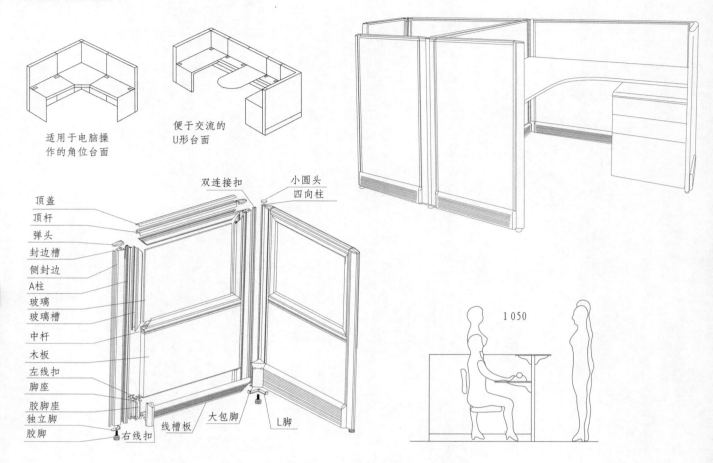

适用于电脑操
作的角位台面

便于交流的
U形台面

顶盖
顶杆
弹头
封边槽
侧封边
A柱
玻璃
玻璃槽
中杆
木板
左线扣
脚座
胶脚座
独立脚
胶脚
右线扣
线槽板
大包脚
L脚

双连接扣

小圆头
四向柱

1 050

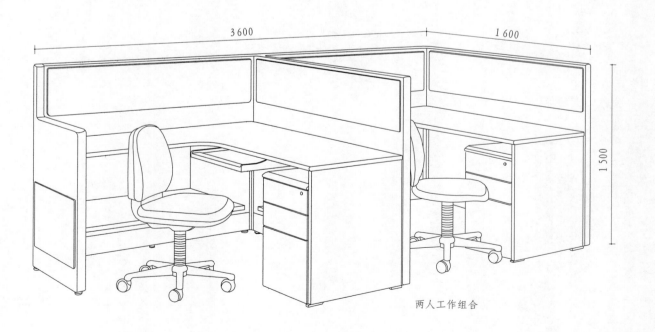

3 600

1 600

1 500

两人工作组合

学校家具设计

　　学校家具主要有教学家具和生活家具两大类。教学家具主要有课桌、椅凳、黑板、讲台、电脑台，以及各种专业教学用的专业家具，如阶梯教室家具，图书馆、阅览室家具，音乐教学、美术教学专用家具，手工劳作、各种实验室、生产实习、计算机教学、语言教学专用家具等。生活家具主要是学生宿舍、公寓家具和食堂餐厅家具。学生公寓家具在信息化、现代化的今天，由于国际互联网和教学化技术的普及，特别是在大中专学生公寓中，正在再现一个把睡眠、学习、阅读、上网、储藏等多功能用途综合在一起的工作站式的整体单元家具。

　　随着人们生活质量的提高，教学用具将不再以严肃、滞重的面孔出现，取而代之的是既符合学生使用功能，又能够满足学生生理和心理健康发展的新一代教育家具。

　　现代化课桌椅用多元素复合材质制作出成形的椅面，搭配用多样形式的角钢、钢管油压焊制而成的椅架，采用多层涂装、烤漆或电镀等不同的工艺处理，造就出适合各种形态的教育、报告厅、学术厅用课桌。

　　课桌可根据年龄、身高等所需舒适度进行调整。椅子可增加搁脚板，可以变换坐姿，调节生理机能。

　　可调节课桌，可根据年龄、身高、坐姿的不同，进行最适性调整，色彩丰富的塑钢椅则更适合低龄学童。

　　连体式坐椅，其收放自如的搁板方便学生记笔记。分离式课桌椅，适合中高年级学生使用。

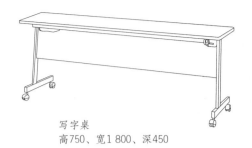

写字桌
高750、宽1 800、深450

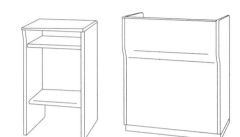

电话台
高800、宽450、深450

演讲台
高1 070、宽900、深440

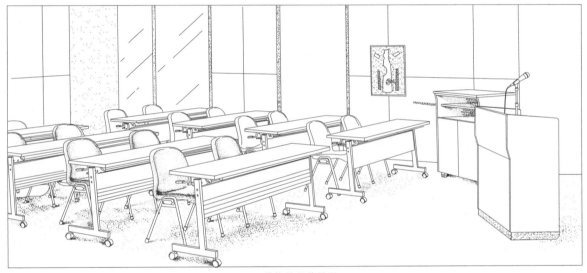

学校教室效果图

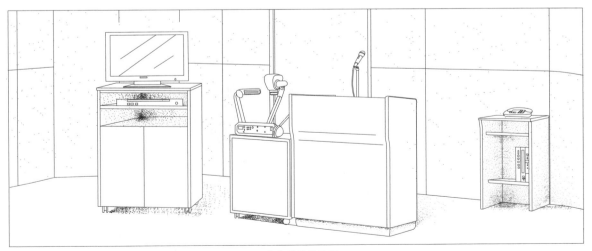

学校教室效果图

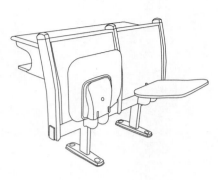

高820、宽1 110、深500

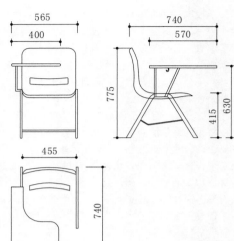

565
400
775
740
570
630
415
455
740

高850、宽1 150、深460

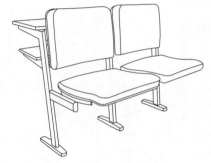

高850、宽1 150、深460

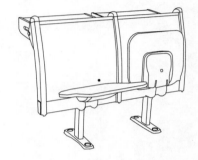

高820、宽1 110、深500

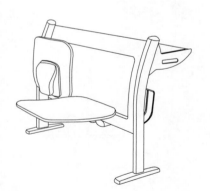

高820、宽1 110、深430

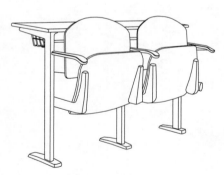

高750、宽1 150、深350

高850、宽1 500、深460

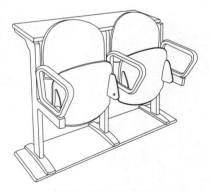

高750、宽1 150、深350

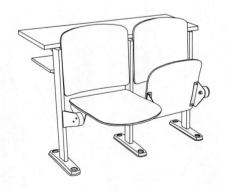

高746、宽1 150、深346

高765、宽1 150、深350

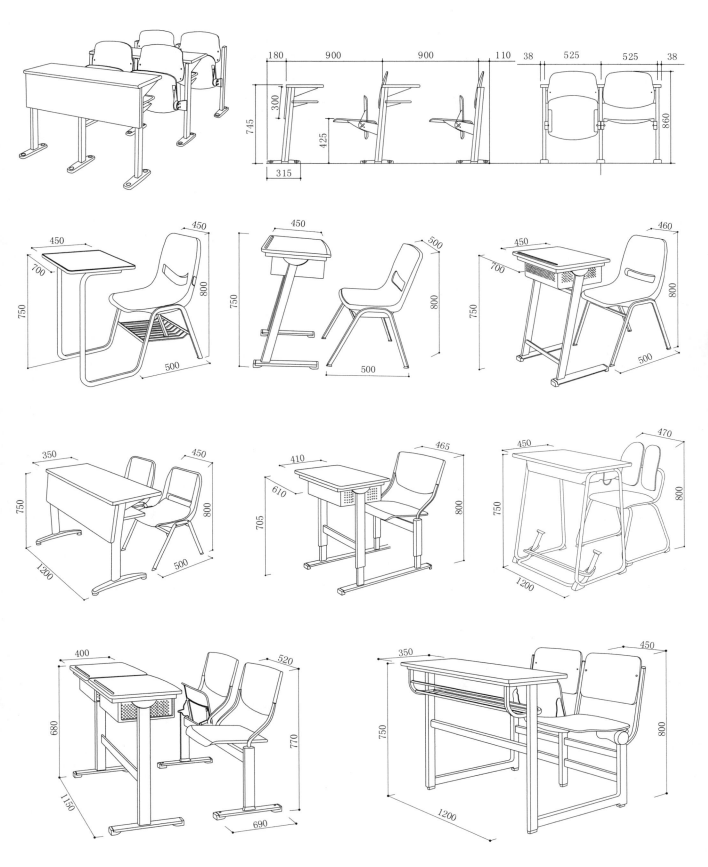

幼儿园家具设计

儿童家具包括幼儿园家具、小学家具和家庭儿童家具。幼儿园家具设计要考虑以下几点：

要特别注意儿童的生理、心理的使用需要。儿童桌、椅的尺度要根据不同年龄的大小区别对待。应尽量设计得美观、可爱。

家具的结构连接处，要防止棱角倒口的现象出现，最好设计成圆润光滑的圆角家具。

家具的色彩可丰富多样，在家具设计中可大胆运用模拟和仿生的手法，使家具显得形象生动。

安全是设计幼儿园家具时不可忽视的重要因素，距地面较高的家具，如高型床，须有牢固结实的栏挡设施以防儿童摔下；在设计上应注重每个细节，家具以及房间中的饰品所有的棱角均要经磨边处理以免碰伤孩子；柜橱门的把手要方便儿童握拉，但不宜做得过于细小，以防儿童在奔跑中被碰伤；不应有容易脱落造成儿童误吞的小配件，如抽屉拉手等；应尽量避免使用玻璃等易碎材料作为幼儿园家具的制造材料。

图书架
高1 050、宽900、深375

幼儿床
高650、宽800、深450

幼儿床
高1 000、宽1 200、深680

幼儿床
高700、宽750～1 350、深650

幼儿钢管椅
高480、宽350、深260

幼儿椅
高480、宽350、深260

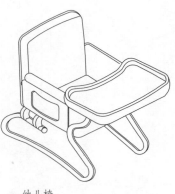

幼儿椅
高550、宽350、深565

幼儿椅
高775、宽465、深470

滑轮幼儿床
高1 050、宽1 250、深700

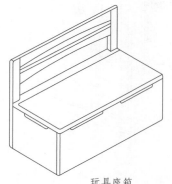

玩具座箱
高490、宽650、深330

幼儿桌
高508、宽762、深508

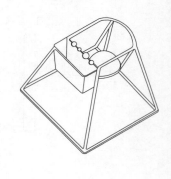

学步车
高400、宽500、深500

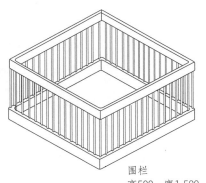

围栏
高500、宽1 500、深1 500

书架
高1 200、宽800、深250

支架式活动毛巾架
高1 000、宽1 500、深1 500

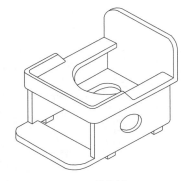

便盆椅
高400、宽510、深350

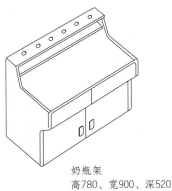

奶瓶架
高780、宽900、深520

压板
高800、宽3 000、深250

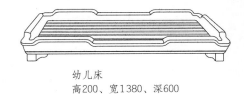

幼儿床
高200、宽1380、深600

玩具箱
高635、宽724、深457

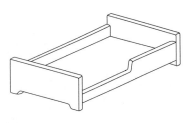

幼儿床
高300～400、宽1 200～1 400、深600～700

幼儿洗池
高800、宽2 570、深700

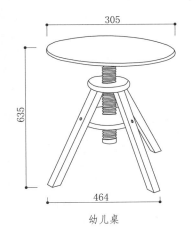

幼儿桌

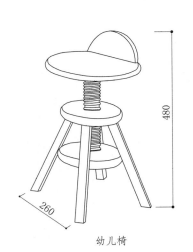

幼儿椅

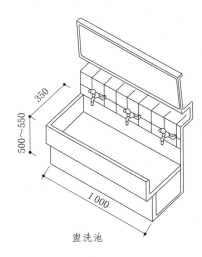

盥洗池

衣帽架、鞋柜
高1 050、宽1 200、深375

书柜
高1 200、宽1 200、深375

书柜
高1 200、宽1 200、深375

鞋柜
高1 200、宽1 200、深375

书架
高1 200、宽1 200、深375

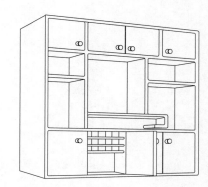

教具柜
高1 050、宽1 600、深375

文具柜
高865、宽1 200、深375

文具柜
高900、宽1 200、深375

文具柜
高900、宽1 200、深375

衣柜
高860、宽1 850、深300

衣柜
高980、宽960、深300

黑板
高1 050、宽1 200、深375

组合储藏柜
高2400、宽2400、深500

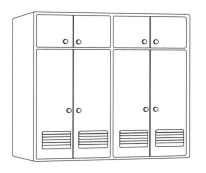

壁柜
高2680、宽2000、深550

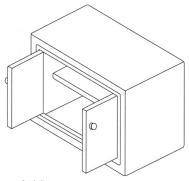

清洁柜
高780、宽800、深400

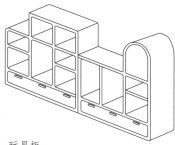

玩具柜
高1200、宽2400、深300

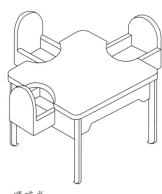

喂哺桌
高780、宽900~1000、深700~800

幼儿正方桌
高520、宽620、深620

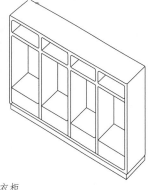

衣柜
高1160、宽1600、深320

幼儿桌
高480、宽165、深100

浪船
高2600、宽1750、深1950

幼儿桌
高480、宽165、深90

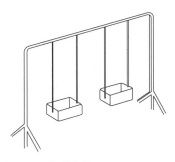

吊箱秋千
高2500、宽2900

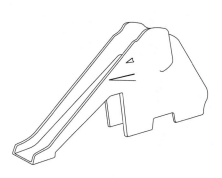

滑梯
高2300~3000、宽3600、深400

实验室家具设计

　　实验室家具是一类比较特殊的家具，它不仅应具有优良的使用功能，还应具备整洁明朗的外观和色彩，以改善室内环境。实验室家具产品分为四大类：刚木结构产品、板式结构产品、全钢结构产品和铝木结构产品。实验室家具包括实验台、实验柜和实验凳。实验室家具设计需要考虑以下内容：

　　家具设计应考虑到实验性质和实验要求。

　　实验室家具的尺度以及家具在实验室空间内的布置应符合人体工程学。

　　实验室家具采用的材料应满足防火、防水、耐腐蚀等特殊的功能要求，且容易清洗。

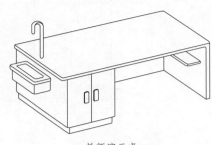

教师演示桌
高850、宽2 500、深800

化学实验台
高760、宽2 600、深1 300

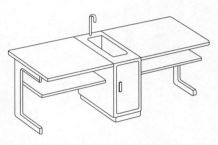

四人学生用生物、化学实验桌
高760、宽2 800、深600

两人单侧学生实验桌
高800、宽1 400、深600

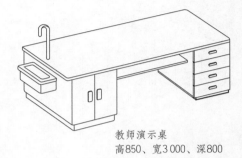

教师演示桌
高850、宽3 000、深800

教师演示桌
高850、宽3 000、深800

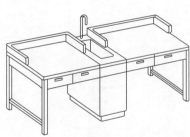

四人用学生实验桌
高800、宽2 800、深600

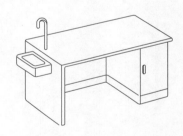

小型演示桌
高800、宽1 500～1 650、深650～750

物理实验台
高900、宽2 000、深800

化验室化验台
高1 500、宽1 800～2 400、深1 300

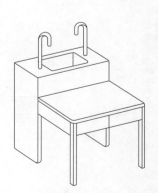

固定岛式设施
高760、宽1 200、深1 000

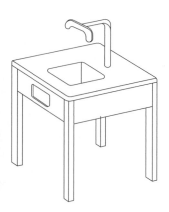

固定岛式设施
高760、宽600、深900

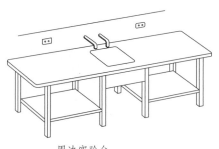

周边实验台
高760、宽3 200、深600

生物化验台
高1 500、宽2 000～2 600、深1 300

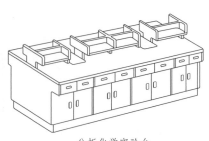

分析化学实验台
高800、宽4 800～5 600、深1 300

两人用学生实验桌
高800、宽1 200、深600

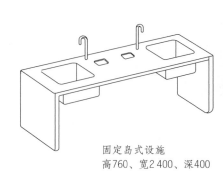

固定岛式设施
高760、宽2 400、深400

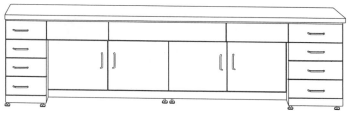

教师演示桌
高760、宽2 400、深750

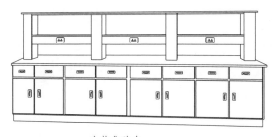

生物化验台
高1 500、宽3 400、深1 300

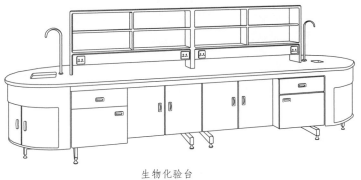

生物化验台
高1 500、宽3 500、深1 300

生物化验台
高1 600、宽2 400、深1 250

22
中国现代公用家具

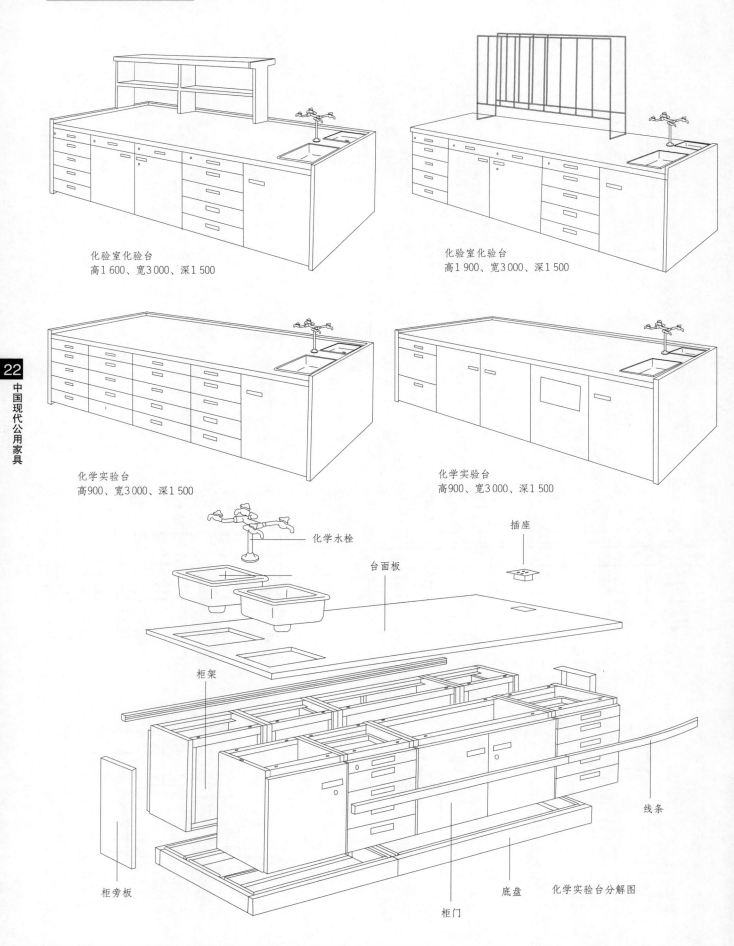

化验室化验台
高1 600、宽3 000、深1 500

化验室化验台
高1 900、宽3 000、深1 500

化学实验台
高900、宽3 000、深1 500

化学实验台
高900、宽3 000、深1 500

化学水栓

插座

台面板

柜架

柜旁板

柜门

底盘　化学实验台分解图

线条

图书馆家具设计

图书馆家具从其用途来看，包含借阅厅家具、出纳室家具、阅览室家具、卡片目录查阅室家具、书库家具、报告厅家具及辅助办公的家具等。

图书馆借阅厅是图书馆的重要组成部分，主要的家具类型是借阅台、等候椅和寄物柜等。借阅台的构造有组合式和固定式两种，过去的借阅台要考虑的功能更多，如保管台、工作台等，现代的借阅台一般考虑的是借书和还书的功能。出纳室家具有出纳台、出纳椅、工作台、推车、索取柜等，设计时应根据出纳工作的不同要求设计产品。推车可采用刚木结合结构。

木制借阅台
高1 150、宽1 350、深800

木制个人视听小桌
高1 400、宽1 200、深800

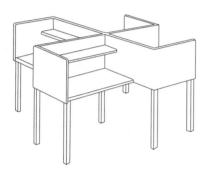

钢木风车型架式阅览桌
高1 200、宽1 828、深1 828

木制研究桌
高1 200、宽900～1 200、深650～750

木制个人视听小桌
高1 400、宽1 200、深1 200

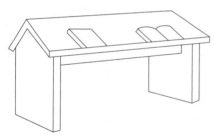

木制斜面阅览桌
高1 050～1 080、宽1 500～1 800、深800

木制附设局部照明的阅览桌
高1 080、宽1 500～1 800、深1 400

木制普通阅览桌
高800、宽3 000、深1 000

钢木双面型架式阅览桌
高1 244、宽889、深1 219

木制借阅台
高1 040、宽1 900、深800

钢制画卷柜
高2 050、宽830、深400

模压胶合板阅览椅
高780、宽520、深450

实木阅览椅
高780、宽520、深450

实木阅览椅
高780、宽520、深450

曲木阅览椅
高780、宽520、深450

实木阅览椅
高780、宽500、深430

实木阅览椅
高780、宽520、深450

实木阅览椅
高780、宽520、深450

实木阅览椅
高780、宽520、深450

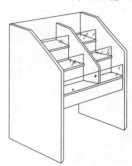

木制展书柜
高1 200、宽830、深500

木制活动展书柜
高960、宽800、深500

木制小型还书柜
高1 470、宽830、深400

木制立式陈列柜
高2 050、宽830、深300

木制展书柜
高700、宽830、深600

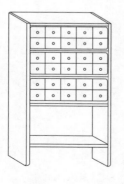

木制卡片目录柜（30盒装）
高1 470、宽830、深400

木制水平式陈列柜
高950、宽1 515、深700

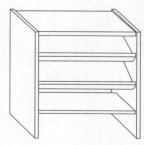

木制展书柜
高930、宽830、深300

木制立式陈列柜
高1 770、宽1 030、深550

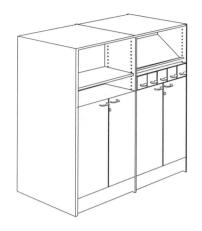

木制图书文件柜
高1 100、宽900、深500

木制单面斜面书架
高2 100、宽9 100、深600

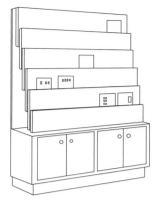

木制斜向陈列架
高1 500、宽1 200、深400

木制盲文书架
高2 140、宽1 000、深200

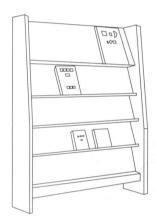

木制斜向陈列架
高1 700、宽1 000、深300

钢制多柱式活动书架
高2 000、宽1 710、深500

木制期刊陈列架
高1 800、宽1 200、深480

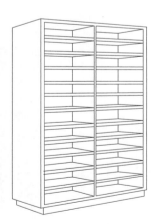

木制报刊架
高2 200、宽1 500、深440

木架玻璃陈列柜
高2 000、宽1 800、深620

钢制活动单柱挂斗式书架
高2 000、宽1 950、深490

木制综合式陈列柜
高1 800、宽1 000~2 200、
深350~400

阅览室家具设计

　　阅览室家具有阅览桌椅、陈列架、期刊架、书架等，设计时桌、椅的规格尺寸要符合人体工程学的科学原理。期刊架、书架尺寸既要考虑书籍、画刊、杂志放得下，又要满足人体的使用舒适度要求。

　　卡片目录查阅室有目录柜、目录台、椅，现代图书馆还备有电脑目录查阅机，因此要配有现代化的查阅台及活动椅。

　　适合低龄儿童的社区图书馆，内设桌椅应特殊设计，为孩子们提供融读书、娱乐于一体的环境。

　　分类的检索柜，可移动的低矮书柜，适合各类大、中、小型图书馆、阅览室。

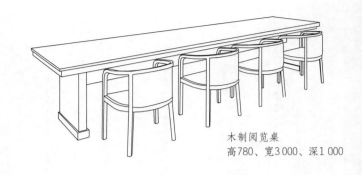

木制阅览桌
高780、宽3 000、深1 000

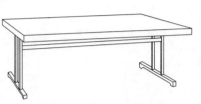

钢木普通阅览桌
高800、宽2 100、深1 000

木制普通阅览桌
高750、宽1 200～2 400、深450

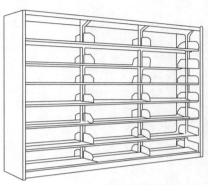

钢制带侧板书架
高2 180、宽2 700、深500

木制双面书架
高1 600、宽1 500、深350

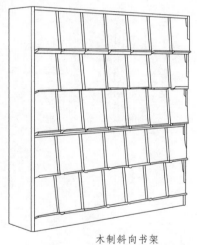

木制斜向书架
高2 200、宽2 500、深500

木制双面斜面书架
高2 100、宽863、深700～750

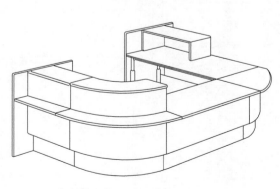

木制出纳台
高1 100、宽3 500、深2 550

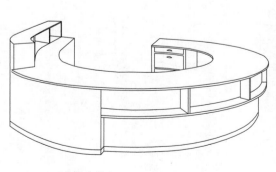

木制出纳台
高1 100、宽3 600、深2 600

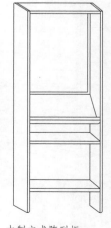

木制立式陈列柜
高2 050、宽830、深30

胶片盒和胶片条存放柜
高1 450、宽520、深350

木制画卷柜
高1 300、宽1 200、深900

木制图书目录柜
高1 200、宽900、深400

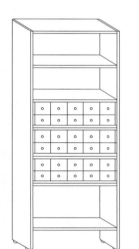

木制卡片目录柜（60盒装）
高2 100、宽830、深400

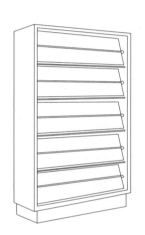

木制斜向书架
高1 800、宽1 000、深400

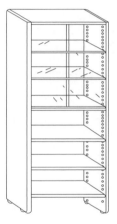

木制立式陈列柜
高2 050、宽830、
深250/300/400

钢木活动展书柜
高1 500、宽762、深1 016

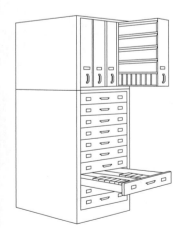

钢制浓缩胶卷柜
高2 100、宽620、深750

木制声像资料柜（半封闭柜）
高1 400、宽1 100、深500

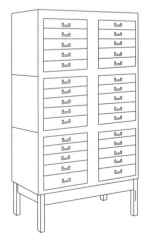

声像资料柜（全封闭柜）
高1 800、宽1 100、深500

木制立式陈列柜
高1 770、宽1 030、深550

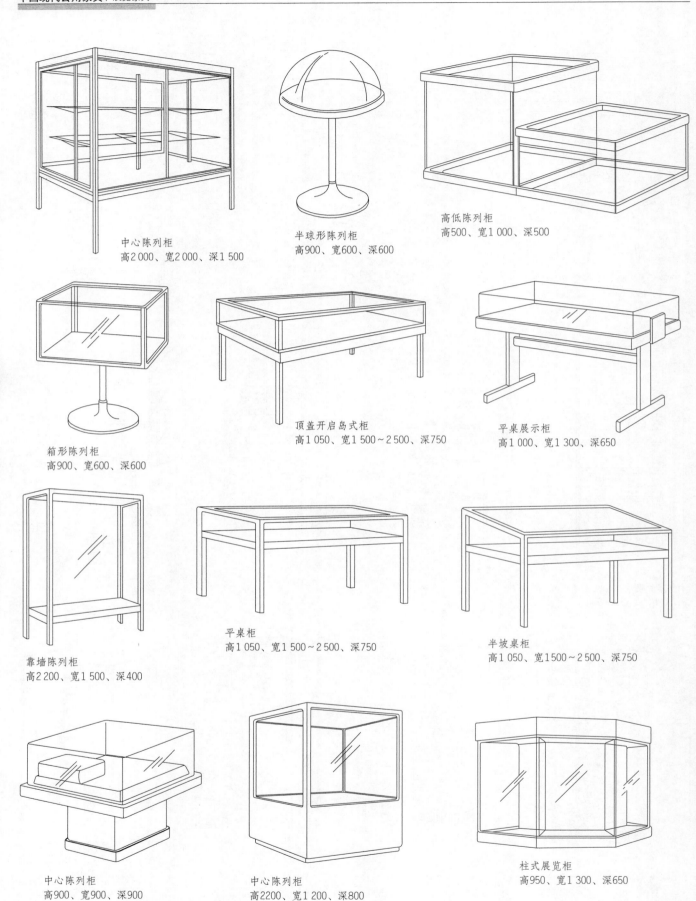

中心陈列柜
高2 000、宽2 000、深1 500

半球形陈列柜
高900、宽600、深600

高低陈列柜
高500、宽1 000、深500

箱形陈列柜
高900、宽600、深600

顶盖开启岛式柜
高1 050、宽1 500～2 500、深750

平桌展示柜
高1 000、宽1 300、深650

靠墙陈列柜
高2 200、宽1 500、深400

平桌柜
高1 050、宽1 500～2 500、深750

半坡桌柜
高1 050、宽1 500～2 500、深750

中心陈列柜
高900、宽900、深900

中心陈列柜
高2200、宽1 200、深800

柱式展览柜
高950、宽1 300、深650

双坡桌柜
高1 000、宽1 500～2 500、深1 500

钢管支架屏风
高1 900、宽2 100、深700

中心陈列柜
高850～1 000、宽1 100、深1 100

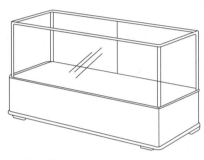

工艺品展柜
高1 100、宽1 750、深790

手机、钟表、首饰展柜
高900、宽900、深550

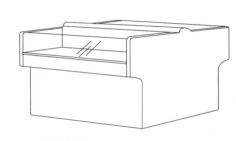

超市展柜
高880、宽1 200、深1 170

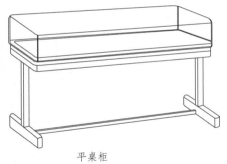

平桌柜
高900、宽1 500、深600

屋脊形展柜
高1 100、宽1 800、深600

三面展示高柜
高1 920、宽1 600、深630

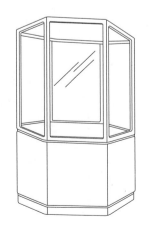

中心展柜
高2 100、宽1 000、深500

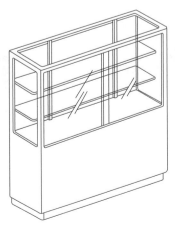

三面展示柜
高1 350～1 800、宽1 000、深600

书店展柜
高1 850、宽1 000、深300

商业家具设计

　　商业家具设计是室内设计的重要组成部分。商业家具包括商品销售设备及陈列、容纳设备等。商业家具设计的好坏，是决定商店经营取得本质上的经营合理化和效率化的因素之一。

　　商业家具包括：靠墙陈列柜、靠墙陈列架、靠墙挂架、中心售货柜、中心陈列架、中心陈列台、中心挂架、收款台、包装台等。

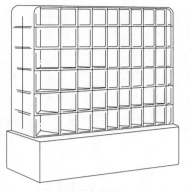

搁板藏书书柜
高1 525、宽1 525、深406

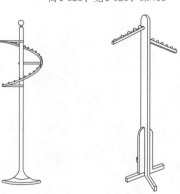

四向展架
（挂衣长度为2 235.2）
高1 520、宽1 500、深1 500

移动式镜
高163～183、宽500、深400

领带支架
高1 520、宽550、深550

皮带、领带或围巾支架
高1 630～1 830、宽600、深600

三面可视的展示柜
高2 200、宽1 600、深600

Z形展架
高1 520、宽1 200、深1 000

分格式服装挂架
高1 500、宽1 200、深500

手提包架
高1 630～1 830、宽1 650、深500

风车型衣架
高1 420、宽1 500、深1 500

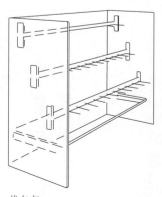

钱包架
高1 220、宽1 200～1 400、深600

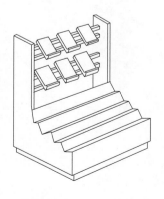

鞋陈列架
高1 300、宽1 000、深600

伞陈列架
高860、宽500、深500

书车
高900、宽800～1 000、深500

双柱双面钢制书架
高950、宽2 000、深450

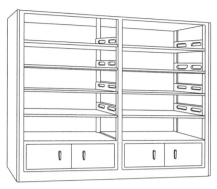

仓储式双柱双面书架
高950、宽2 000、深450

双柱过期存报架
高1 000、宽2 000、深800

书籍陈列架
高1 900～2 000、
宽1 200～1 400、深600

碟片架
高1 300、宽1 200、深500

服装百货、小件物品、
书籍、文具陈列架
高1 900～2 000、
宽1 200～1 400、深600

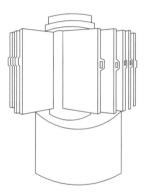

图片陈列架
高1 400～1 500、宽600、深600

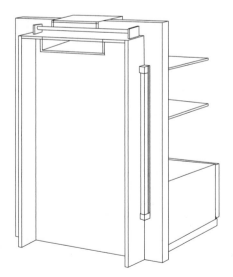

带柜双面展台
高2 200、宽1 600、深1 000

书梯
高1 400～1 500、宽500、深700

带柜双面展示柜
高2 000、宽2 000、深1 000

22
中国现代公用家具

有推拉玻璃门的壁柜
高2 000、宽1 200～1 400、深600

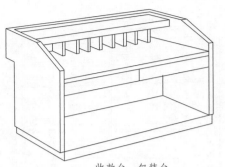

收款台、包装台
高900、宽1 200～1 400、深700

床上用品、服装、
书籍文具、办公用品陈列架
高1 000、宽1 100～1 300、深800

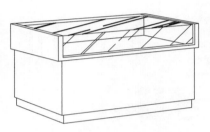

绸布店售货柜台
高900、宽1 200、深600

小件商品售货柜台
高900、宽1 200、深700

收款台、包装台
高850、宽1 200～1 300、深700

全视展柜
高970、宽1 220～1 780、深510

鞋包展台
高1 050、宽1 200、深400

收款台、包装台
高800、宽1 200～1 400、深700

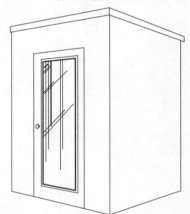

服装试衣室
高2 200、宽1 400、深2 000

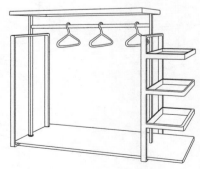

组合式服装架
高1 300、宽1 560、深640

支座式珠宝柜
高860、宽1 220～1 780、深510

收款台、包装台
高1 120、宽1 220～1 780、深610

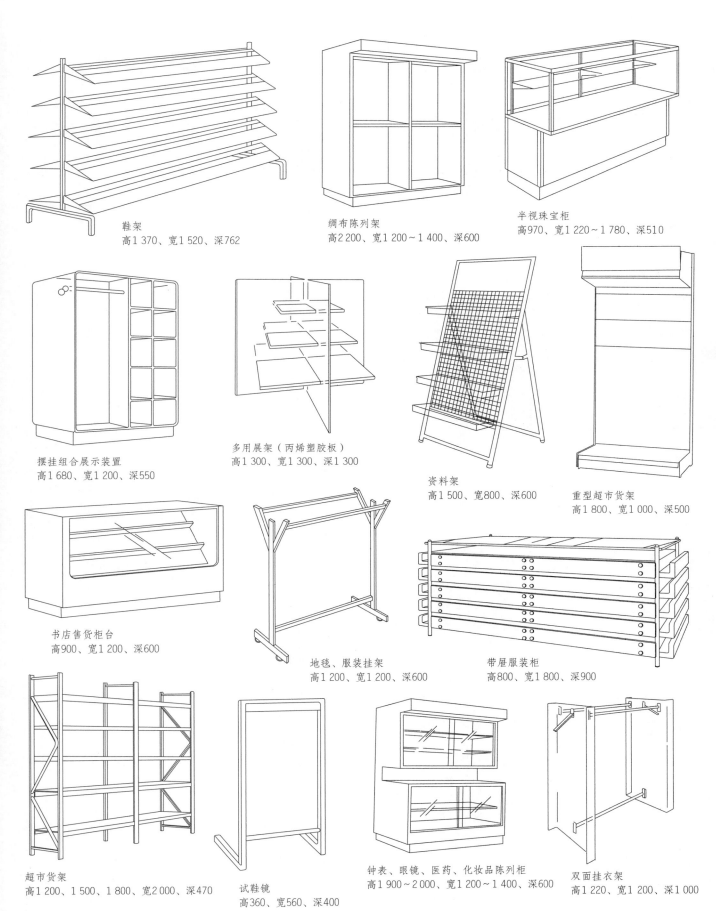

鞋架
高1 370、宽1 520、深762

绸布陈列架
高2 200、宽1 200~1 400、深600

半视珠宝柜
高970、宽1 220~1 780、深510

摆挂组合展示装置
高1 680、宽1 200、深550

多用展架（丙烯塑胶板）
高1 300、宽1 300、深1 300

资料架
高1 500、宽800、深600

重型超市货架
高1 800、宽1 000、深500

书店售货柜台
高900、宽1 200、深600

地毯、服装挂架
高1 200、宽1 200、深600

带屉服装柜
高800、宽1 800、深900

超市货架
高1 200、1 500、1 800、宽2 000、深470

试鞋镜
高360、宽560、深400

钟表、眼镜、医药、化妆品陈列柜
高1 900~2 000、宽1 200~1 400、深600

双面挂衣架
高1 220、宽1 200、深1 000

22

中国现代公用家具

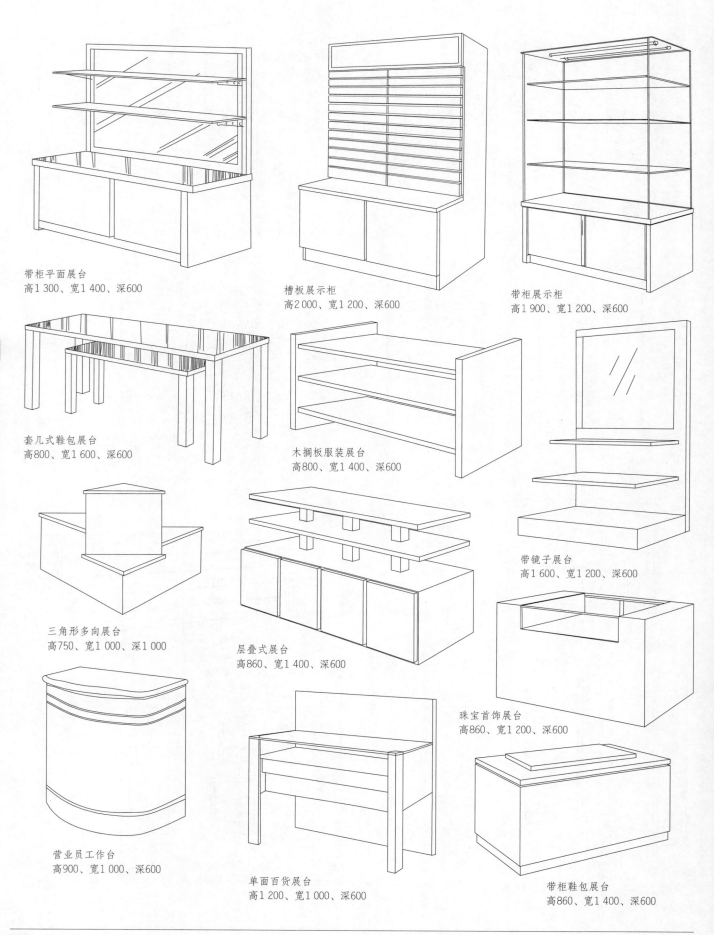

带柜平面展台
高1 300、宽1 400、深600

槽板展示柜
高2 000、宽1 200、深600

带柜展示柜
高1 900、宽1 200、深600

套几式鞋包展台
高800、宽1 600、深600

木搁板服装展台
高800、宽1 400、深600

带镜子展台
高1 600、宽1 200、深600

三角形多向展台
高750、宽1 000、深1 000

层叠式展台
高860、宽1 400、深600

珠宝首饰展台
高860、宽1 200、深600

营业员工作台
高900、宽1 000、深600

单面百货展台
高1 200、宽1 000、深600

带柜鞋包展台
高860、宽1 400、深600

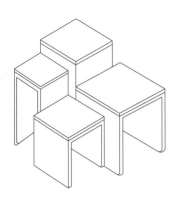

鞋包展台
高650～900、宽1 100、深900

服装架
高1 000、宽900、深600

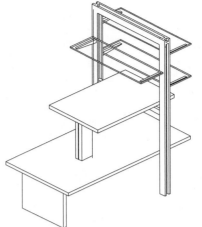

鞋包架
高1 300、宽1 200、深550

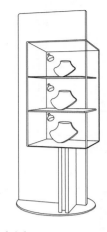

珠宝柜
高1 600、宽650、深600

摄影、医药、化妆品陈列柜
高1 900～2 000、宽1 200、深600

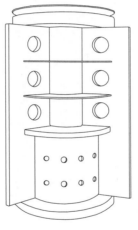

电器柜
高2 000、宽1 000、深800

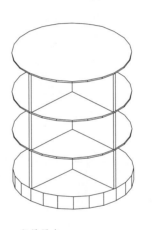

文具展台
高1 200、宽600、深600

化妆品架
高1 500、宽400、深600

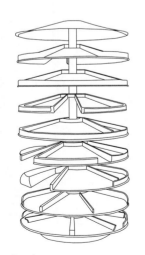

药品柜
高1 780、宽920、深920

药柜
高2 000、宽860、深800

手机柜
高1 800、宽540、深400

化妆品柜
高1 800、宽600、深600

鞋架
高1 630～1 830、
宽700、深700

22
中国现代公用家具

演讲台
高1 200、宽1 300、深710

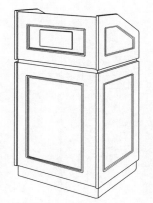

演讲台
高1 250、宽650、深550

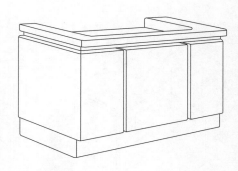

演讲台
高1 000、宽1 650、深700

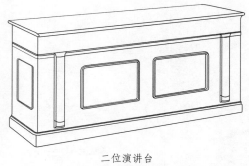

二位演讲台
高760、宽1 830、深700

二位书写桌椅
高820、宽1 110、深360

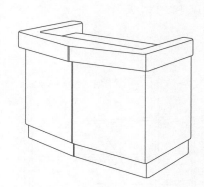

演讲台
高1 100、宽1 500、深620

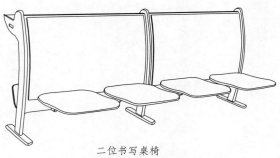

二位书写桌椅
高850、宽2 120、深350

二位会议桌
高750、宽1 100～1 200、深300

弧形会议桌
高750、宽3 200、深500

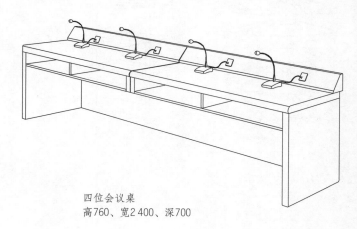

四位会议桌
高760、宽2 400、深700

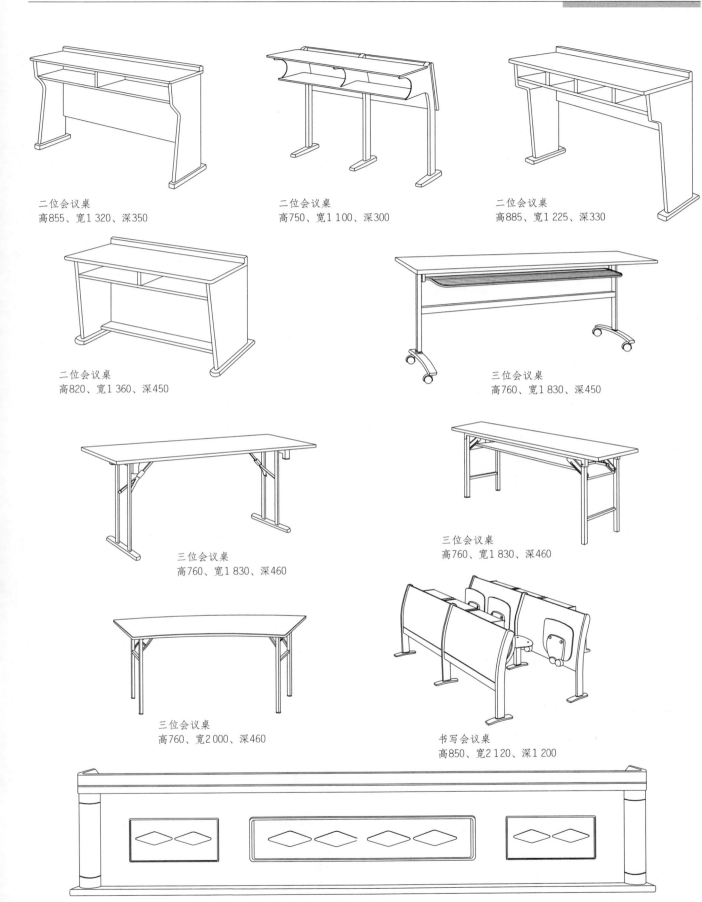

二位会议桌
高855、宽1 320、深350

二位会议桌
高750、宽1 100、深300

二位会议桌
高885、宽1 225、深330

二位会议桌
高820、宽1 360、深450

三位会议桌
高760、宽1 830、深450

三位会议桌
高760、宽1 830、深460

三位会议桌
高760、宽1 830、深460

三位会议桌
高760、宽2 000、深460

书写会议桌
高850、宽2 120、深1 200

主席台、演讲台
高760、宽3 000、深700

22
中国现代公用家具

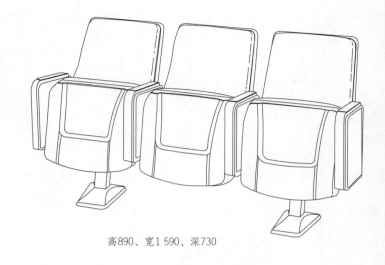

影剧院家具设计

影剧院家具主要包括影剧院门厅家具、休息厅家具、坐椅、后台工作家具、临时讲台桌、小卖部家具等品种。

影剧院坐椅设计首先应考虑到舒适性，使人不易疲劳，坐椅与坐椅之间应有良好的视线效果。坐椅应具有翻转构造，以便人们疏散。如有贵宾座，可将坐椅尺度放大一些，更强调舒适性要求。

后台工作家具主要有化妆桌、衣架、休息椅等。设计化妆台时，注意镜子应能转动，利于化妆。临时讲台桌设计要求简易大方，便于搬动，一般可用长茶几代替。

影剧院办公室的家具可按办公家具设计要求，小卖部的家具可按百货商店家具设计要求。

高890、宽1 590、深730

高1 100、宽1 120、深750

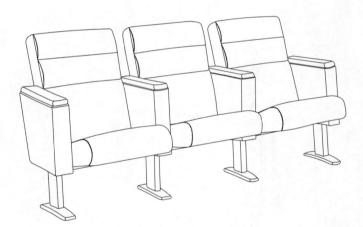

高970、宽1 740、深670

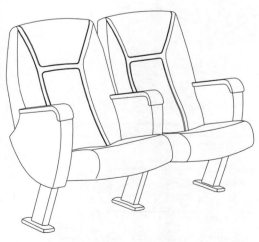

高980、宽1 120、深780

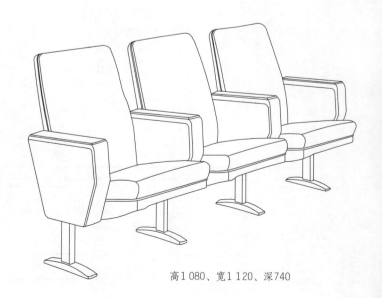

高1 080、宽1 120、深740

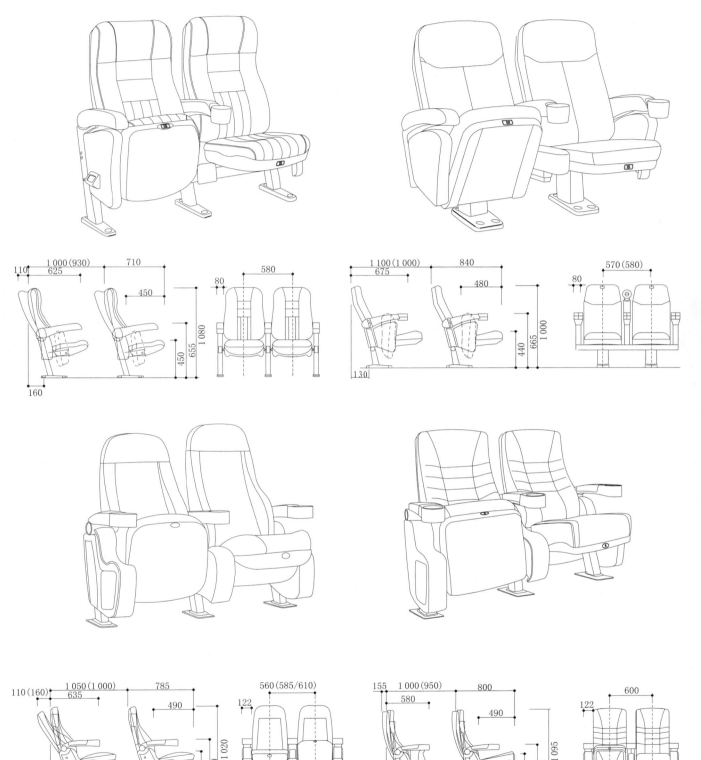

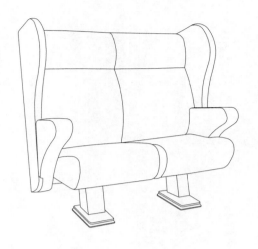

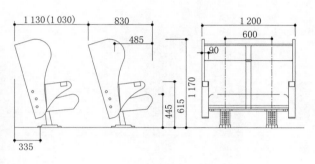

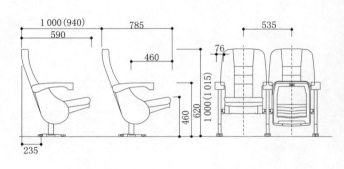

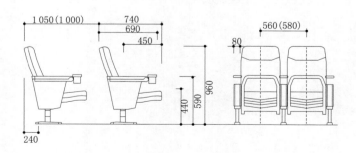

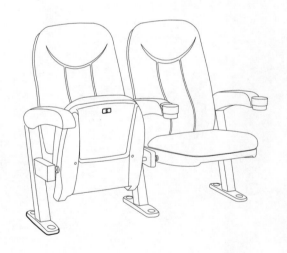

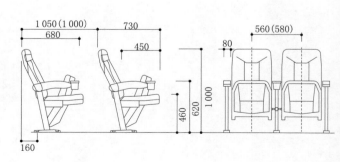

组合沙发

组合沙发是组合家具中的一个类别。它的特点是将单件沙发根据功能需要，有规律地排列和组合在一起，并根据设计要求改变组合方式，以适应实际要求。组合沙发可以同时具有几种不同的功能，如使用在会客室、卧室、休息室、会议室等，可使用固定式组合沙发，将两个或两个以上单件沙发与一个沙发桌组合在一起，造型别开生面，结构比较简单，使用也颇为方便。

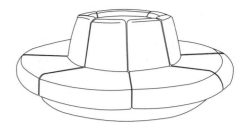

高730、宽1 960、深1 960

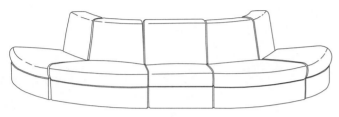

高890、宽2 800、深1 400

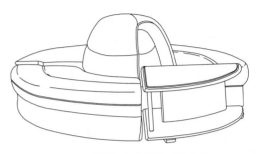

高730、宽1 900、深1 900

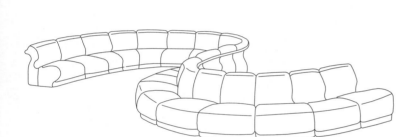

高730、宽4 500、深2 250

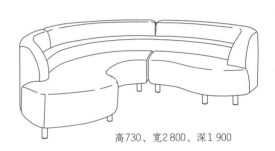

高730、宽2 800、深1 900

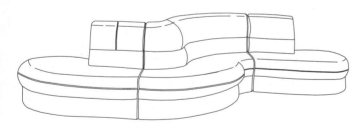

高720、宽3 100、深1 150

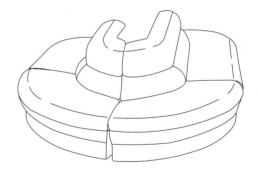

高720、宽2 730、深1 960

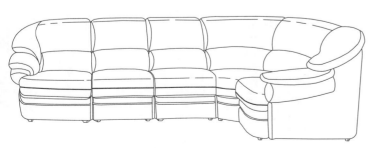

高840、宽3 420、深950

高730、宽3 000、深3 000

吧台家具设计

吧台是服务台的一种，是旅馆酒吧或咖啡厅内的核心服务设施。吧台的服务内容从调制花式香槟，加工冷热饮料，配制冷盆、糕点到供应苏打水，应有尽有。吧台的上翼台面兼作散席顾客放置酒具之用。

吧台的功能按延长面可划分为：加工区、贮藏区和清洗区。吧台上方应有集中照明，照度一般取100~150lx，照明灯具应有遮光措施，防止眩光。

吧台的尺寸根据酒吧或咖啡厅的规模而定，设计时应考虑避免光反射，便于辨别酒液纯度。应选择耐磨、抗冲击、易清洁的材料，台面颜色宜选深色。

前酒吧台
长6 000
高1 067
深635

电镀吧椅
高770、宽380、深380

电镀吧椅
高1 000、宽380、深380

旋转电镀吧椅
高760、宽380、深380

木制吧椅
高850、宽380、深380

电镀吧椅
高760、宽380、深380

电镀吧椅
高850、宽380、深380

电镀吧椅
高1 000、宽370、深370

电镀吧椅
高750、宽380、深380

电镀吧椅
高770、宽380、深380

电镀吧椅
高760、宽380、深380

电镀吧椅
高760、宽380、深380

电镀吧椅
高760、宽380、深380

旋转电镀吧椅
高760、宽380、深380

咖啡吧桌椅布置

咖啡吧家具

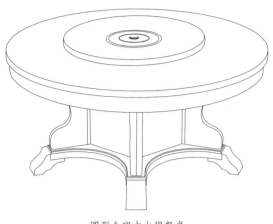

圆形全实木火锅餐桌
直径2 000、高760

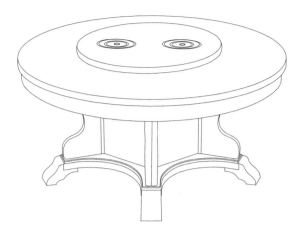

圆形全实木火锅餐桌
直径2 000、高760

圆形全实木火锅餐桌
直径2 500、高800

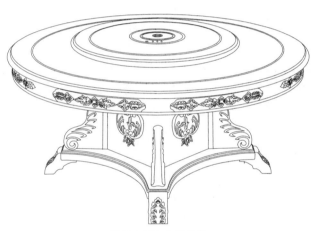

圆形全实木火锅餐桌
直径2 500、高800

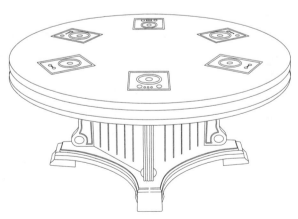

圆形全实木分餐火锅桌
直径2 000、高800

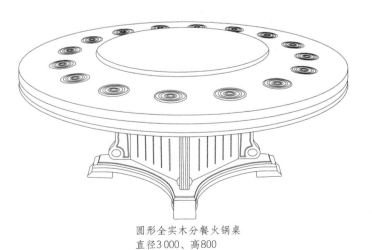

圆形全实木分餐火锅桌
直径3 000、高800

长方形火锅桌
高760、宽1 200、深1 500

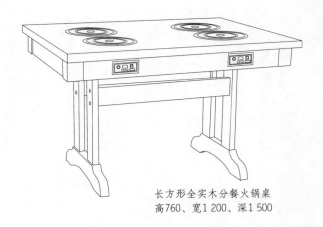

长方形全实木分餐火锅桌
高760、宽1 200、深1 500

圆形火锅桌
直径1 350、高760

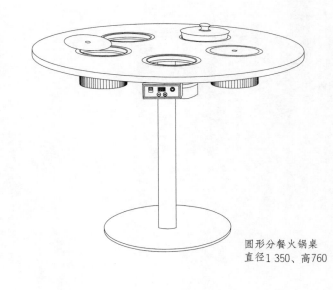

圆形分餐火锅桌
直径1 350、高760

不锈钢桌架、玻璃桌面
隐藏式分餐火锅桌
直径1 500、高760

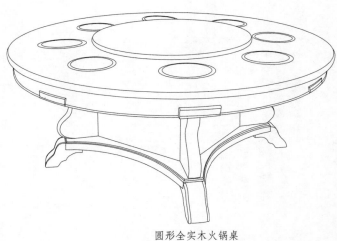

圆形全实木火锅桌
直径1 800、高760

宾馆家具设计

　　宾馆家具主要包括宾馆门厅家具、客房家具、餐厅家具、休闲娱乐家具等。

　　宾馆门厅家具主要有服务台、值班台、等候沙发等。门厅家具的服务台设计应考虑宾馆门厅的各种功能，等候沙发以低靠背为宜，而且能自由组合为主。如果门厅还附带商务功能，如旅行社、精品店和电话厅等，设计时不要忽略。

　　客房家具主要有床、床头柜、梳妆台、矮柜、嵌入式衣柜、沙发、茶几、花架等。设计时应注重人体的使用功能，应尽量满足使用舒适度的要求，家具一般应趋于简洁，便于卫生整理。

　　宾馆床的底部设计以便于卫生整理为宜，床头柜的设计应考虑各种电器开关的设置，矮柜和梳妆柜的设计可与墙固定，也可独立设计，但风格格调应和室内的整体风格一致。沙发和茶几应根据宾馆的等级选用。

　　宾馆餐厅家具主要有餐桌、餐椅、陈列柜、食品器皿柜、活动推车等。设计时应该根据餐厅的种类、等级进行设计，家具的风格和室内应保持统一。

　　宾馆休闲娱乐家具的种类和宾馆设置的娱乐服务品种有关，也和宾馆的星级有关，不同星级的宾馆服务都不太一样，应根据星级的具体要求进行设计。

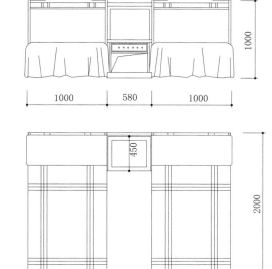

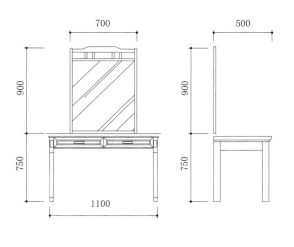

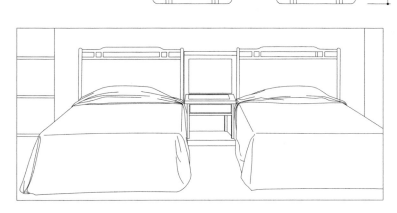

宾馆大堂沙发

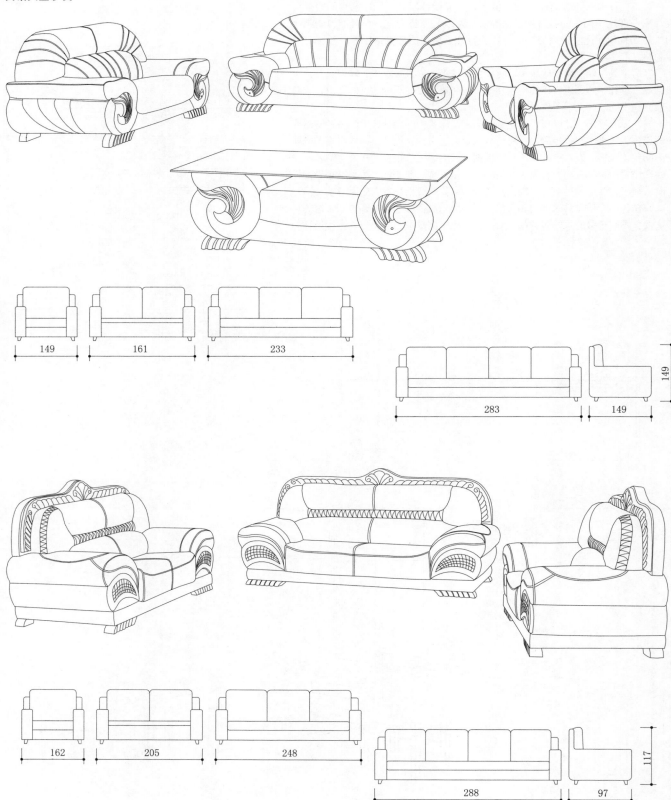

演讲台
高1 180、宽720、深560

演讲台
高1 180、宽650、深550

演讲台
（美国红桃饰面）
高1 200、宽716、深515

演讲/咨客台
高1 190、宽740、深470

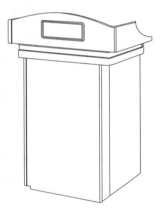

演讲台
高1 200、宽716、深515

演讲台（里面）
高1 180、宽720、深560

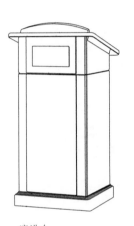

演讲台
高1 250、宽650、深550

演讲台
高1 200、宽716、深515

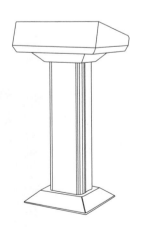

演讲/咨客台
高1 080、宽620、深420

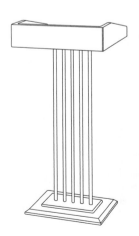

演讲台
高1 150、宽500、深400

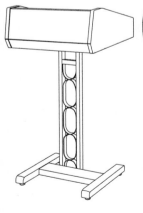

演讲台
高1 180、宽520、深580

演讲台
高1 180、宽600、深550

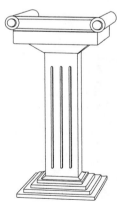

演讲/咨客台
高1 160、宽620、深420

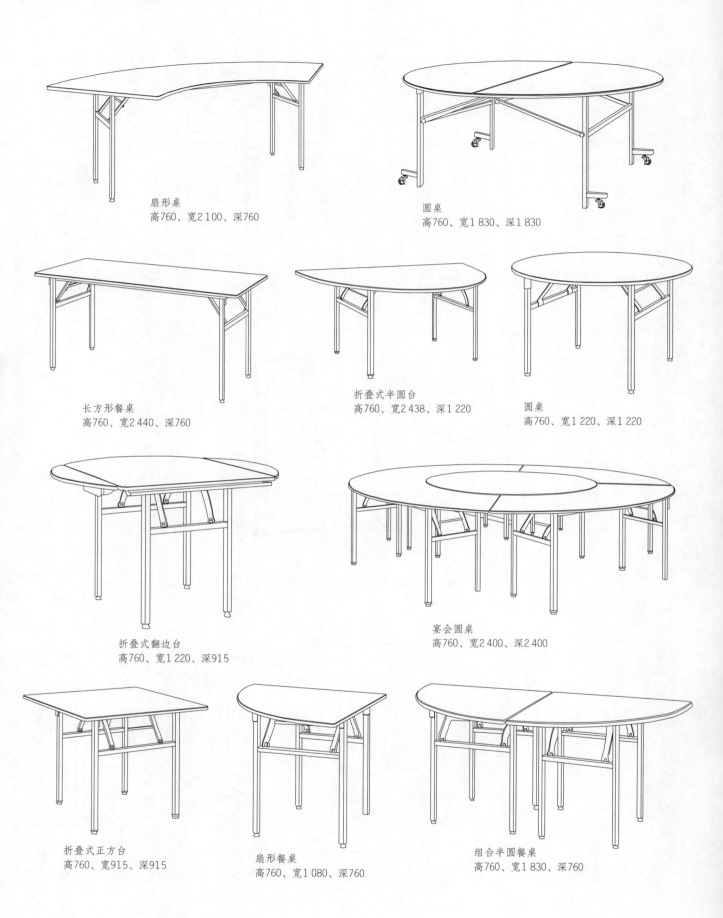

扇形桌
高760、宽2 100、深760

圆桌
高760、宽1 830、深1 830

长方形餐桌
高760、宽2 440、深760

折叠式半圆台
高760、宽2 438、深1 220

圆桌
高760、宽1 220、深1 220

折叠式翻边台
高760、宽1 220、深915

宴会圆桌
高760、宽2 400、深2 400

折叠式正方台
高760、宽915、深915

扇形餐桌
高760、宽1 080、深760

组合半圆餐桌
高760、宽1 830、深760

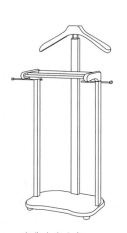

豪华套房衣架
高1 160、宽440、深350

衣架
高1 200、宽330、深330

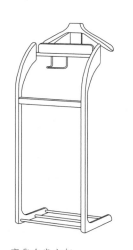

豪华套房衣架
高1 160、宽440、深350

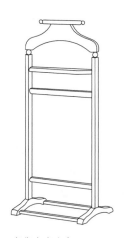

豪华套房衣架
高1 160、宽480、深350

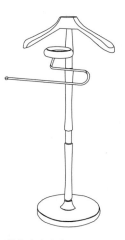

豪华套房衣架
高1 160、宽320、深320

豪华套房衣架
高1 050、宽320、深320

豪华套房衣架
高1 160、宽440、深350

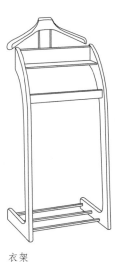

衣架
高1 200、宽450、深360

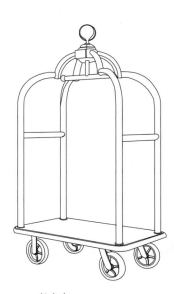

行李车
高1 920、宽1 240、深640

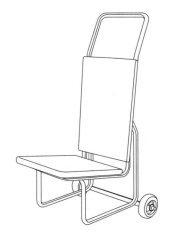

运椅车
高1 190、宽390、深620

行李车
高1 880、宽1 240、深640

高低手推行李车（可拆装）
高800、宽1 400、深640

流动酒吧
高1 140、宽1 080、深600

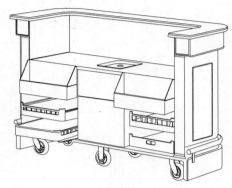

流动酒吧
高1 260、宽1 950、深770

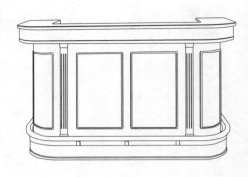

酒水车
高1 210、宽1 900、深780

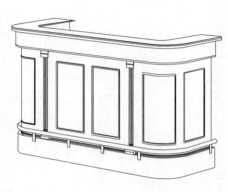

流动酒吧
高1 260、宽1 950、深780

流动酒吧
高1 140、宽1 080、深600

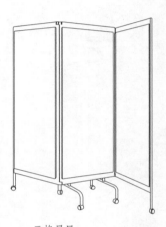

三格屏风
高1 790、宽1 840、深520

服务车
高800、宽1 200、深500

服务车
高820、宽900、深500

服务台
高1 370、宽1 000、深550

22
中国现代公用家具

专业宴会椅
高950、宽450、深520

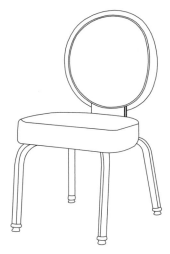

专业宴会椅
高930、宽460、深530

儿童餐椅
高930、宽460、深495

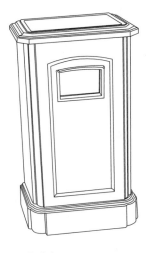

酒水车
高820、宽1 200、深655

烟灰桶
高760、宽400、深310

指示牌
高1 110、宽600、深420

转盘运输车
高1 200、宽1 200、深800

酒水车
高1 050、宽970、深500

灯箱
高1 050、宽1 200、深900

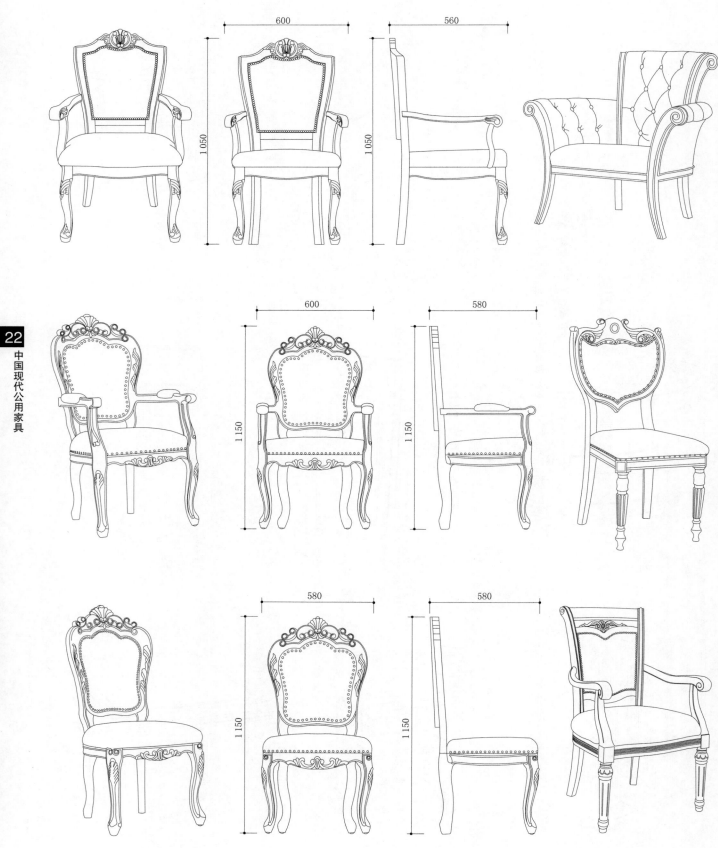

650

580

1 100

1 100

570

570

670

670

760

580

1 180

1 180

670

670

620

620

圆桌规格及座位布置

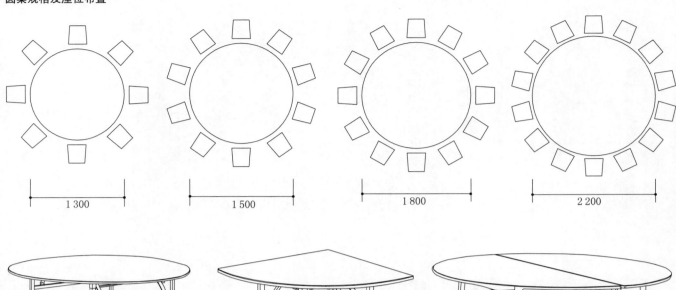

1 300	1 500	1 800	2 200

圆桌
高760、宽1 220/1 520/1 830、
深1 220/1 520/1 830

1/4圆餐桌
高760、宽1 074/1 294、深960/915

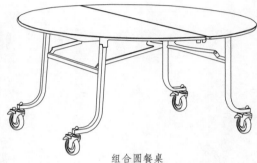

组合圆餐桌
高760、宽1 520/1 830、深760

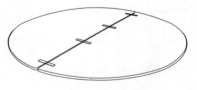

圆台面
高20、宽1 830/2 134/2 438、
深1 830/2 134/2 438

半圆餐桌
高760、宽1 520/1 830、深760/915

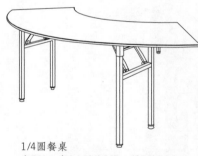

1/4圆餐桌
高760、宽2 139/2 567、深760/915

折面圆餐桌
高760、宽1 220、深915

长方餐桌
高760、宽1 830、
深455/760/915

方形餐桌
高760、宽760/915、深760/915

麻将机桌

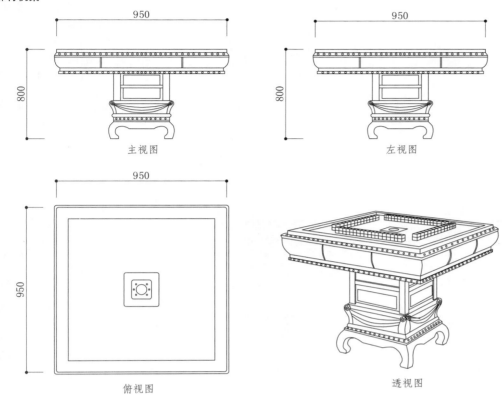

主视图

800

950

左视图

800

950

俯视图

950

950

透视图

950×950×800

全自动麻将机已被广泛应用于家庭、宾馆、饭店、茶楼、棋牌室以及各种高档休闲娱乐场所。

全自动麻将机操作简单，故障自排：采用单口进牌、砌牌、四方联动的方式上牌，具有低故障、洗牌快等优点，一般故障均能自动排除。

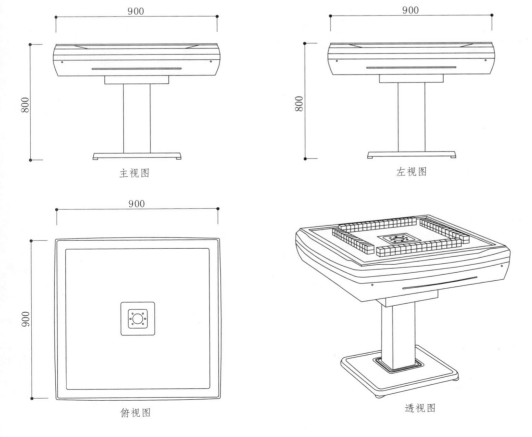

主视图

800

900

左视图

800

900

俯视图

900

900

透视图

全自动麻将机采用先进的全数字化控制系统，通过集成电路控制系统，通过推牌器向四个方向的环流运作和凸轮机构的巧妙配合，实现洗牌、砌牌、理牌和检测功能，具有高灵敏、低差错、码牌速度快、动作噪声低等特点，是目前麻将娱乐场所采用的主流机型。

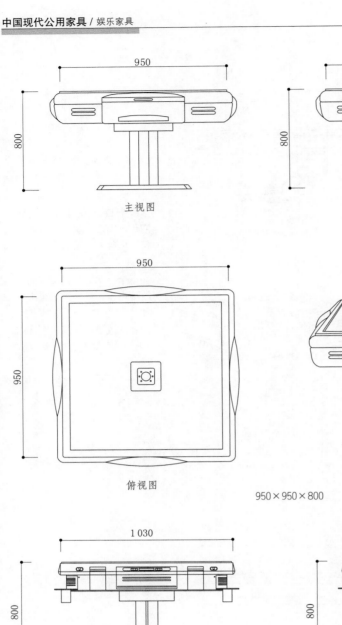

950

800

主视图

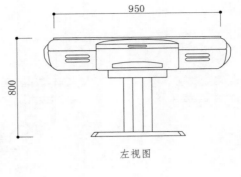

950

透视图

950

950

俯视图

950×950×800

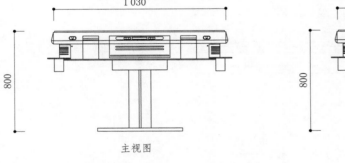

1 030

800

主视图

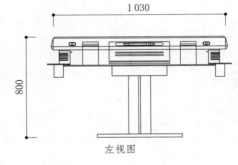

1 030

800

左视图

左视图

950

800

降低噪声技术。设计精

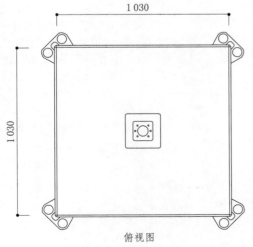

1 030

1 030

俯视图

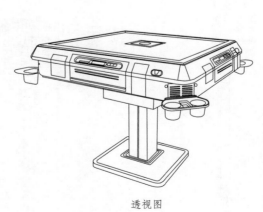

透视图

1 030×1 030×800

产品技术特点

① 麻将机电脑智能化是机械与电子技术的完美结合。它具有链条倒转、输送带倒转、大洗盘倒转、记忆功能，还包括电脑程序单步测试、牌位居中、自检自修等功能，运转过程中不卡牌、无故障。

② 高速洗牌、上牌。机器采用单口进牌、叠牌、四方联动升牌，洗牌时无脱牌暂停现象，机头推牌频率高，从而使洗牌上牌速度大大加快，全过程仅需60~70s。

③ 降低噪声技术。设计精密度高，采用防潮、吸尘、消声材料作底布，内置隔音板，机器运转时噪声低，使玩牌者轻松舒适，健康娱乐。

④ 绿色保健功能。高效保健磁石精制的麻将牌加上整机用材和大小尺寸的科学合理化，促使玩牌者在娱乐时，手指、手臂和腰部同时接受着保健磁疗。

⑤ 语音功能（可选择安装）。所有的功能都有语音提示，由传统的麻将机变成会说话的多功能机器。

⑥ 烛光功能（可选择安装）。在光线不足的情况下，也能够清楚地看见桌面上的麻将牌，可避免因光线不足而影响玩牌者的视线。

KTV包房以唱歌为主，除了具备电视机、点唱机、音响设备以外，房内沙发家具尤为重要。

大多数KTV包房内都布置不同组合形式的转角沙发、茶几和坐凳。坐位按房间面积和人数而定。沙发的包裹面以牛皮为主。

KTV包房的装饰和皮沙发色彩应因地制宜设计，寒冷的北方以暖色调为主，而南方则以中性一些的色调为宜。

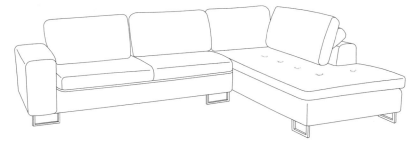

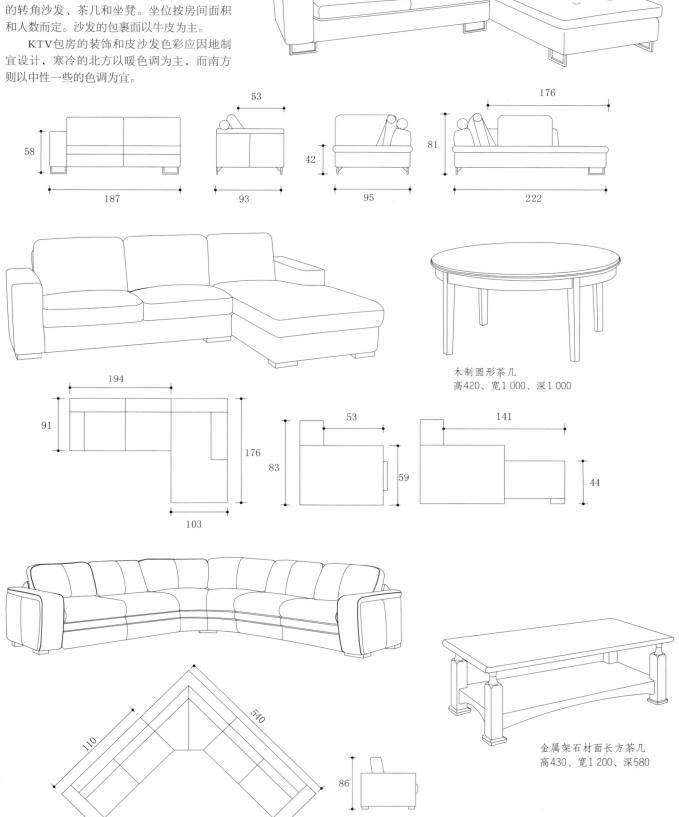

木制圆形茶几
高420、宽1 000、深1 000

金属架石材面长方茶几
高430、宽1 200、深580

22
中国现代公用家具

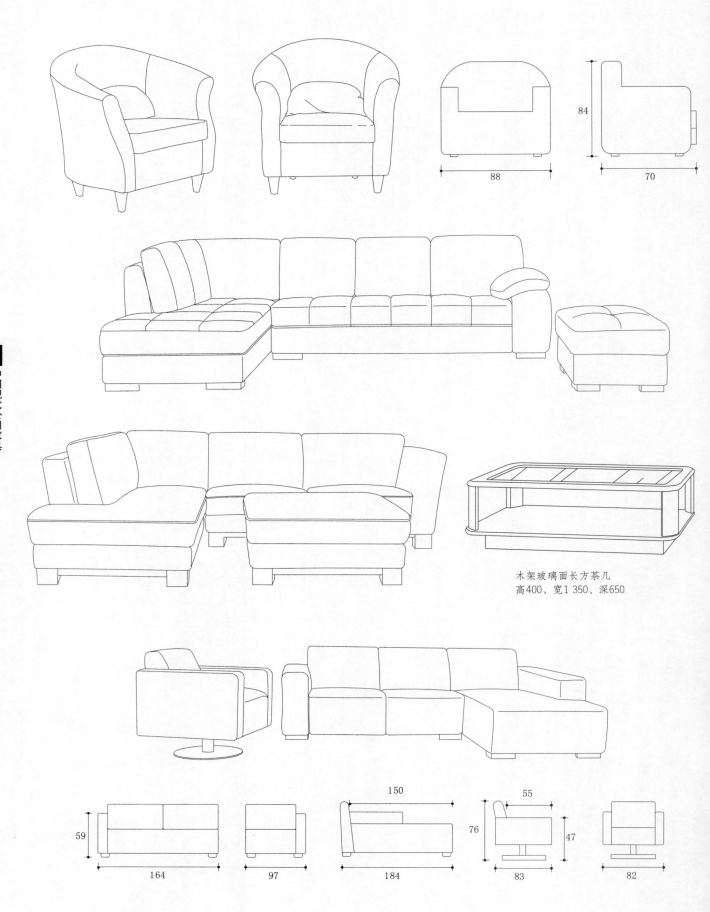

84

88

70

木架玻璃面长方茶几
高400、宽1 350、深650

150

55

59

76

47

164

97

184

83

82

22
中国现代公用家具

医院家具设计

医院家具包括面较广，各科室家具均有其各自的特点。

医院门厅家具有候诊椅、休息坐椅、问询台、挂号桌椅、病历卡存放柜等，设计时应结合医院的规模大小合理选用。候诊坐椅倾斜角度不宜太大，一般在92°左右为宜，问询台规格尺度既要考虑到使用功能需要，又要符合卫生要求。病历卡存放柜可采用开放式的排列，也可采用抽屉式排列。

内外科家具设计应考虑到小巧多用，节约面积为主。内外科门诊病人较多，一位医生的诊室面积为8~10m²，两位医生的诊室面积为12~15m²。

中医门诊的家具应根据不同的需要设计不同家具产品，一般有床、椅、推拿床、按摩床、气功椅、正骨手术凳等品种。

妇产科、儿科家具设计要考虑到孕妇行动不便，小孩不能自理的特点，应着重在舒适感上加以设计。小孩的检查床要适宜卧躺，利于家长扶抱，所以高度一般为400mm左右，长度在1 200~1 500mm之间。

五官科包含眼科、口腔科、耳鼻喉科等，各科家具应结合不同的使用需要进行功能区的安排和设计。

档案柜

治疗台
高780、宽600、深450

矫形台
高800、宽1 200、深600

耳鼻喉科操作椅（五官椅）

接待台

滑动档案柜

电检椅

登记台
高1 050、宽4 000、深600

扶栏梯
高1 500、宽3 000、深800

便器架
高1 300、宽1 500、深450

充气采血椅

中药柜
高1 800、宽1 000、深600

药房可分为中药房、西药房和综合性药房。中药房一般有中药原材料药库与堆晒场、整理加工室、制作室、包装室、煎药室、成药库和调剂发药室等；西药房一般有调剂室、分析室、分装室、制剂室、药库等；综合性药房主要考虑将中西药存放合理分开，大型药库可用密集移动药柜存放。因此，药房家具应该根据药房的性质进行合理设计。

移动式储物架：为成品，可作药品、器械、敷料储藏架，也可为储藏柜。移动方式有电动、手动两种，可密集布置，节约空间，又能做到密闭和安全。该架自重大，宜在底层布置。架数、排数可按实际需要选用。

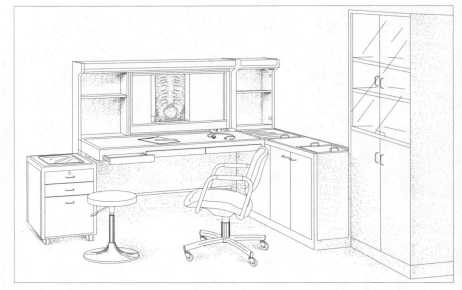

医院家具效果图

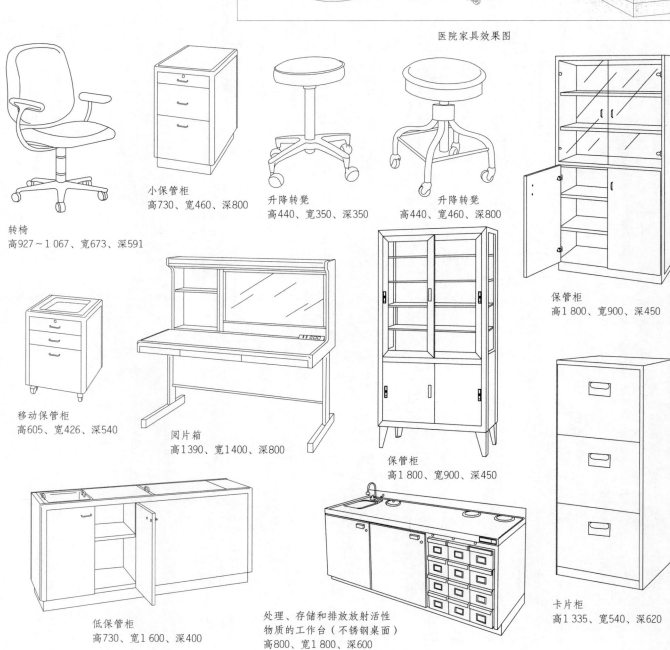

转椅
高927~1 067、宽673、深591

小保管柜
高730、宽460、深800

升降转凳
高440、宽350、深350

升降转凳
高440、宽460、深800

保管柜
高1 800、宽900、深450

移动保管柜
高605、宽426、深540

阅片箱
高1390、宽1400、深800

保管柜
高1 800、宽900、深450

低保管柜
高730、宽1 600、深400

处理、存储和排放放射活性
物质的工作台（不锈钢桌面）
高800、宽1 800、深600

卡片柜
高1 335、宽540、深620

电动护理床
高480、宽2 080、深950

电动护理床
高430、宽2 080、深950

单摇木板床
高580、宽2 080、深950

双摇木板床
高580、宽2 080、深950

单摇木板床
高680、宽2 080、深950

双摇带便孔木板床
高580、宽2 080、深950

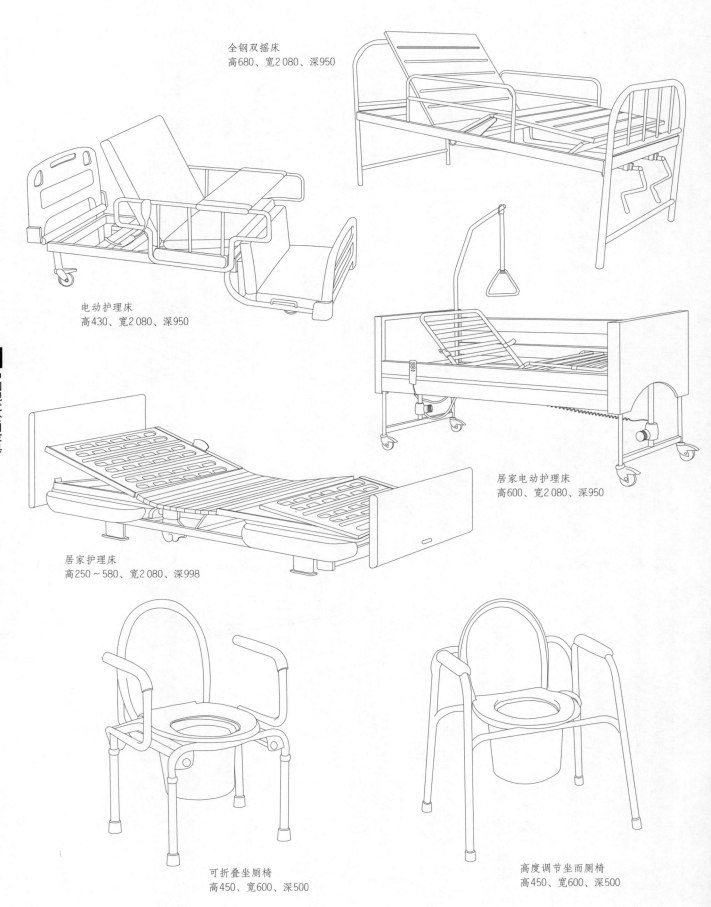

全钢双摇床
高680、宽2 080、深950

电动护理床
高430、宽2 080、深950

居家电动护理床
高600、宽2 080、深950

居家护理床
高250～580、宽2 080、深998

可折叠坐厕椅
高450、宽600、深500

高度调节坐而厕椅
高450、宽600、深500

医院输液椅

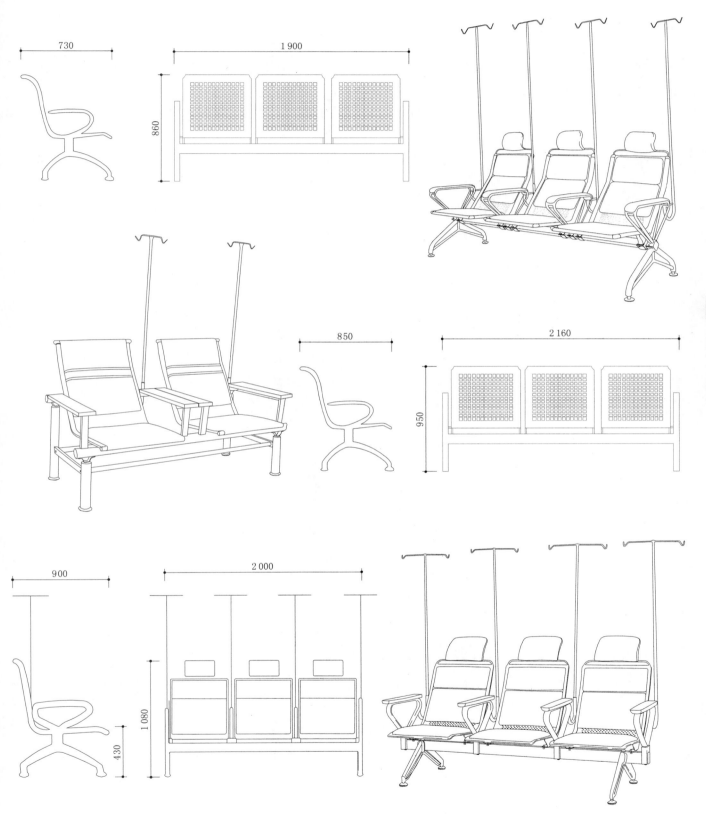

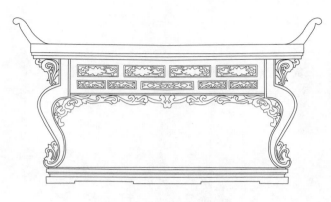

清式夔龙纹红漆雕花描金翘头供桌
高1400、宽2500、深800

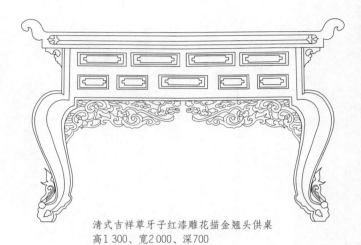

清式吉祥草牙子红漆雕花描金翘头供桌
高1300、宽2000、深700

供桌侧视图

清式狮纹红漆雕花描金翘头供桌
高1550、宽2600、深900

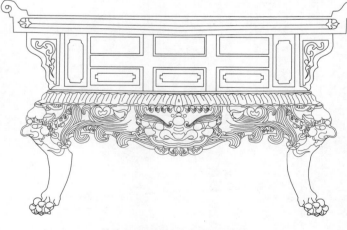

清式狮纹红漆雕花描金翘头供桌
高1600、宽2600、深900

清式吉祥草牙子红漆雕花描金翘头供桌
高1350、宽2060、深750

明式柴木云纹红漆供桌
高640、宽835、深445

红漆描金功德箱
高880、宽700、深360

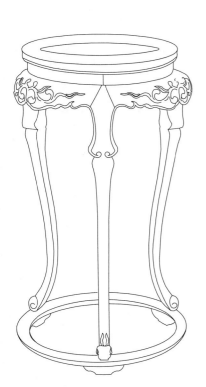

明式黄花梨卷草纹三足香几
高890、宽430、深430

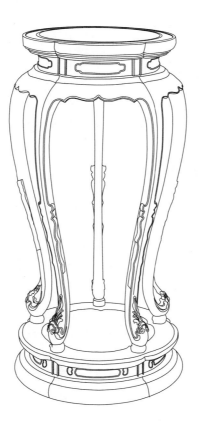

明式红漆嵌珐琅面梅花式香几
高880、宽385、深385

明式黄花梨荷叶式六足香几
高730、宽505、深395

22
中国现代公用家具

法官椅
高1 620、宽640、深560

法官椅
高1 600、宽650、深570

法官椅
高1 610、宽640、深560

法官椅
高1 620、宽580、深570

书记椅
高1 000、宽610、深590

公诉人椅
高1 100、宽610、深590

公诉人椅
高1 100、宽610、深590

法官椅
高1 630、宽640、深560

办公椅
高870、宽610、深590

办公椅
高870、宽620、深610

办公椅
高960、宽610、深590

办公椅
高990、宽600、深580

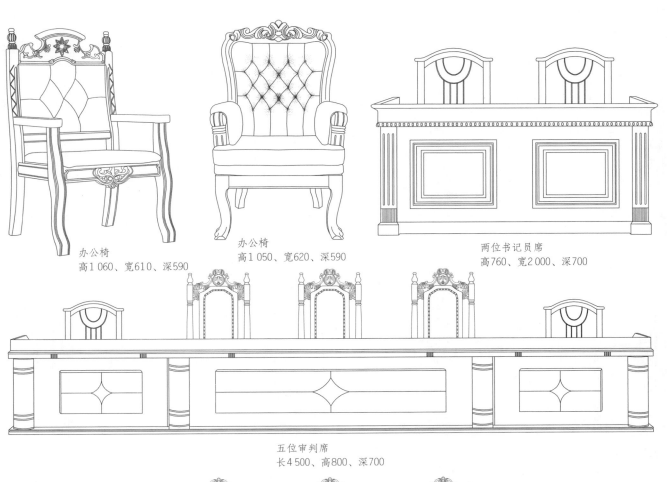

办公椅
高1 060、宽610、深590

办公椅
高1 050、宽620、深590

两位书记员席
高760、宽2 000、深700

五位审判席
长4 500、高800、深700

五位审判席
高800、长4 500、深700

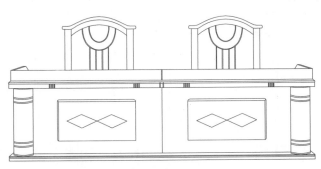

两位书记员席
高760、宽2 000、深700

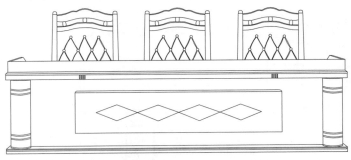

三位辩护席、公诉席
高760、长3 000、深700

学生公寓家具设计

学生公寓家具主要有学生宿舍家具、休闲娱乐家具以及公寓门厅家具。

最具有特色的家具应该为学生宿舍家具，宿舍家具主要有床、写字桌、椅和储藏柜或书柜。家具设计时要考虑学生的特点，满足现代大学生学习、休息的需要。

学生公寓门厅是进入学生公寓的过渡空间，其家具主要有接待台、等候椅和值班台等，家具设计根据其活动特点而进行设计。

休闲娱乐家具主要为报刊室家具、舞厅家具、活动室家具和多功能厅家具，这些家具在前述或者后述的家具中均有叙述。

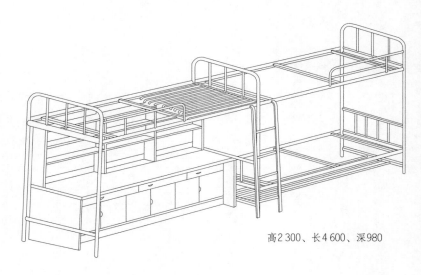

高2 300、长4 600、深980

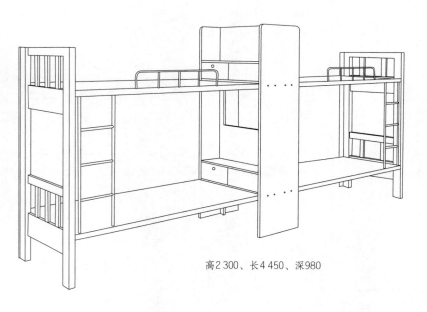

高2 300、长4 450、深980

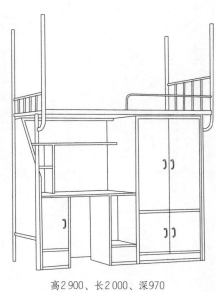

高2 900、长2 000、深970

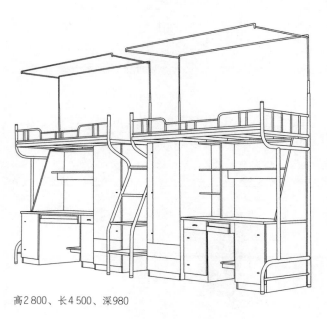

高2 800、长4 500、深980

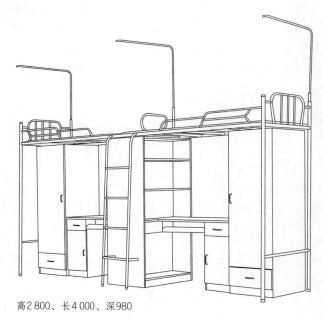

高2 800、长4 000、深980

…

支架式双人床组合形式
通常尺寸：2 050×1 420×950

候客家具设计

　　候客家具是指用在银行、办事处、候机厅、候客室、候船室、候诊室等场所的公用椅子及茶几，是为等候的客人和就诊的人使用的家具。

　　候客室的椅子、茶几应讲究外型美观，牢固、耐用，容易清洁保养，固定座位等原则。所以多数椅子及茶几都用金属、塑料和实木制成，少数用层压夹板或软包制成，一般都是组合成排椅形式，很少是单件的。

　　候客家具有"充满爱意"的设计，丰富明亮的色彩，组合成多元化的元素，这些元素生成一种和谐、轻松、惬意的公共环境。

高820、宽1 450、深530

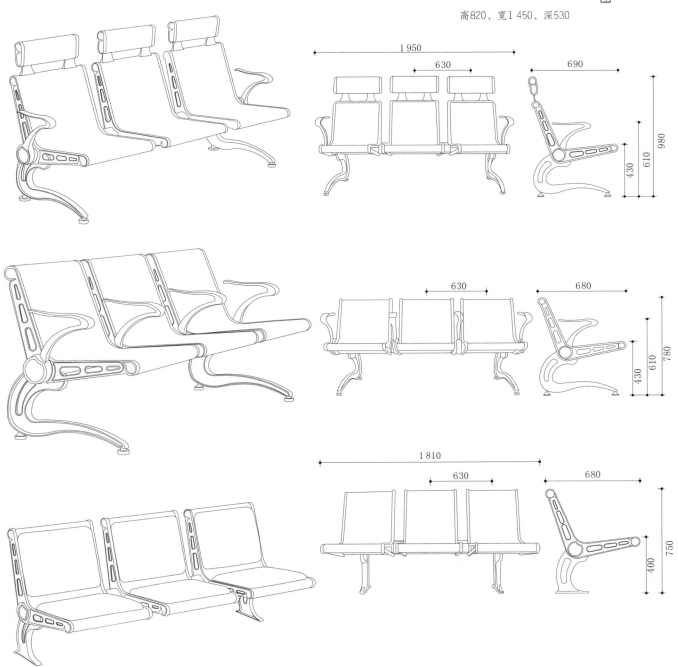

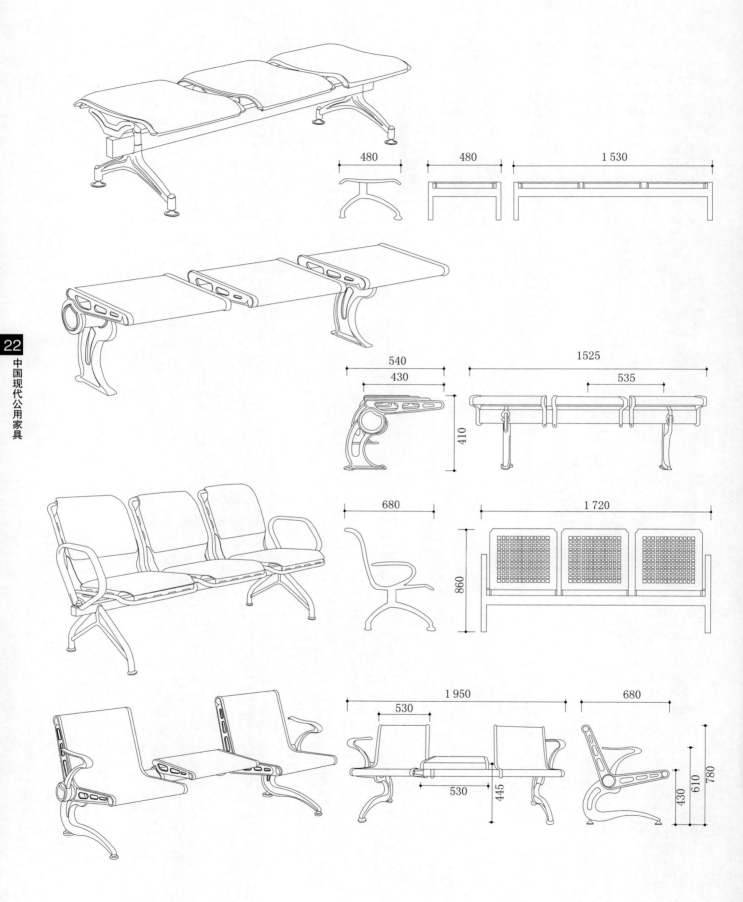

480　　480　　1 530

540　　430　　1525　　535　　410

680　　1 720　　860

1 950　　530　　680　　530　　445　　610　　780　　430

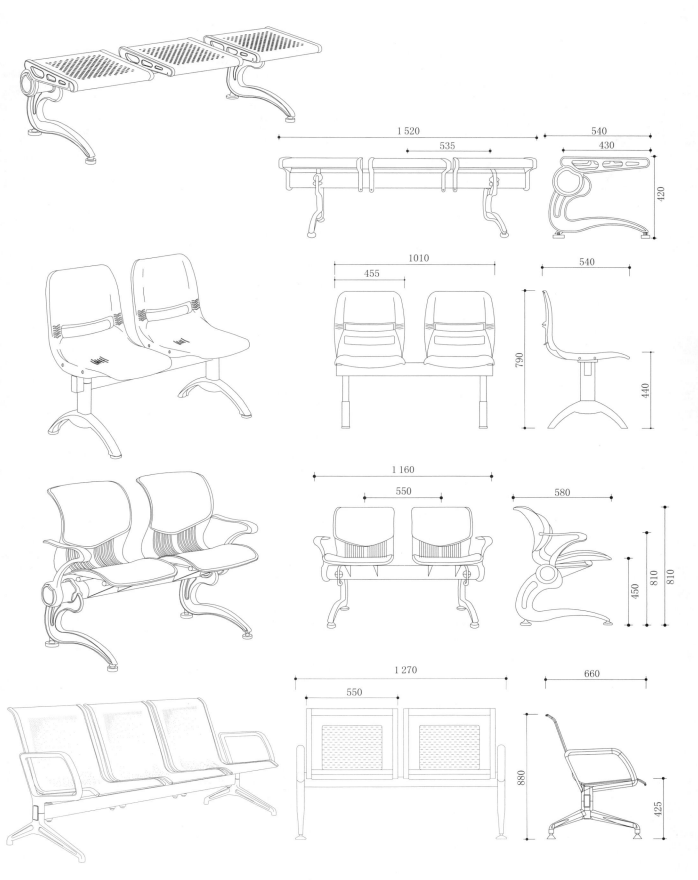

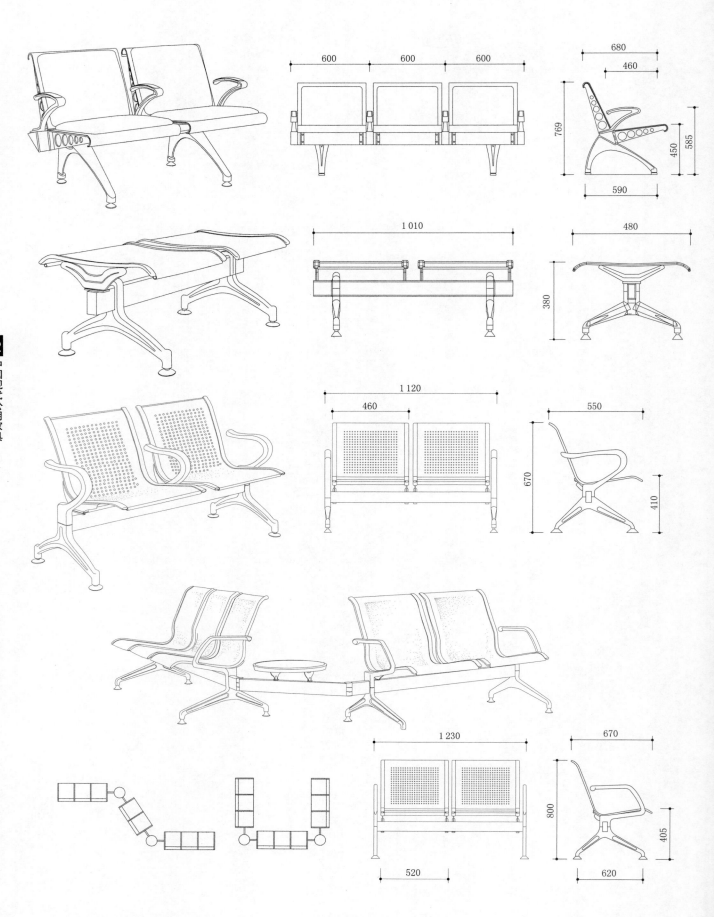

办公椅图解

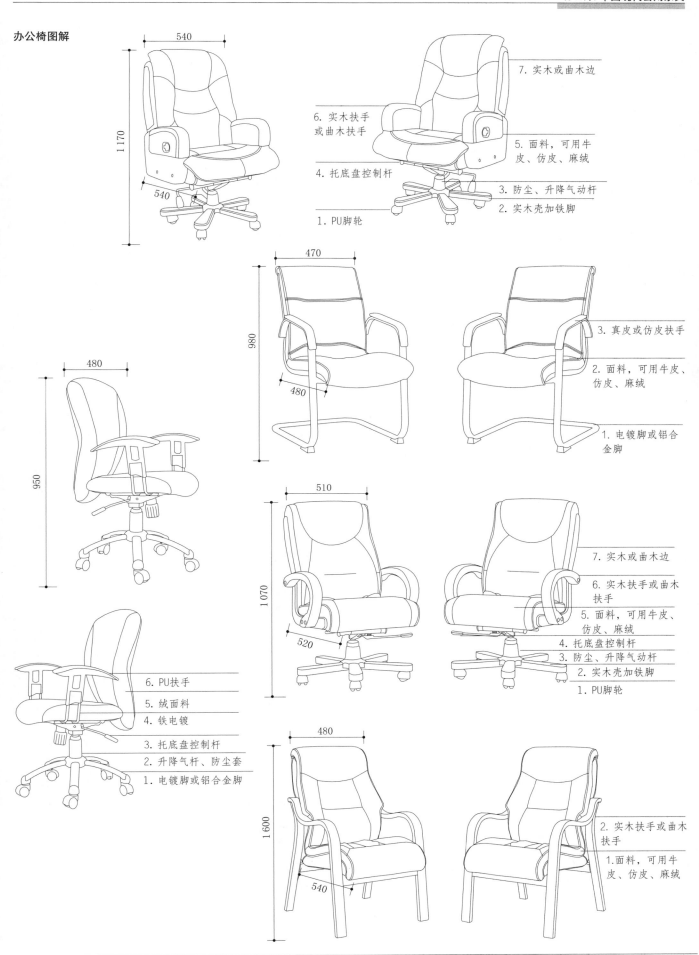

540

1 170

540

7. 实木或曲木边

6. 实木扶手
或曲木扶手

5. 面料，可用牛
皮、仿皮、麻绒

4. 托底盘控制杆

3. 防尘、升降气动杆

2. 实木壳加铁脚

1. PU脚轮

470

980

480

3. 真皮或仿皮扶手

2. 面料，可用牛皮、
仿皮、麻绒

1. 电镀脚或铝合
金脚

480

950

510

1 070

520

7. 实木或曲木边

6. 实木扶手或曲木
扶手

5. 面料，可用牛皮、
仿皮、麻绒

4. 托底盘控制杆

3. 防尘、升降气动杆

2. 实木壳加铁脚

1. PU脚轮

6. PU扶手

5. 绒面料

4. 铁电镀

3. 托底盘控制杆

2. 升降气杆、防尘套

1. 电镀脚或铝合金脚

480

1 600

540

2. 实木扶手或曲木
扶手

1. 面料，可用牛
皮、仿皮、麻绒

办公转椅

570

1 290

670

1 290

高1 250、宽590、深660

6 00

1 210

6 50

1 200

高1 260、宽660、深670

高1 230、宽660、深640   高1 250、宽660、深670   高1 230、宽650、深660   高1 240、宽650、深640

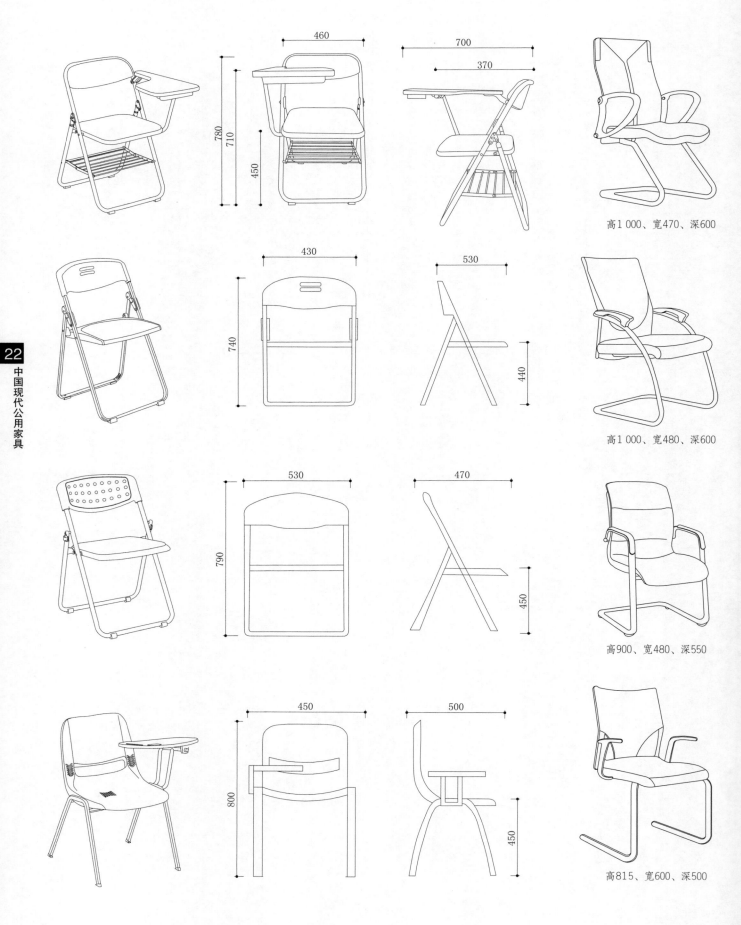

高1 000、宽470、深600

高1 000、宽480、深600

高900、宽480、深550

高815、宽600、深500

高1 000、宽480、深600

高770、宽490、深550

高820、宽470、深500

高780、宽615、深500

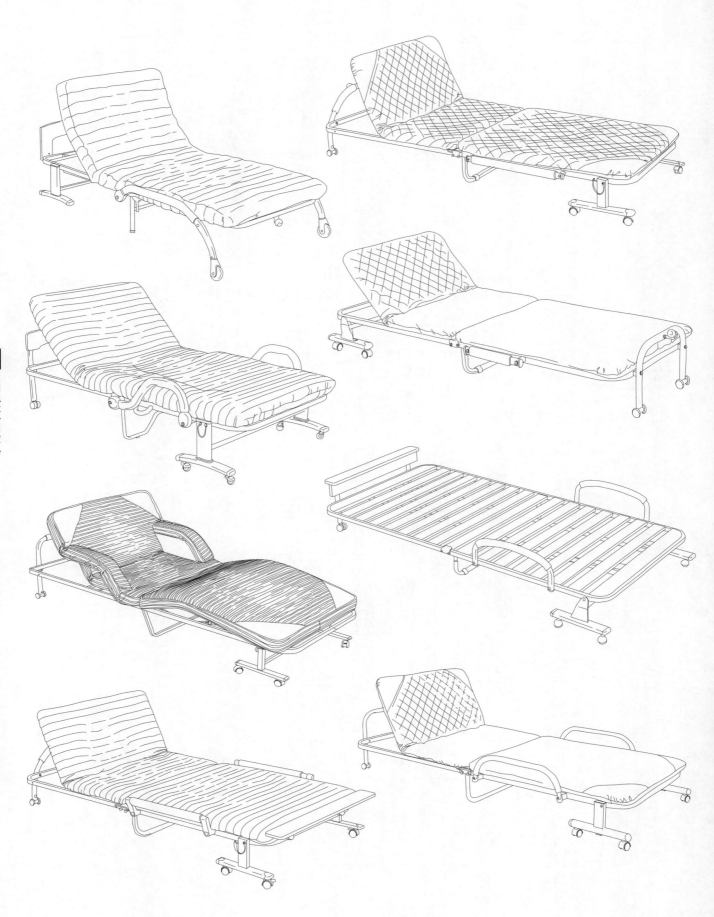

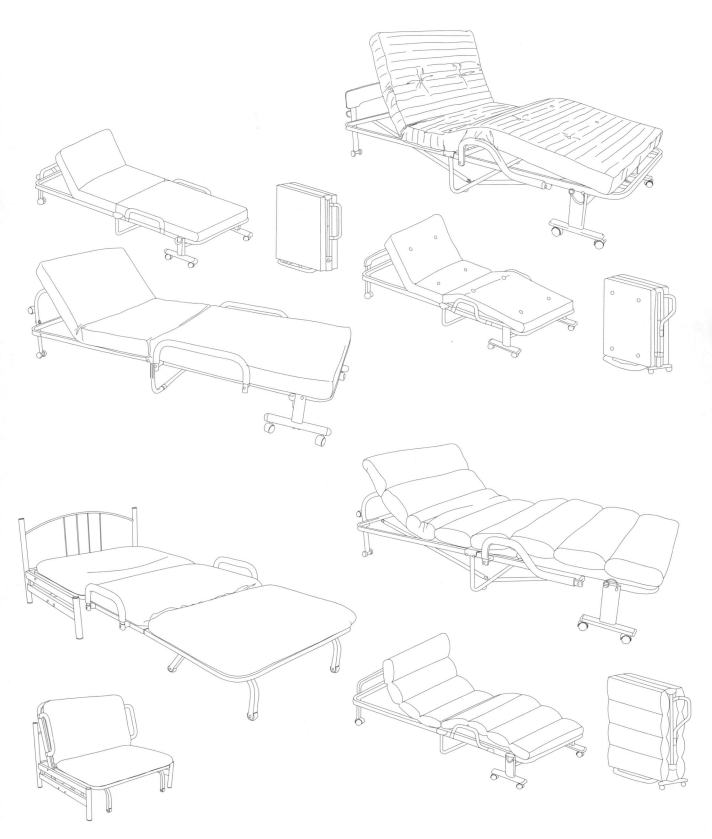

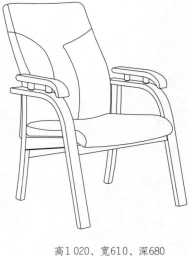

高1 020、宽610、深680

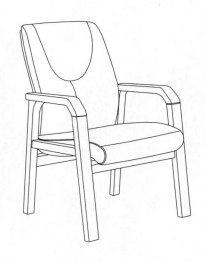

高1 020、宽610、深680

高1 020、宽480、深680

高890、宽550、深590

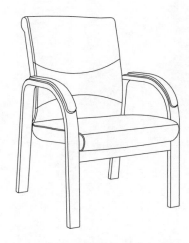

高890、宽550、深590

高890、宽550、深590

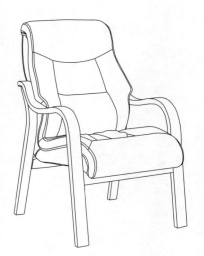

高1 600、宽480、深540

高890、宽550、深590

高1 010、宽610、深720

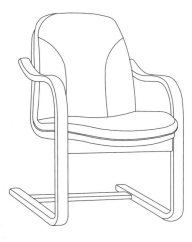

高930、宽600、深620

高1 020、宽610、深680

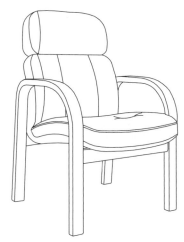

高930、宽580、深590

高930、宽530、深590

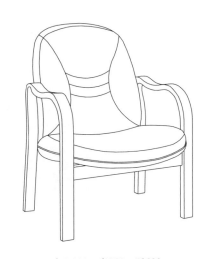

高1 020、宽560、深680

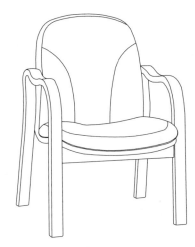

高890、宽550、深590

高930、宽600、深620

高1 020、宽610、深680

高930、宽600、深620

高960、宽470、深480

高950、宽460、深480

高900、宽420、深450

高800、宽470、深480

高780、宽470、深550

高900、宽410、深450

高780、宽470、深550

高780、宽450、深530

高760、宽410、深590

高980、宽700、深540

高970、宽510、深450

高890、宽440.5、深410

高1 160、宽520、深450

高1 120、宽460、深480

高1 070、宽420、深410

高1 100、宽530、深380

高1 080、宽590、深490

曲木台

高1 000、宽1 000、深780

高1 500、宽800、深750

连体五层柜
高1 800、宽900、深400

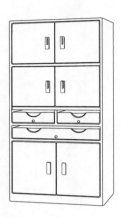

多用组合柜
高1 800、宽800、深400

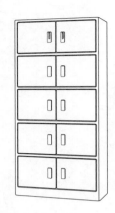

通体铁掩门五节柜
高1 800、宽800、深400

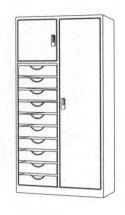

十屉两门柜
高1 800、宽800、深400

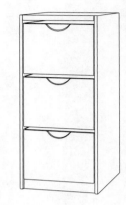

三屉柜
高1 062、宽462、深620

密集架
高2300、宽900、深1 020

四门更衣柜
高1 850、宽900、深420

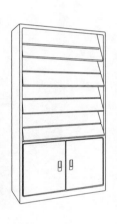

期刊架
高1 800、宽900、深400

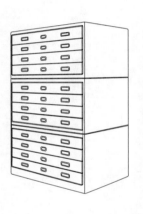

1号底图柜
高1 680、宽1 092、深720

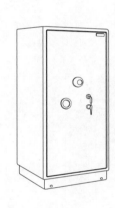

双锁全钢保险箱
高900、宽380、深380

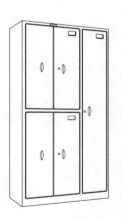

五门更衣柜
高1 850、宽970、深420

书柜
高1 800、宽900、深400

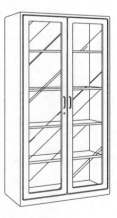

玻璃开门柜
高1 800、宽900、深400

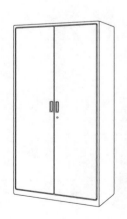

开门柜
高1 800、宽900、深400

玻璃四开门柜
高1 800、宽900、深400

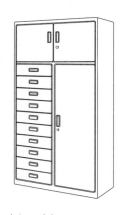

十门三斗柜
高1 800、宽900、深400

组合柜
高1800、宽1150、深400

四屉单门柜
高1 800、宽900、深400

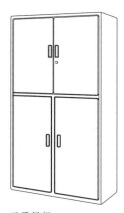

四开门柜
高1 800、宽900、深400

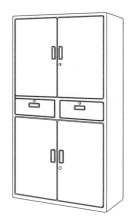

两屉四门柜
高1 800、宽900、深400

保险柜
高600、宽380、深380

书车
高850、宽850、深345

重型货架
高1 800、宽900、深450

组合货架
高1 800、宽1 800、深850

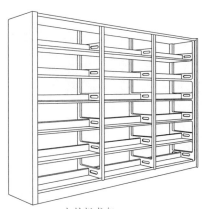

木护板书架
高950、宽2 000、深500

双柱过期存报架
高1 000、宽2 000、深800

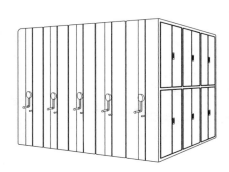

密集架
高2 300、宽2 550、深900

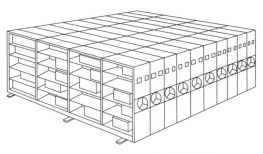

巨型活动储物柜

组合书柜
高2 000、宽2 000、深420

音像架
高950、宽1 500、深450

木材与藤材

木质人造板与织物床垫

榉木皮革扶手椅

曲木编织带躺椅

木材与人造革扶手椅

木材与帆布靠背椅

木材与人造革靠背椅

藤材与木材靠背椅

皮革与木材坐凳

木材与草编扶手椅

金属与藤材扶手椅

藤材与金属坐椅

曲木与皮革躺椅

23
现代家具装饰艺术

金属与玻璃、石材等

金属与藤编扶手椅

塑料模压凳子

金属与帆布折叠椅

胡桃木大理石面桌子

金属与皮革凳子

塑料模压与金属坐椅

橡木彩绘漆饰衣橱

塑料与金属坐椅

金属与玻璃茶几

茶色玻璃金属几

金属与编织带摇椅

织物与皮革

柚木编织带靠背椅

樱桃木有沙发布扶手椅

乌木条纹布靠背椅

桃花心木丝绒布扶手椅

毛绒金属靠背椅

金属与皮革沙发椅

榉木与人造革靠背椅

红木藤编扶手椅

皮革软包沙发椅

层压板人造革沙发椅

层压板皮革沙发椅

条纹布软包沙发

抽屉装配

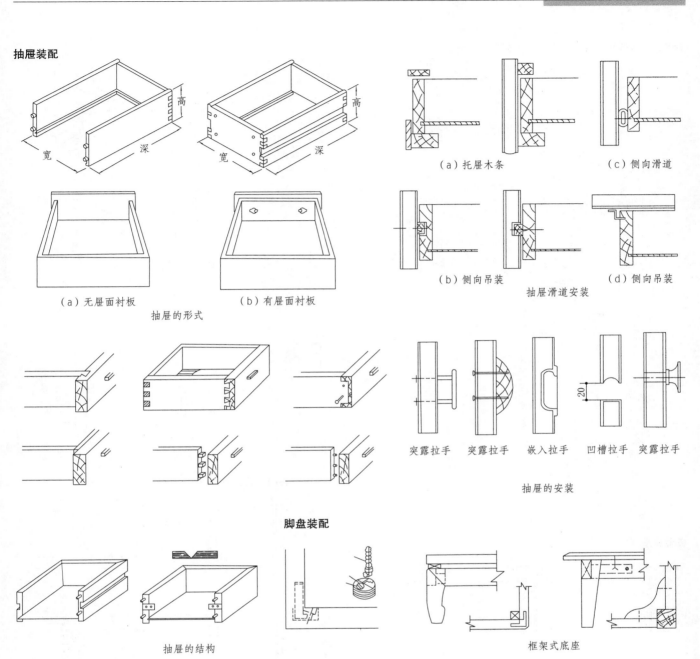

（a）托屉木条　　　　（c）侧向滑道

（a）无屉面衬板　　　　（b）有屉面衬板

抽屉的形式

（b）侧向吊装　　　　（d）侧向吊装

抽屉滑道安装

突露拉手　突露拉手　嵌入拉手　凹槽拉手　突露拉手

抽屉的安装

脚盘装配

抽屉的结构　　　　　　框架式底座

家具转角支撑

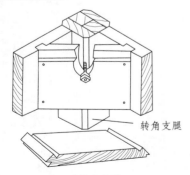

转角支腿

燕尾形转角支撑

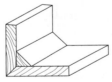

加块角（转角粘块）

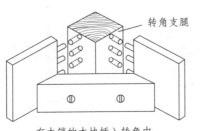

转角支腿

有木销的木块插入转角中

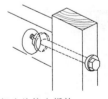

连接两家具部分的接合螺栓

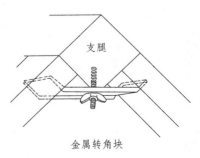

支腿

金属转角块

拆装式背板安装形式

门吸

背板

移门的轨道安装形式

部件构造

旁板与脚连接

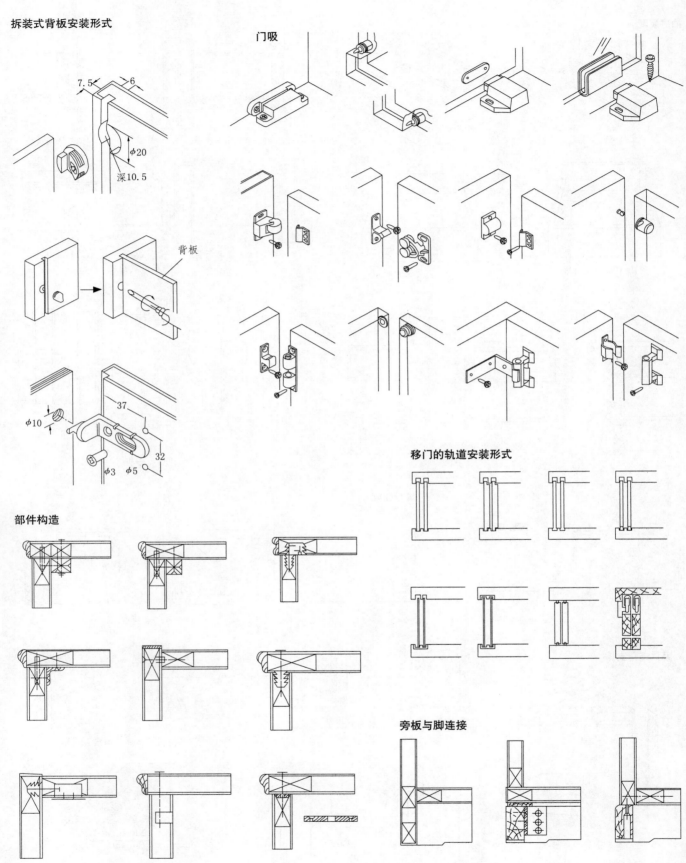

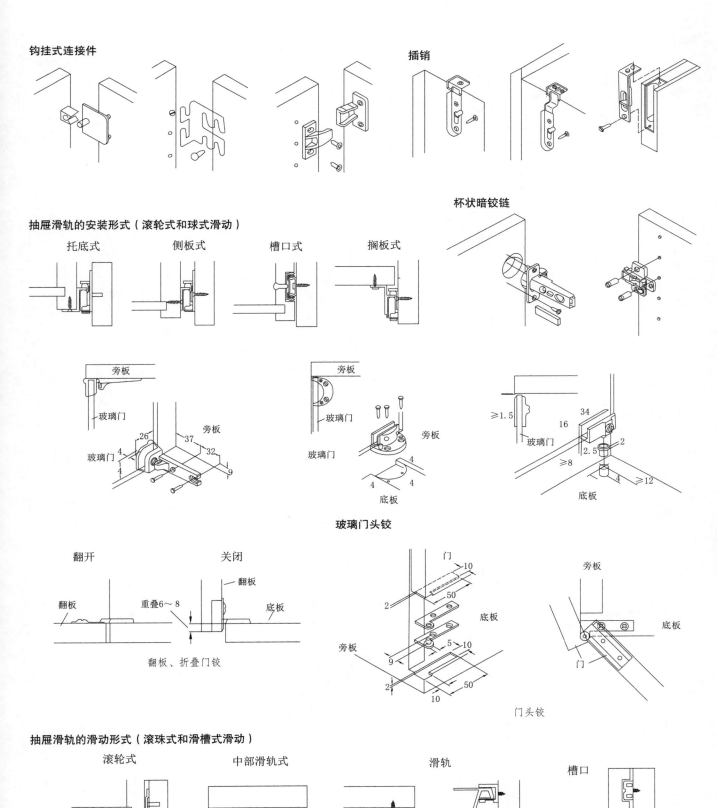

钩挂式连接件

插销

抽屉滑轨的安装形式（滚轮式和球式滑动）

托底式　　侧板式　　槽口式　　搁板式

杯状暗铰链

旁板
玻璃门
玻璃门　　旁板
26　　37　　旁板
玻璃门　4　　32
4　　　9

旁板
玻璃门
旁板
玻璃门
4　　4
底板

≥1.5　　　　34
16
玻璃门　　　2
2.5
≥8　　　　4　　≥12
底板

玻璃门头铰

翻开　　　　关闭
翻板　　　　翻板
翻板　　重叠6～8　　底板
翻板、折叠门铰

门
10
50
2
旁板　　底板
5　10
9
2
50
10
门头铰

旁板
底板
门

抽屉滑轨的滑动形式（滚珠式和滑槽式滑动）

滚轮式　　中部滑轨式　　滑轨　　槽口

榫接合形式

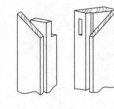
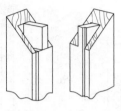
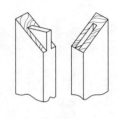
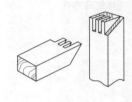

双肩斜角暗榫　　俏皮夹角落槽单榫　　双榫斜角暗榫　　双肩斜角暗榫　　单肩斜角开口不贯通双榫

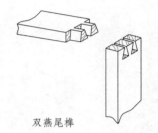
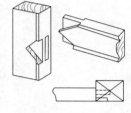
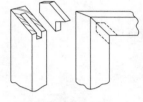
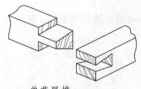

双燕尾榫　　夹角插肩榫　　双肩斜角插入暗榫　　单燕尾榫

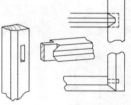
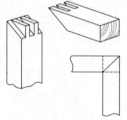
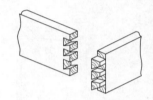

包肩夹角榫　　双肩斜角贯通榫　　单燕尾榫与双燕尾榫

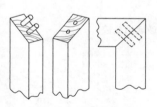
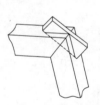
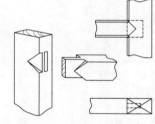

双肩斜角插入明榫　　双肩斜角插入圆榫　　斜肩插入榫　　厚薄夹角插肩榫

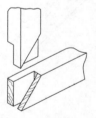

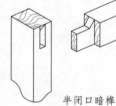

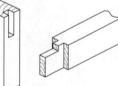

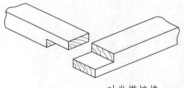

半闭口暗榫　　半闭口贯通榫　　对半搭接榫

俏皮开口明榫

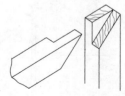
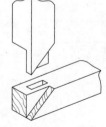
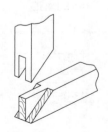
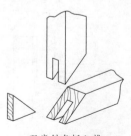

俏皮夹角搭接　　俏皮夹角榫　　双肩斜角明榫　　双肩斜角插入榫

铲板半斜角榫　　　落槽斜棱包肩榫　　　半斜角落槽耸肩榫　　　铲板耸肩榫

开口贯通榫　　　闭口不贯通榫　　　半闭口不贯通榫　　　开口不贯通双榫

整体单榫　　　插入圆棒榫　　　榫槽串嵌接合　　　整体双榫

纵向闭口双榫　　　纵向半闭口双榫　　　丁字钳榫　　　单肩后耸肩榫

插销贯通单榫　　　单截嵌榫　　　十字平榫　　　单肩闭口单榫与单肩开口单榫

四边截肩单榫　　　贯通榫　　　十字搭接榫　　　槽榫接合

弧形木材连接

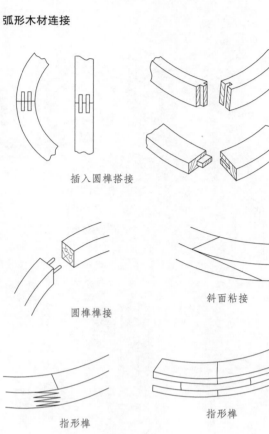

插入圆榫搭接

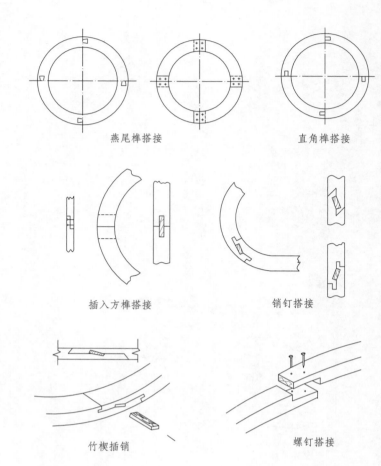

燕尾榫搭接　　　　　　　直角榫搭接

插入方榫搭接　　　　销钉搭接

圆榫榫接　　　　斜面粘接

现代家具结构

指形榫

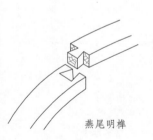

指形榫

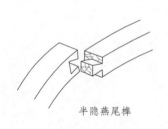

竹楔插销

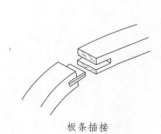

螺钉搭接

直角暗榫　　　　燕尾明榫　　　　半隐燕尾榫　　　　板条插接

方形木材连接形式

实木拼接

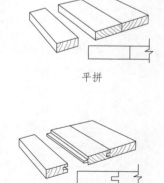

平拼　　　　搭口拼　　　　插入榫拼

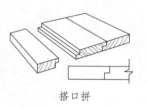

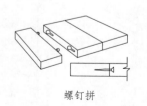

企口拼

螺钉拼

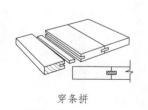

穿条拼

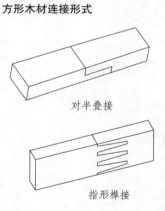

对半叠接

指形榫接

斜面粘接

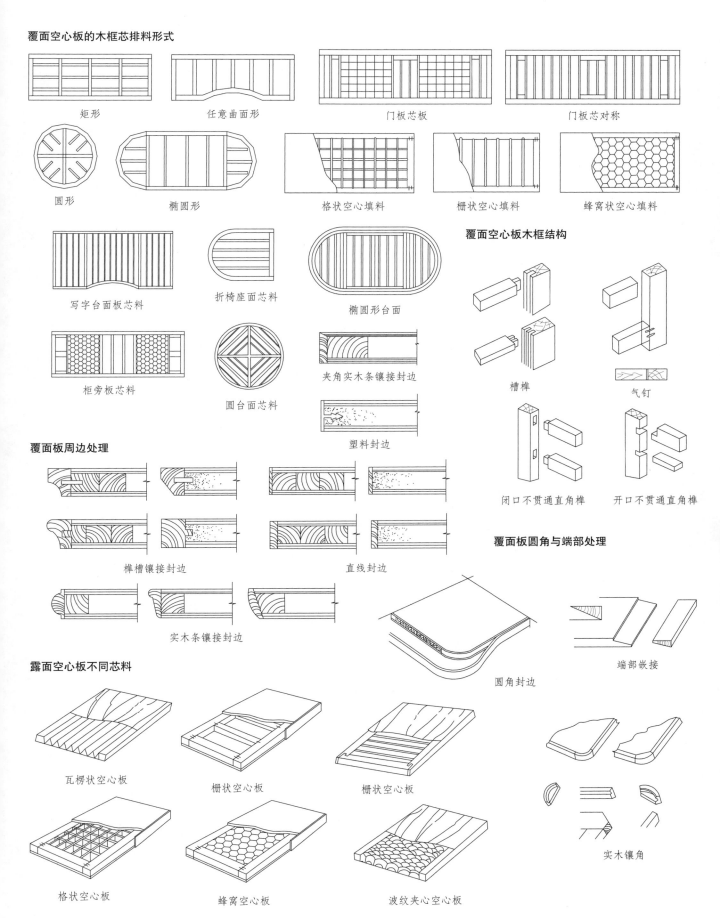

覆面空心板的木框芯排料形式

矩形　　　　任意曲面形　　　　门板芯板　　　　门板芯对称

圆形　　　椭圆形　　　格状空心填料　　　栅状空心填料　　　蜂窝状空心填料

覆面空心板木框结构

写字台面板芯料　　折椅座面芯料　　椭圆形台面

柜旁板芯料　　圆台面芯料　　夹角实木条镶接封边

槽榫　　　气钉

塑料封边

闭口不贯通直角榫　　开口不贯通直角榫

覆面板周边处理

榫槽镶接封边　　　　直线封边

覆面板圆角与端部处理

实木条镶接封边

圆角封边　　　端部嵌接

露面空心板不同芯料

瓦楞状空心板　　栅状空心板　　栅状空心板

格状空心板　　蜂窝空心板　　波纹夹心空心板　　实木镶角

基　本　知　识　篇

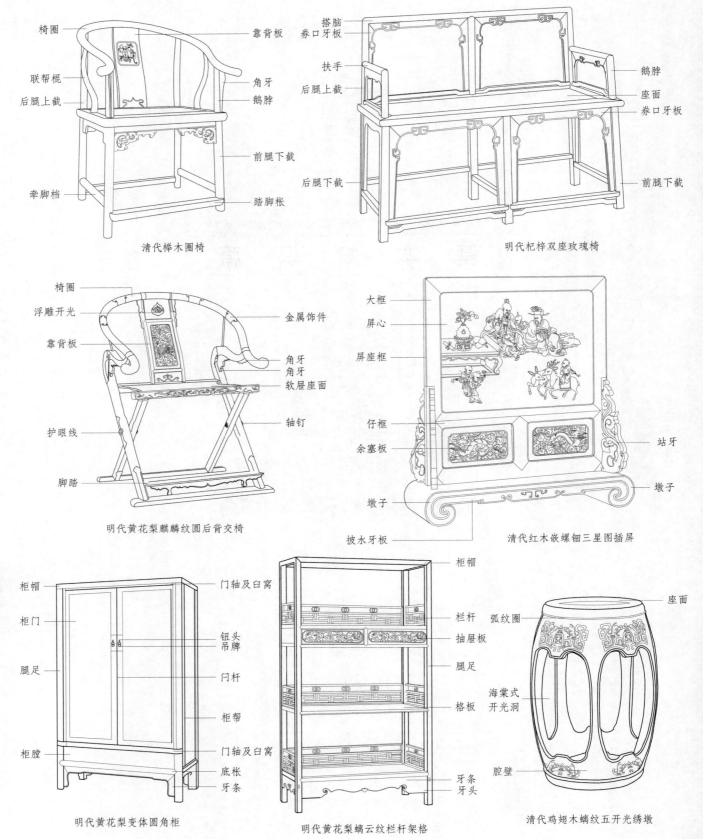

清代榉木圈椅

椅圈
联帮棍
后腿上截
牵脚档

靠背板
角牙
鹅脖
前腿下截
踏脚枨

明代杞梓双座玫瑰椅

搭脑
券口牙板
扶手
后腿上截
后腿下截

鹅脖
座面
券口牙板
前腿下截

明代黄花梨麒麟纹圆后背交椅

椅圈
浮雕开光
靠背板
护眼线
脚踏

金属饰件
角牙
角牙
软屉座面
轴钉

清代红木嵌螺钿三星图插屏

大框
屏心
屏座框
仔框
余塞板
墩子
披水牙板

站牙
墩子

明代黄花梨变体圆角柜

柜帽
柜门
腿足
柜膛

门轴及白窝
钮头
吊牌
闩杆
柜帮
门轴及白窝
底枨
牙条

明代黄花梨螭云纹栏杆架格

柜帽
栏杆
抽屉板
腿足
格板
牙条
牙头

清代鸡翅木螭纹五开光绣墩

座面
弧纹圈
海棠式
开光洞
腔壁

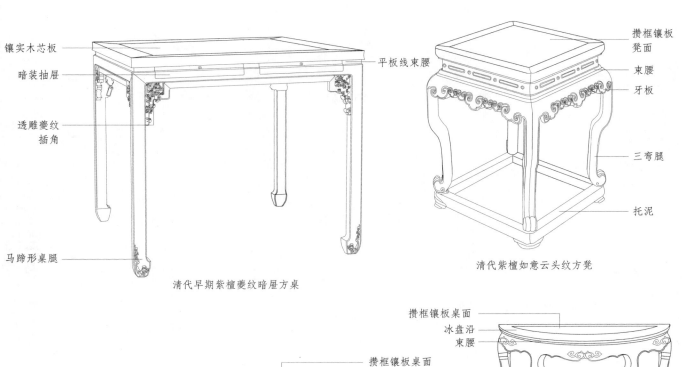

镶实木芯板
暗装抽屉
透雕夔纹插角
马蹄形桌腿

平板线束腰

清代早期紫檀夔纹暗屉方桌

攒框镶板凳面
束腰
牙板
三弯腿
托泥

清代紫檀如意云头纹方凳

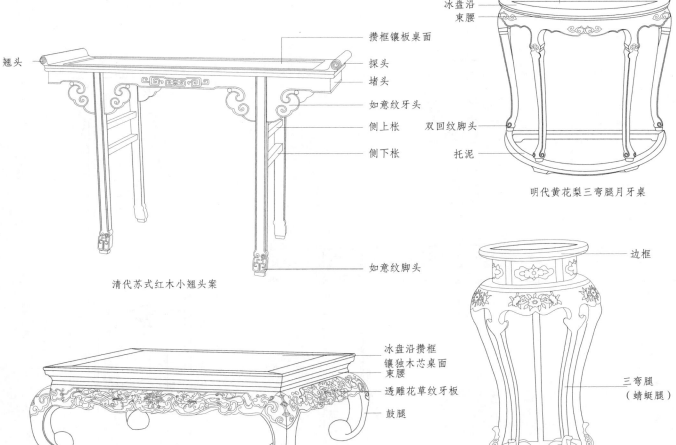

翘头
攒框镶板桌面
探头
堵头
如意纹牙头
侧上枨
侧下枨

如意纹脚头

清代苏式红木小翘头案

攒框镶板桌面
冰盘沿
束腰
双回纹脚头
托泥

明代黄花梨三弯腿月牙桌

冰盘沿攒框
镶独木芯桌面
束腰
透雕花草纹牙板
鼓腿

明代黄花梨有束腰鼓腿形炕桌

边框
三弯腿
（蜻蜓腿）
托泥
底盘足

清代棕漆圆几

25
明清家具构件名称

攒框镶板几面

透雕拐子纹

三弯罗锅腿

田字形框踏脚

西番叶纹脚头

内嵌
透雕云纹

清代花梨如意图花几

立体雕灵芝纹

透雕花鸟纹

螭龙纹牙角

团圆形铜拉手

抽屉

浮雕卷草纹
壸门牙板

内卷云纹足

清代紫檀镂雕一品清廉纹镜台

橱面

锁鼻
抽屉面

底枨

锁销

翘头

面叶

角牙

闷仓

牙条

腿足

明代黄花梨翘头草龙纹联二橱

牙条

挂倒花牙
（挂牙）

牙条

牙条

柱顶
上枨

下枨
（底枨）

前足

搭脑

中牌子

后足

角牙

旁足

明代黄花梨木如意纹高面盆架

绦环板

后罗锅枨

后脚柱

后面围子

侧面围子

抹头
束腰

马蹄形足

床顶

挂檐

挂檐牙板

前角柱

前角柱

前角柱

冰盘沿线脚

床脚牙板

圆口阳线

马蹄形足

榉木台柱架子床

家具五金配件是家具产品不可缺少的部分，特别是板式家具和拆装家具，其重要性更为明显。它不仅起连接、紧固和装饰的作用，还能改善家具的造型和结构，直接影响产品的内在质量和外观质量。

家具五金配件按功能可分为活动件、紧固件、支承件、锁合件及装饰件等。按结构分为铰链、连接件、抽屉滑轨、移门滑道、翻门吊撑（牵筋拉杆）、拉手、锁、插销、门吸、搁板承、挂衣棍承座、滚轮、脚套、支脚、嵌条、螺栓、木螺钉、圆钉、照明灯等。国际标准（ISO）已将家具五金件分为九大类：锁、连接件、铰链、滑动装置（滑道）、位置保持装置、高度调整装置、支承件、拉手、脚轮及脚座。

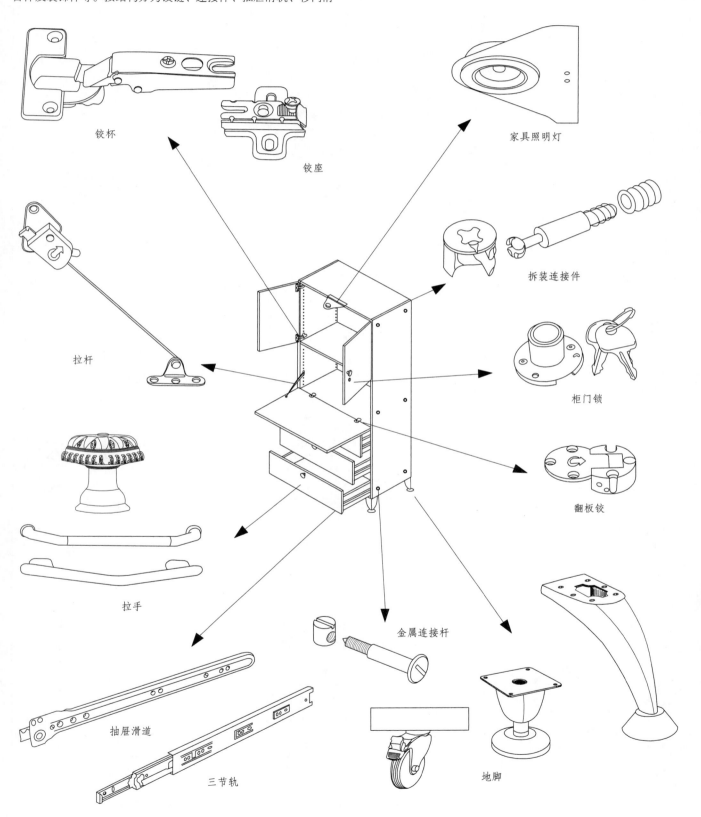

铰杯

铰座

家具照明灯

拉杆

拆装连接件

柜门锁

翻板铰

拉手

抽屉滑道

三节轨

金属连接杆

地脚

玻璃门、推拉门五金系列

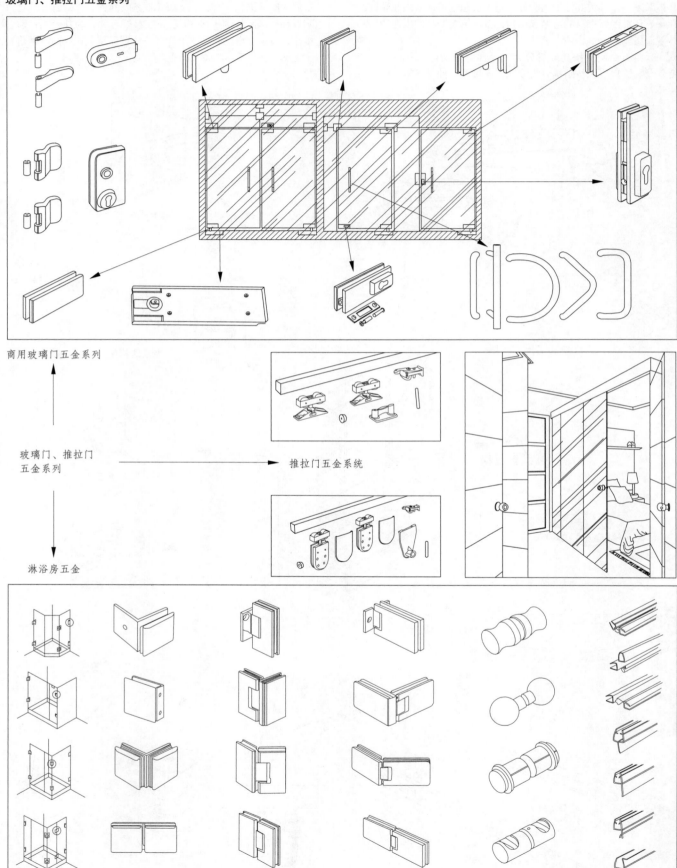

商用玻璃门五金系列

玻璃门、推拉门
五金系列 ➔ 推拉门五金系统

淋浴房五金

玻璃门铰链

5mm圆形玻璃门铰（内藏）

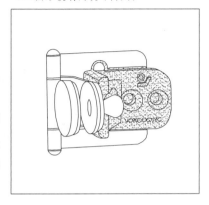

安装

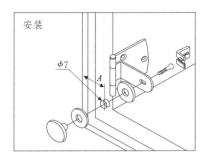

φ7

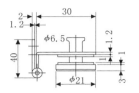

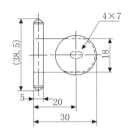
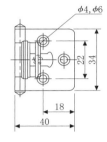

玻璃厚度	A
4(5/32″)	19
5(3/16″)	18
6(15/64″)	17

5mm圆形玻璃门铰（外盖）

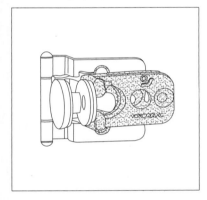

安装

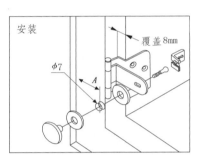

覆盖8mm

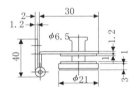

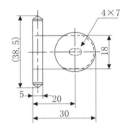
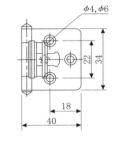

玻璃厚度	A
4(5/32″)	19
5(3/16″)	18
6(15/64″)	17

8mm圆形玻璃门铰（内盖）

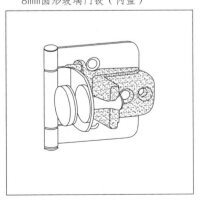

安装

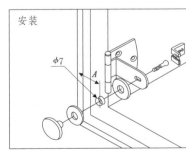

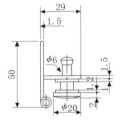
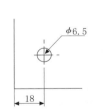
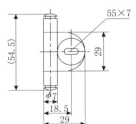
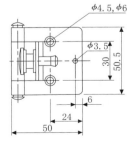

玻璃厚度	A	覆盖
4(5/32″)	19	8
5(3/16″)	18	7
6(15/64″)	17	7

26
现代家具五金件

拆装件

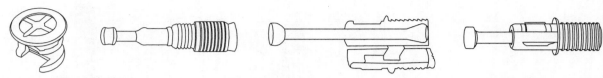

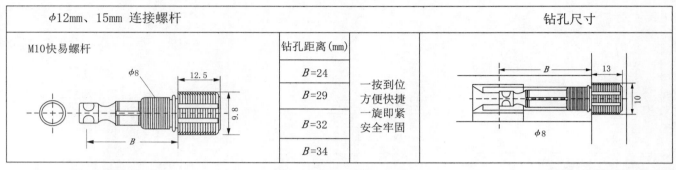

φ12mm、15mm 连接螺杆			钻孔尺寸

M10快易螺杆

钻孔距离(mm)	
B=24	一按到位
B=29	方便快捷
B=32	一旋即紧
B=34	安全牢固

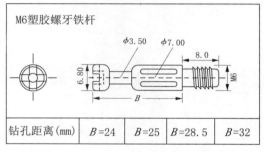

M6塑胶螺牙铁杆

钻孔距离(mm)	B=24	B=25	B=28.5	B=32

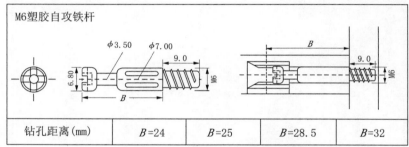

M6塑胶自攻铁杆

钻孔距离(mm)	B=24	B=25	B=28.5	B=32

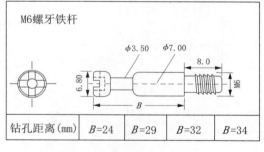

M6螺牙铁杆

钻孔距离(mm)	B=24	B=29	B=32	B=34

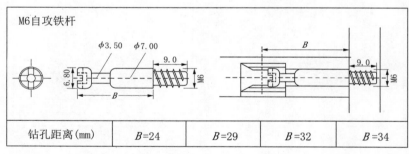

M6自攻铁杆

钻孔距离(mm)	B=24	B=29	B=32	B=34

M6自攻合金螺杆

钻孔距离(mm)	B=18

M6螺纹合金杆

钻孔距离(mm)	B=16

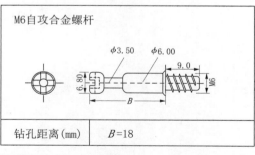

M6铁双头杆

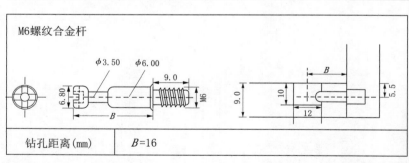

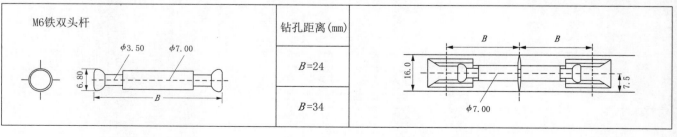

钻孔距离(mm)	
B=24	
B=34	

轨道
上掀式道轨

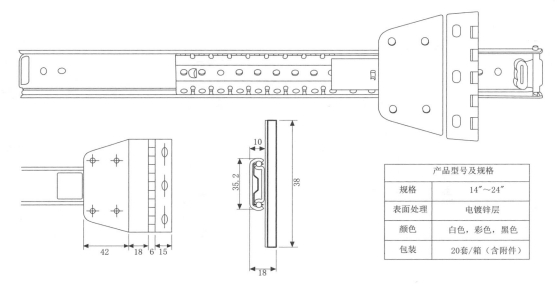

产品型号及规格	
规格	14″～24″
表面处理	电镀锌层
颜色	白色，彩色，黑色
包装	20套/箱（含附件）

餐台道轨

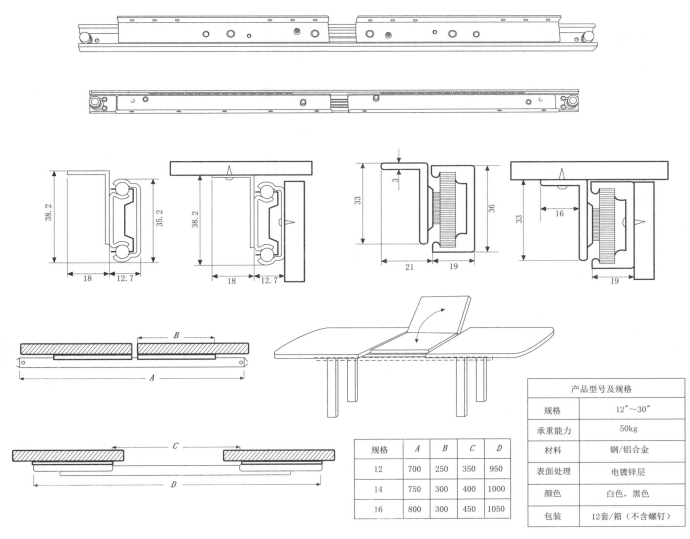

规格	A	B	C	D
12	700	250	350	950
14	750	300	400	1000
16	800	300	450	1050

产品型号及规格	
规格	12″～30″
承重能力	50kg
材料	钢/铝合金
表面处理	电镀锌层
颜色	白色，黑色
包装	12套/箱（不含螺钉）

26
现代家具五金件

合页

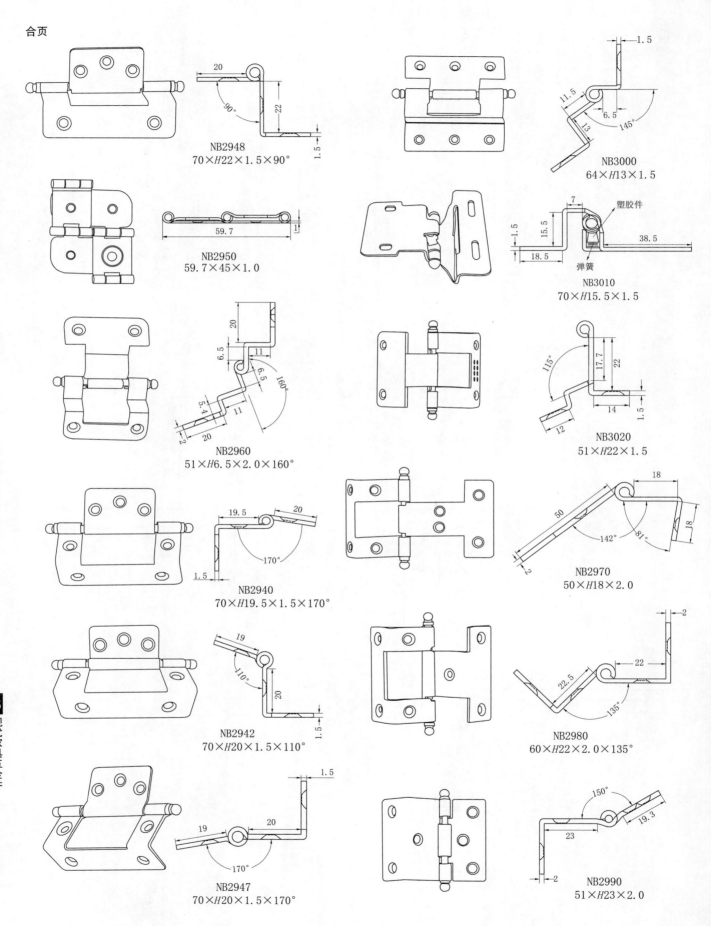

NB2948
70×H22×1.5×90°

NB2950
59.7×45×1.0

NB2960
51×H6.5×2.0×160°

NB2940
70×H19.5×1.5×170°

NB2942
70×H20×1.5×110°

NB2947
70×H20×1.5×170°

NB3000
64×H13×1.5

塑胶件
弹簧

NB3010
70×H15.5×1.5

NB3020
51×H22×1.5

NB2970
50×H18×2.0

NB2980
60×H22×2.0×135°

NB2990
51×H23×2.0

家具锁

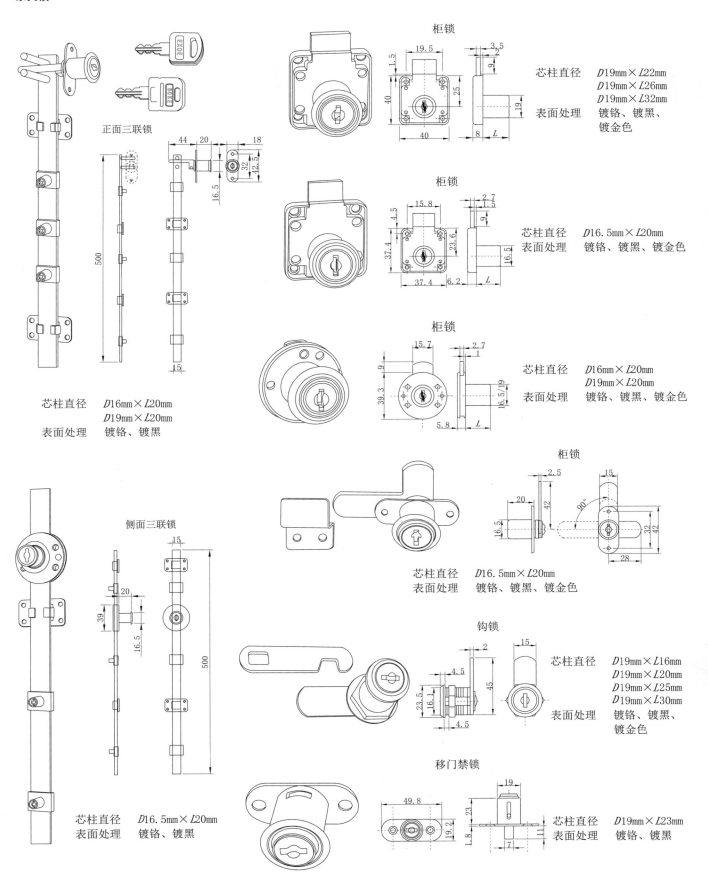

正面三联锁

芯柱直径　$D16mm \times L20mm$
　　　　　$D19mm \times L20mm$

表面处理　镀铬、镀黑

侧面三联锁

芯柱直径　$D16.5mm \times L20mm$
表面处理　镀铬、镀黑

柜锁

芯柱直径　$D19mm \times L22mm$
　　　　　$D19mm \times L26mm$
　　　　　$D19mm \times L32mm$

表面处理　镀铬、镀黑、镀金色

柜锁

芯柱直径　$D16.5mm \times L20mm$
表面处理　镀铬、镀黑、镀金色

柜锁

芯柱直径　$D16mm \times L20mm$
　　　　　$D19mm \times L20mm$

表面处理　镀铬、镀黑、镀金色

柜锁

芯柱直径　$D16.5mm \times L20mm$
表面处理　镀铬、镀黑、镀金色

钩锁

芯柱直径　$D19mm \times L16mm$
　　　　　$D19mm \times L20mm$
　　　　　$D19mm \times L25mm$
　　　　　$D19mm \times L30mm$

表面处理　镀铬、镀黑、镀金色

移门禁锁

芯柱直径　$D19mm \times L23mm$
表面处理　镀铬、镀黑

脚轮

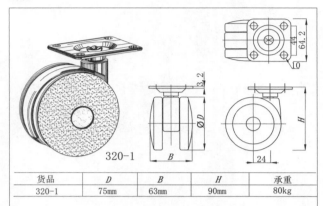

货品	D	B	H	承重
320-1	75mm	63mm	90mm	80kg

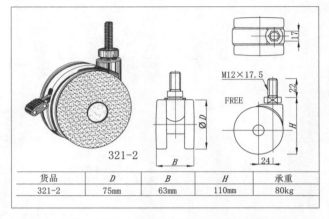

货品	D	B	H	承重
321-2	75mm	63mm	110mm	80kg

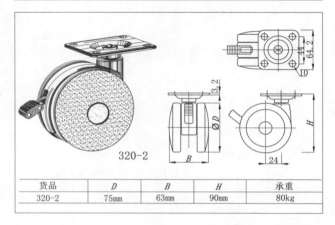

货品	D	B	H	承重
320-2	75mm	63mm	90mm	80kg

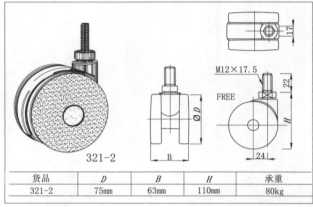

货品	D	B	H	承重
321-2	75mm	63mm	110mm	80kg

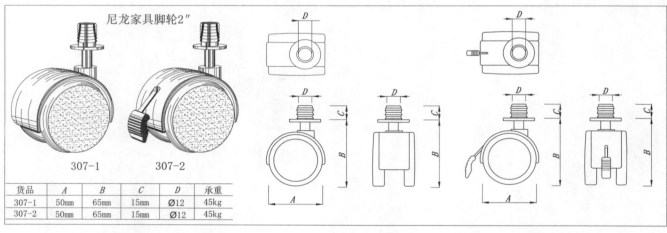

尼龙家具脚轮2″

307-1　　307-2

货品	A	B	C	D	承重
307-1	50mm	65mm	15mm	Ø12	45kg
307-2	50mm	65mm	15mm	Ø12	45kg

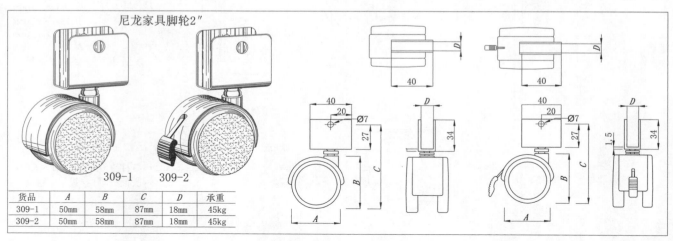

尼龙家具脚轮2″

309-1　　309-2

货品	A	B	C	D	承重
309-1	50mm	58mm	87mm	18mm	45kg
309-2	50mm	58mm	87mm	18mm	45kg

铰链

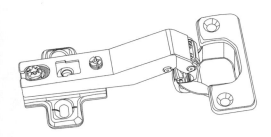

角度铰链（两段力）
开启角度：95°
铰杯厚度：11.3mm
铰杯直径：35mm
面板（K）尺寸：3～7mm
门可选用板厚：14～23mm
材质：钢

H--安装板高度
D--侧板上所需的盖位
K--门板外线与铰链杯钻孔距离
A--门与侧板的间隙

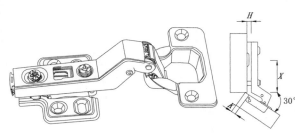

30°

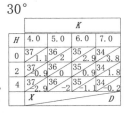

H	K 4.0	5.0	6.0	7.0
0	37 / 1.1	36 / 2	35 / 2.9	34 / 3.8
2	37 / -0.9	36 / 0	35 / 0.9	34 / 1.8
4	37 / -2.9	36 / -2	35 / -1.1	34 / -0.2

（X ... D）

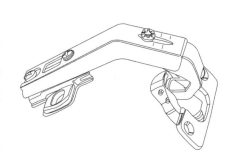

135°

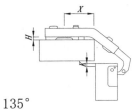

	门板厚度<18mm	22mm>门板厚度>18mm
H	2mm	0mm
X	37mm	37mm

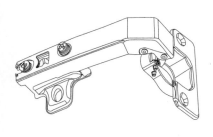

90°

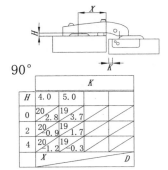

H	K 4.0	5.0
0	20 / 2.8	19 / 3.7
2	20 / -0.9	19 / 1.7
4	20 / -1.2	19 / 0.3

（X ... D）

115°

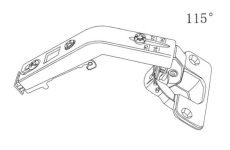

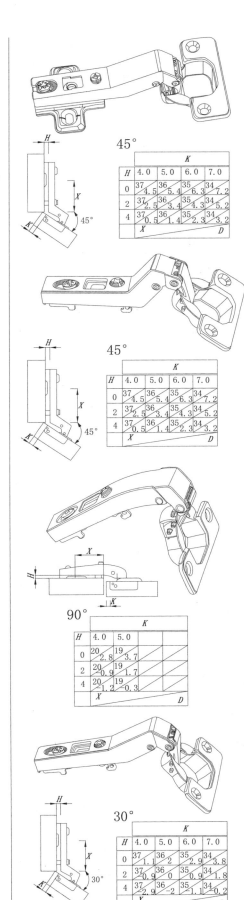

45°

H	K 4.0	5.0	6.0	7.0
0	37 / 4.5	36 / 5.4	35 / 6.3	34 / 7.2
2	37 / 2.5	36 / 3.4	35 / 4.3	34 / 5.2
4	37 / 0.5	36 /	35 / 2.3	34 / 3.2

（X ... D）

45°

H	K 4.0	5.0	6.0	7.0
0	37 / 4.5	36 / 5.4	35 / 6.3	34 / 7.2
2	37 / 2.5	36 / 3.4	35 / 4.3	34 / 5.2
4	37 / 0.5	36 / 1.4	35 / 2.3	34 / 3.2

（X ... D）

90°

H	K 4.0	5.0
0	20 / 2.8	19 / 3.7
2	20 / -0.9	19 / 1.7
4	20 / -1.2	19 / -0.3

（X ... D）

30°

H	K 4.0	5.0	6.0	7.0
0	37 / 1.1	36 / 2	35 / 2.9	34 / 3.8
2	37 / -0.9	36 / 0	35 / 0.9	34 / 1.8
4	37 / -2.9	36 / -2	35 / -1.1	34 / -0.2

（X ... D）

金属连接件

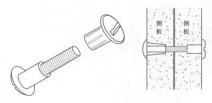

此件一般多用于组合柜两侧板之间的连接。金属螺杆两端套入尼龙螺帽，利用螺钉旋具将两侧板固定

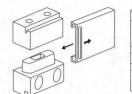

操作简便，能承受重负荷，适宜于大型棚板的连接

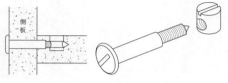

此件一般用于板与板之间丁字形连接。金属制螺钉旋入尼龙套头，用螺钉旋具紧固

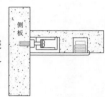
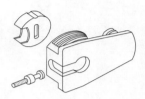

操作简便，适用于不同安装形式的板与板之间的连接

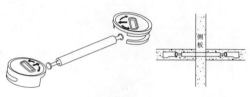

此连接件操作简便，紧固力强，适用于板材之间十字形连接

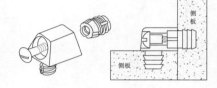

常用于棚架或角隅部分的连接。将塑料套头和小螺套打入板内，用螺钉穿过套头旋入螺套内，将两侧板紧固

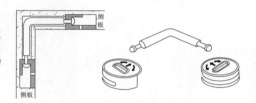

常用于板材形连接。其连接杆之间为直角形

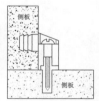

常用于棚架或角隅部分的连接。构造原理同上，但螺套为细长形

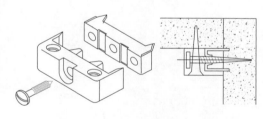

此连接件可拆卸，常用于箱框的连接。将受力座打入侧板内，加塑料外罩，用木螺钉固定

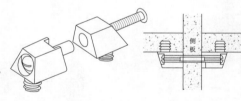

常用与侧板两侧棚板的固定。在侧板穿螺纹套管，通过套头向螺套旋入螺钉

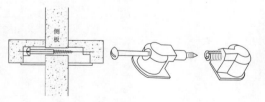

适用于在侧板两侧安装棚板。在侧板穿孔，木螺钉连接，棚板挖孔，放在连接件上

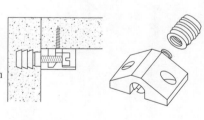

多用于棚架或角隅部分的连接，不宜承受重负荷。可通过螺钉的调节来调整5mm内的装配误差

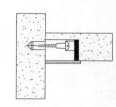
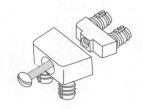

操作简便，但不宜承受重负荷。用木螺钉将连接件固定在侧板上，在棚板上开挖洞孔插入外套，再套在连接上

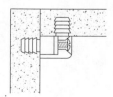

用于棚架或角隅部分之连接，能承受负荷。有大小两个套头，将大套头套入小套头，用螺钉加以固定

木质沙发脚系列

预装金属螺丝

旋制木材脚

木质沙发脚系列

沙发脚

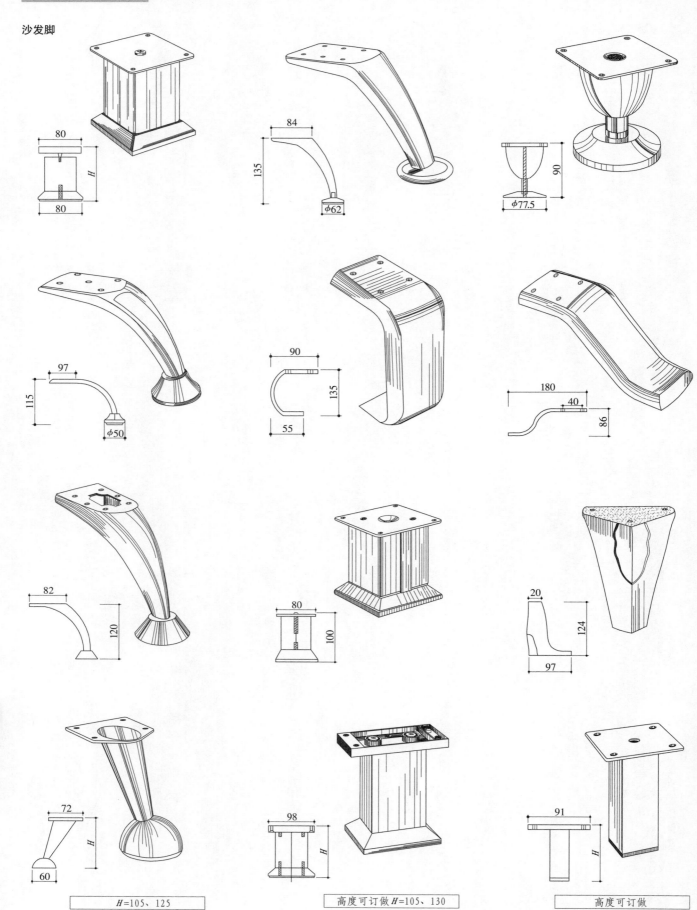

80
80
H

84
135
φ62

90
φ77.5

97
115
φ50

90
135
55

180
40
86

82
120

80
100

20
124
97

72
H
60

98
H

91
H

H=105、125

高度可订做 H=105、130

高度可订做

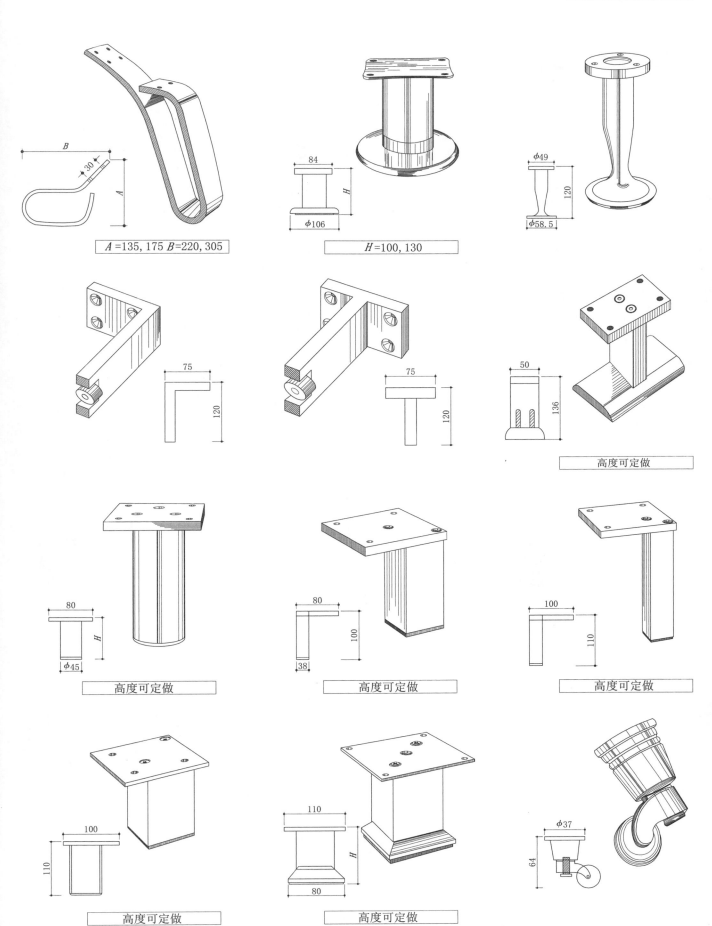

A=135, 175 B=220, 305

H=100, 130

高度可定做

高度可定做

高度可定做

高度可定做

高度可定做

高度可定做

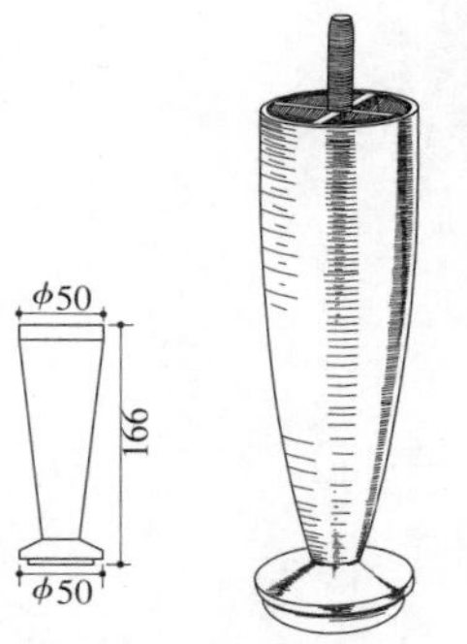

φ50
166
φ50

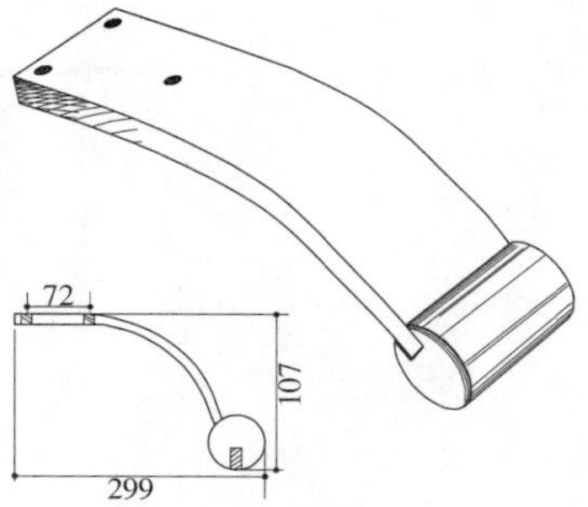

72
107
299

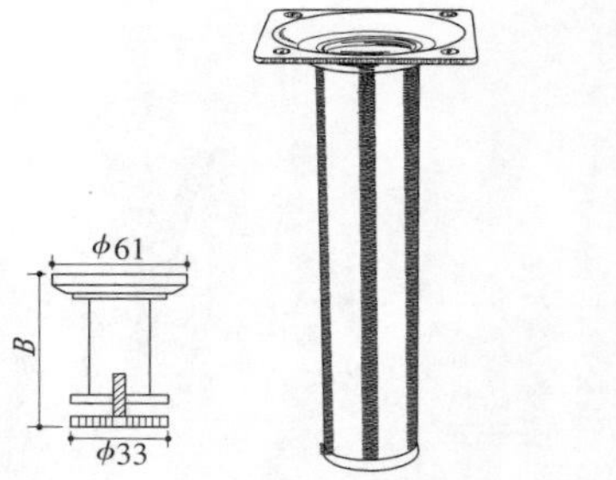

φ61
B
φ33

B = 100，88

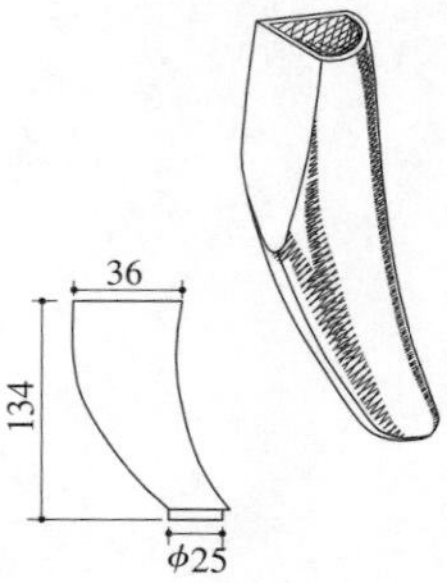

36
134
φ25

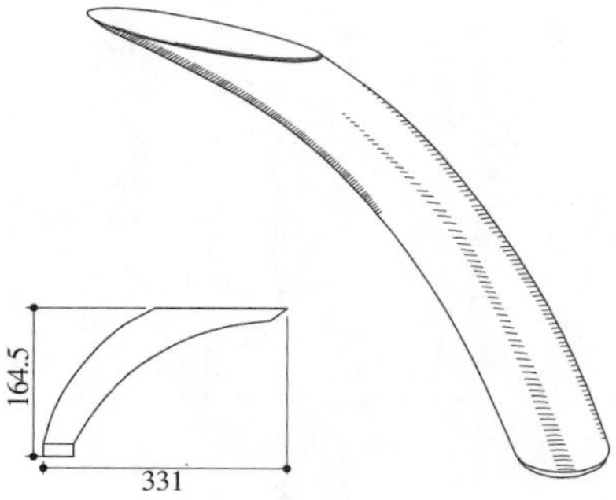

164.5
331

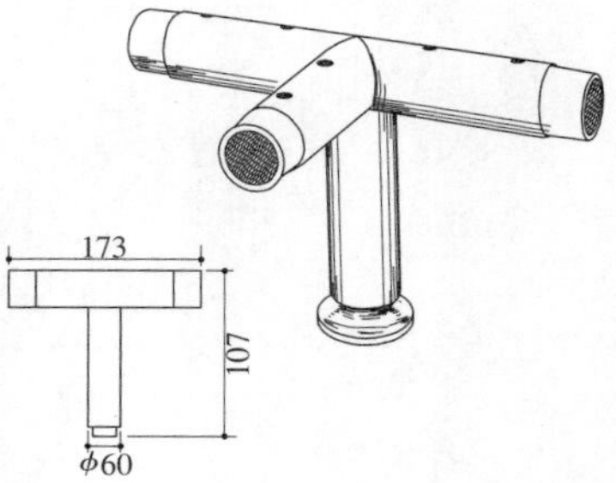

173
107
φ60

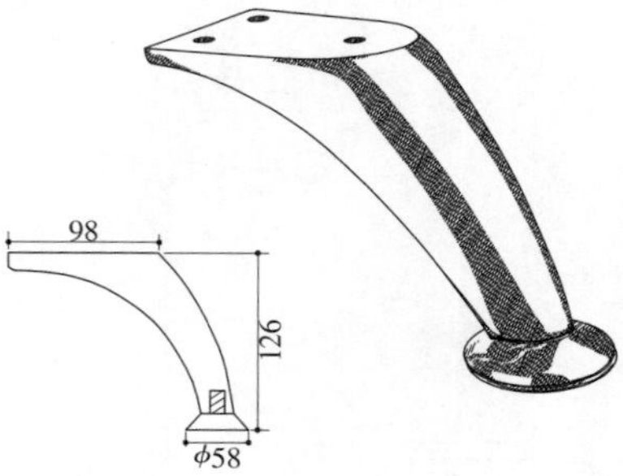

98
126
φ58

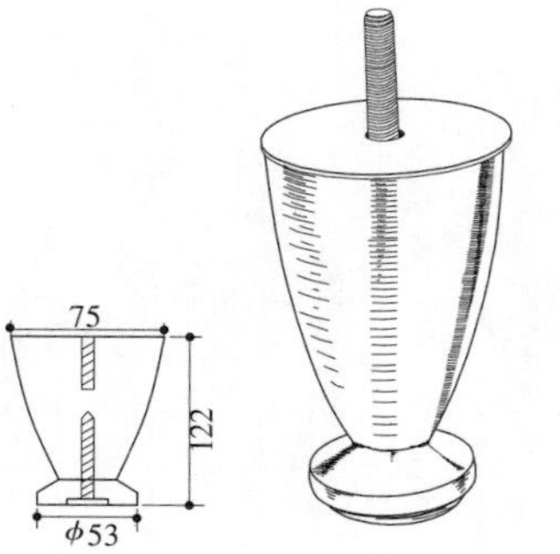

75
122
φ53

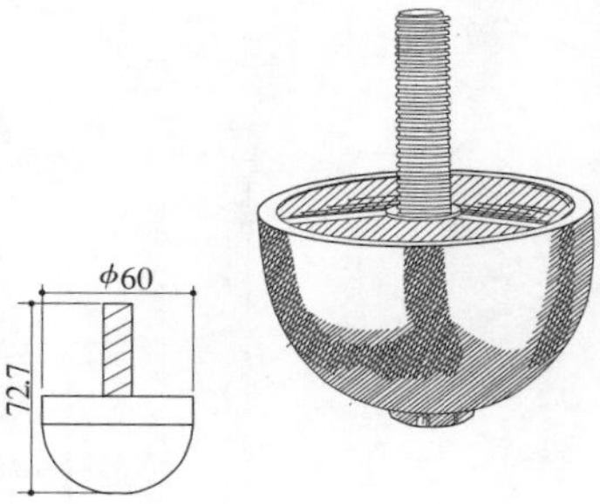

φ60
72.7

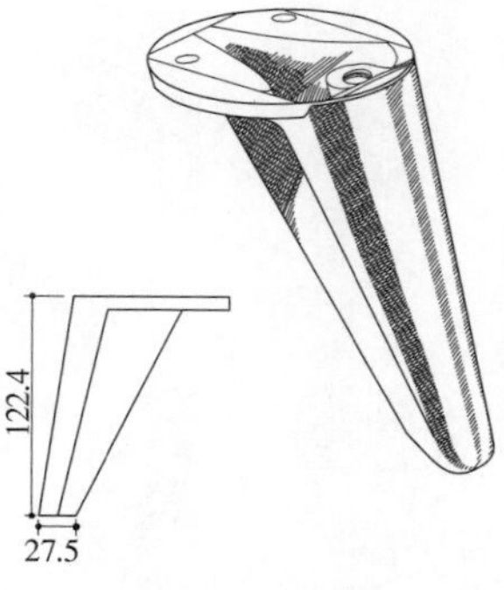

122.4
27.5

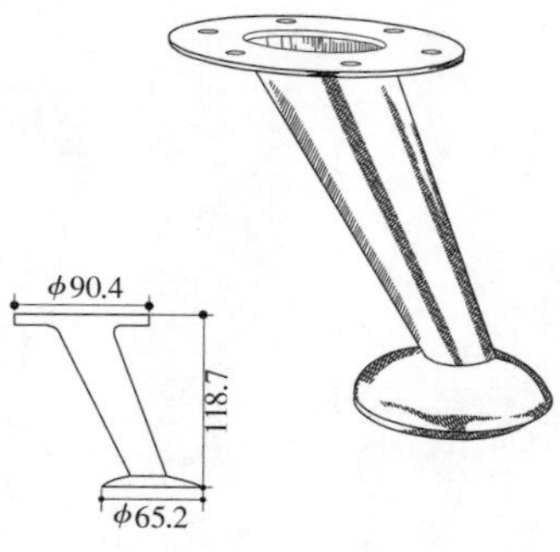

φ90.4
118.7
φ65.2

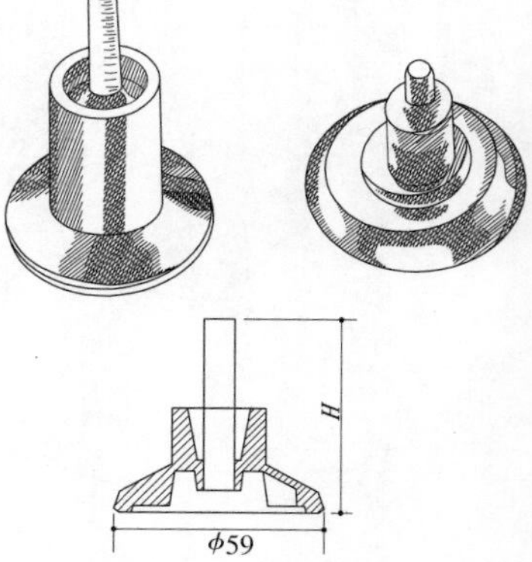

H
φ59
H = 83.55

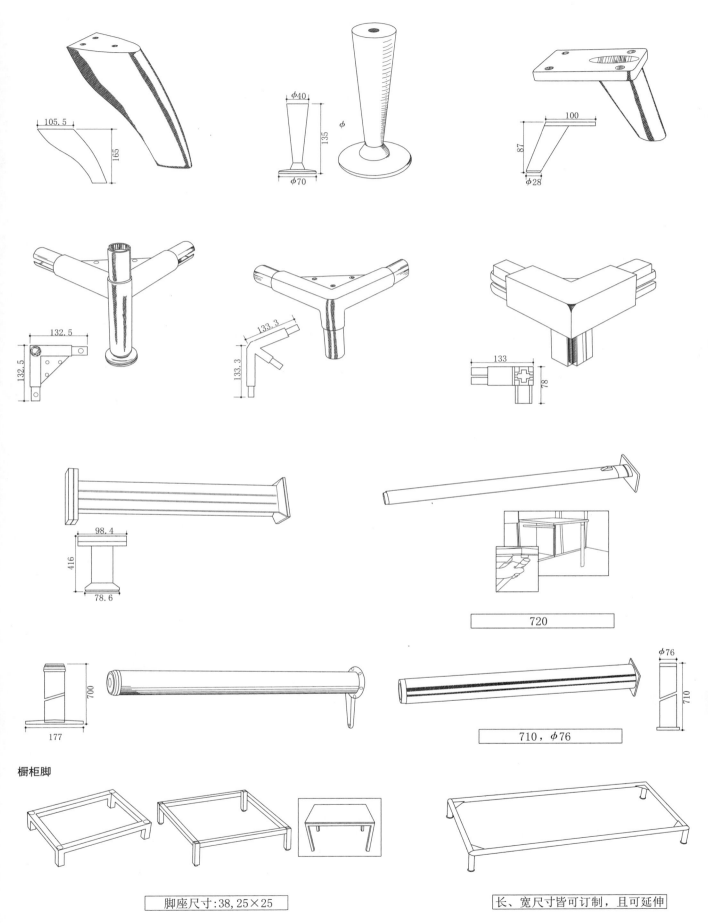

105.5

165

φ40

135

φ

φ70

100

87

φ28

132.5

132.5

133.3

133.3

133

78

98.4

416

78.6

720

700

177

710，φ76

φ76

710

橱柜脚

脚座尺寸：38，25×25

长、宽尺寸皆可订制，且可延伸

26

现代家具五金件

转盘

回位转盘

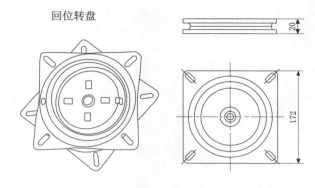

货品	规格	材料厚	表面处理	每箱个数	每箱重量
631-1	7″×7″	2.2mm	蓝锌	12	15kg
631-2	7″×7″	2.2mm	蓝锌	12	15kg

转椅转盘

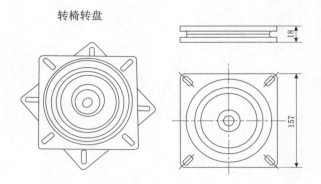

货品	规格	材料厚	表面处理	每箱个数	每箱重量
636	6.5″×6.5″	2.0mm	彩锌	30	22.5kg

电视转盘

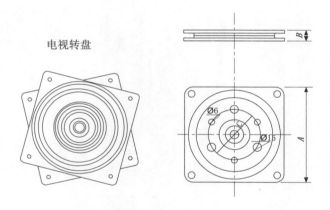

货品	A	B	C	材料厚	表面处理	每箱个数	每箱重量
633	6″	13	Ø64	1.5mm	黑	32	17.5kg
634	10″	13	Ø110	1.5mm	黑	12	17.0kg
635	8″	13	Ø148	1.5mm	黑	12	19.0kg

工艺转盘

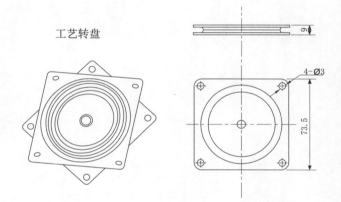

货品	规格	材料厚	表面处理	每箱个数	每箱重量
637	3″×3″	0.8mm	镍	200	16.5kg
637-A	3″×3″	0.8mm	黑	200	16.5kg

餐台转盘

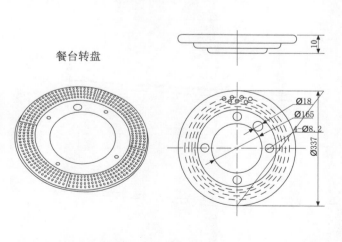

货品	规格	材料厚	表面处理	每箱个数	每箱重量
639	Ø14″	0.8mm	锌胶面	12	13.5kg

酒架转盘

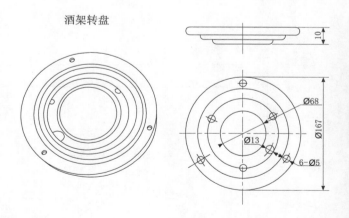

货品	规格	材料厚	表面处理	每箱个数	每箱重量
638	Ø6.5″	0.8mm	白锌	30	8.5kg

客厅

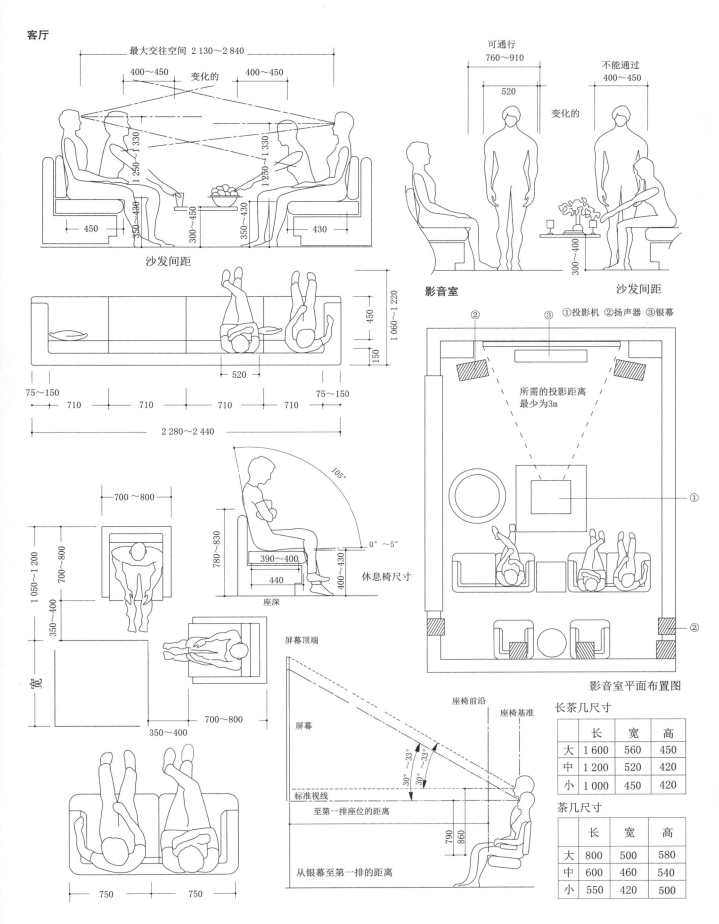

沙发间距

影音室

①投影机 ②扬声器 ③银幕

所需的投影距离
最少为3m

沙发间距

休息椅尺寸

座深

宽

影音室平面布置图

屏幕顶端

屏幕

标准视线

至第一排座位的距离

从银幕至第一排的距离

座椅前沿

座椅基准

长茶几尺寸

	长	宽	高
大	1 600	560	450
中	1 200	520	420
小	1 000	450	420

茶几尺寸

	长	宽	高
大	800	500	580
中	600	460	540
小	550	420	500

27
家具人体功能尺寸

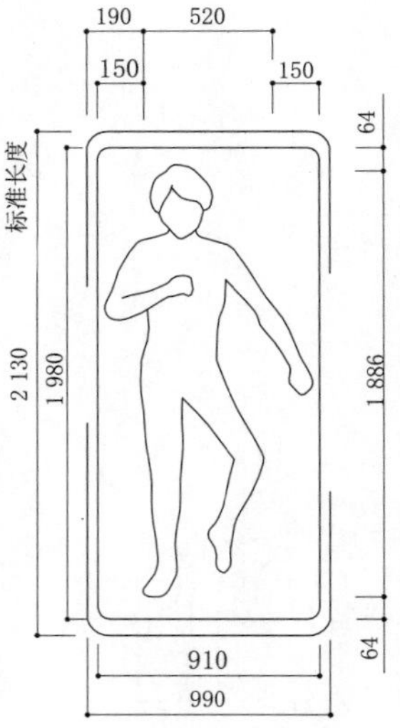

标准宽度
单人床

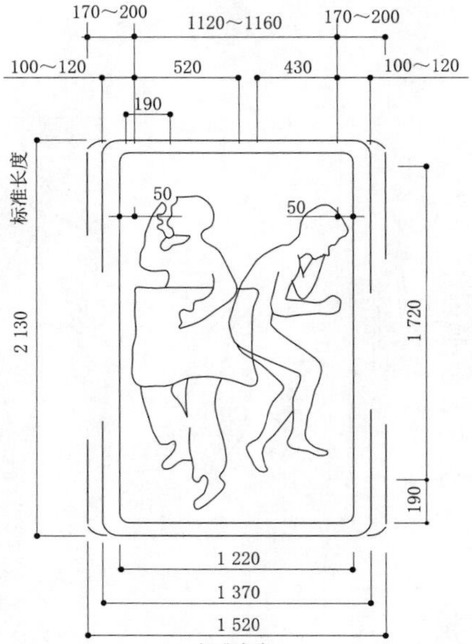

标准宽度
双人床

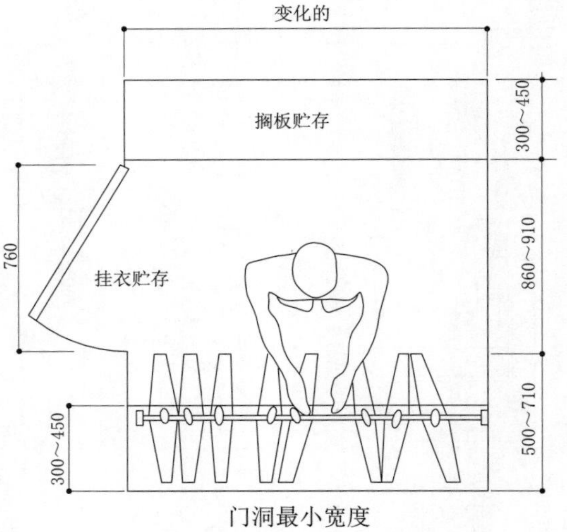

	长	宽	高
大	600	420	620
中	460	400	600
小	420	340	550

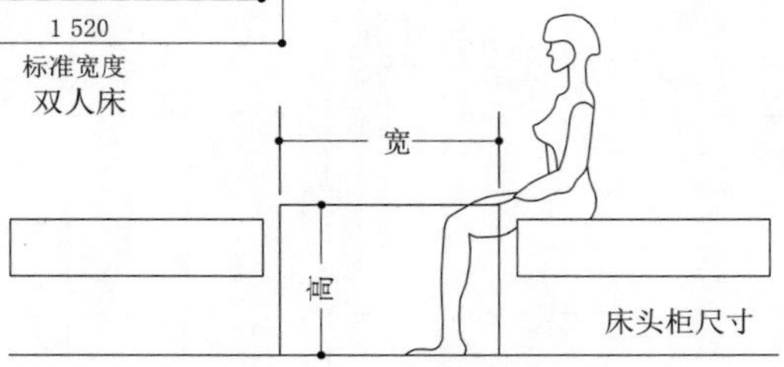

门洞最小宽度

床头柜尺寸

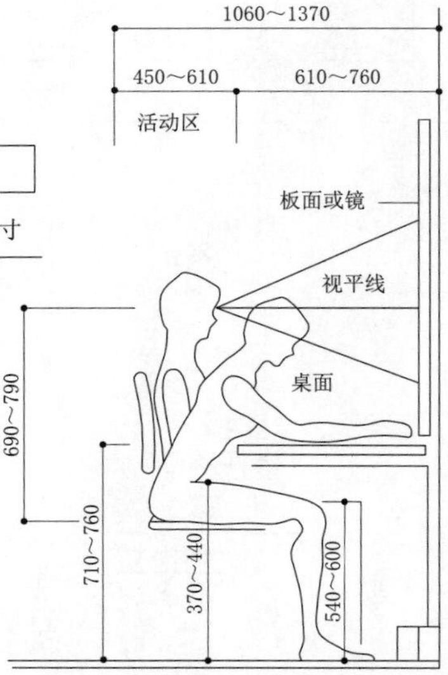

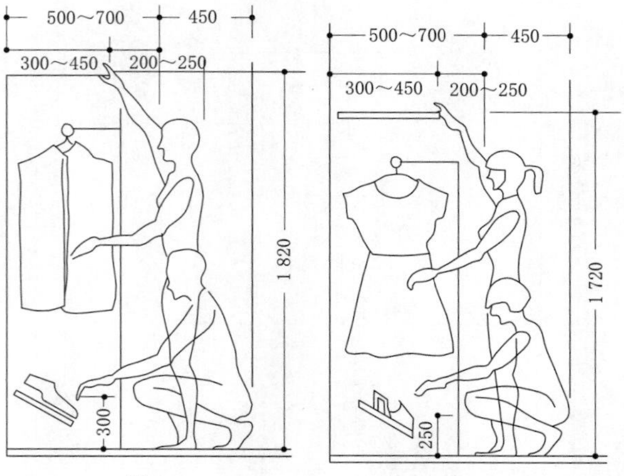

男   女
壁柜尺寸

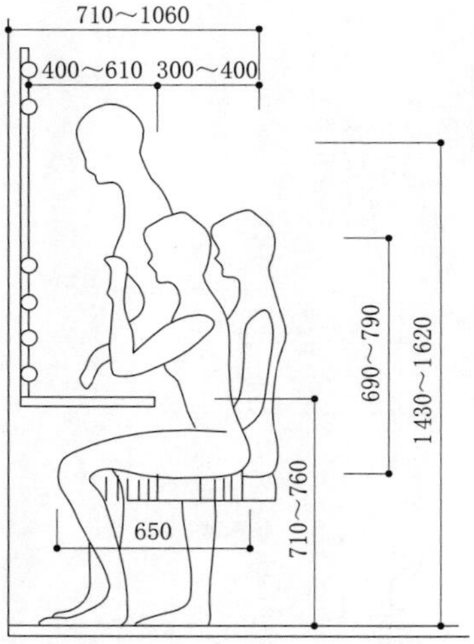

梳妆台

书桌或梳妆台

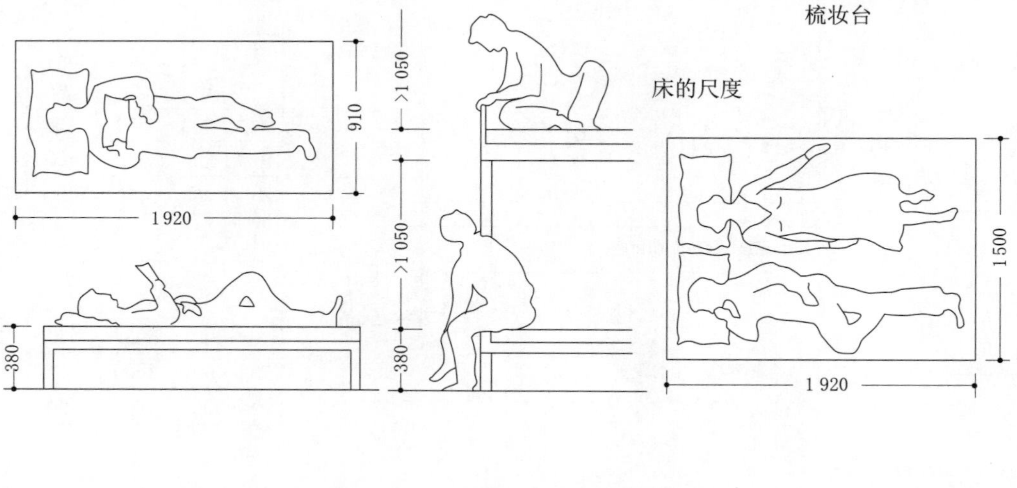

床的尺度

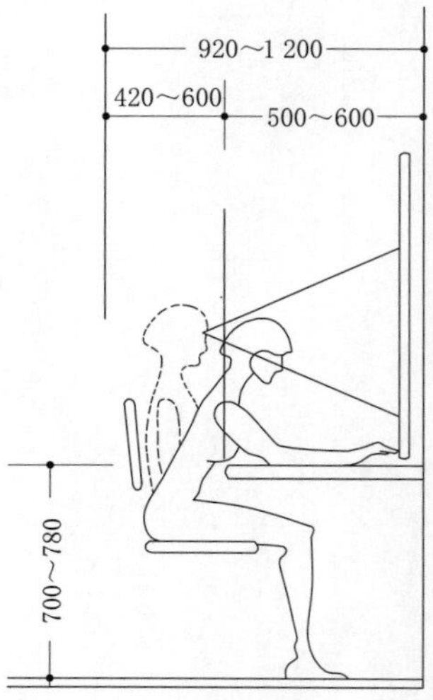

化妆桌尺寸

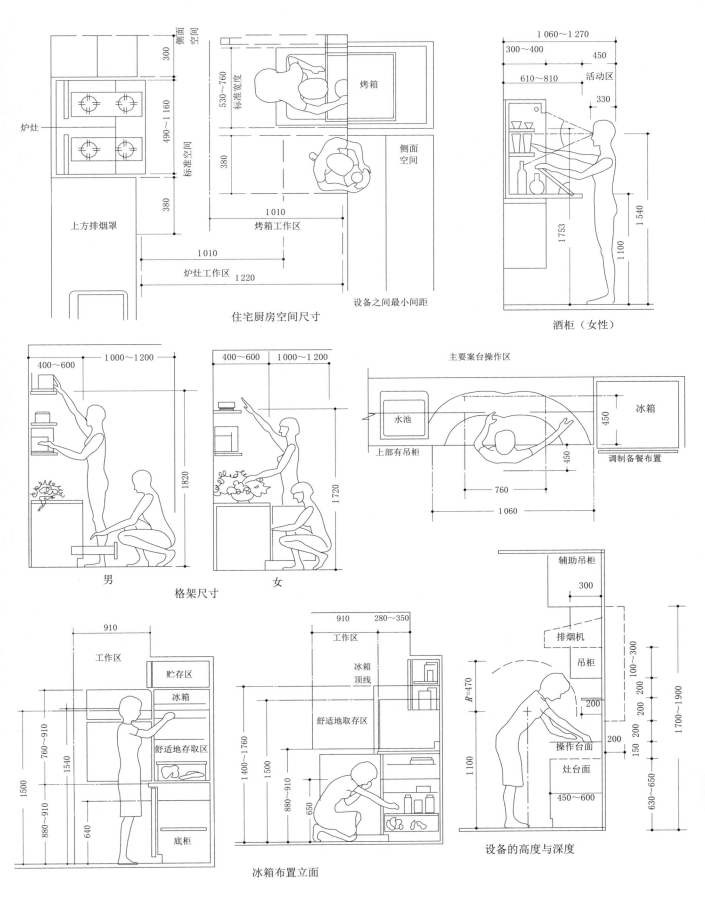

住宅厨房空间尺寸

设备之间最小间距

酒柜（女性）

格架尺寸

男　　女

主要案台操作区

调制备餐布置

冰箱布置立面

设备的高度与深度

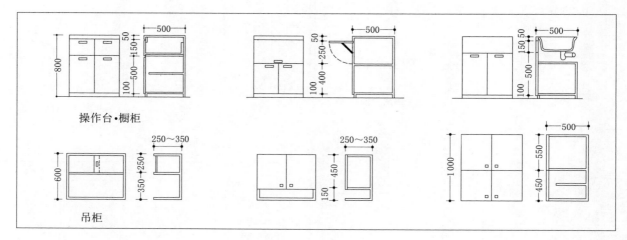

厨房的最小宽度

操作台·橱柜

吊柜

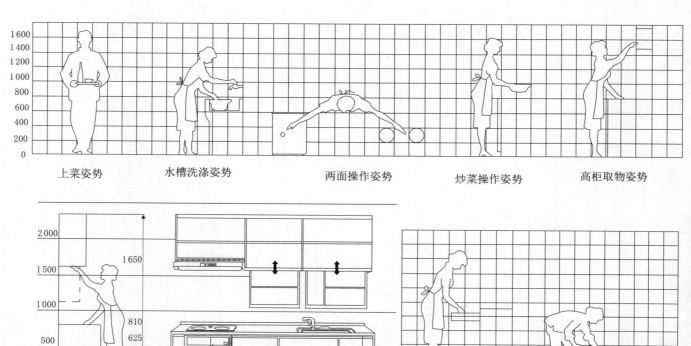

上菜姿势　　水槽洗涤姿势　　　两面操作姿势　　　炒菜操作姿势　　　高柜取物姿势

按人体工程学设计的电动升降吊橱

洗手姿势　　　拖地姿势

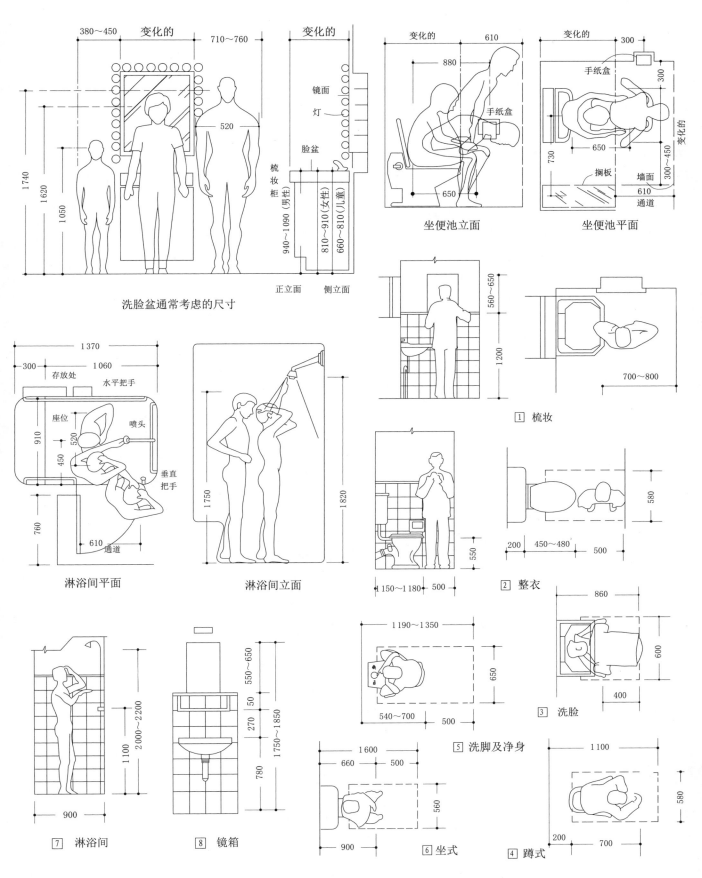

洗脸盆通常考虑的尺寸

坐便池立面　　坐便池平面

① 梳妆

② 整衣

③ 洗脸

⑤ 洗脚及净身

⑥ 坐式

④ 蹲式

淋浴间平面　　淋浴间立面

⑦ 淋浴间　　⑧ 镜箱

会议室

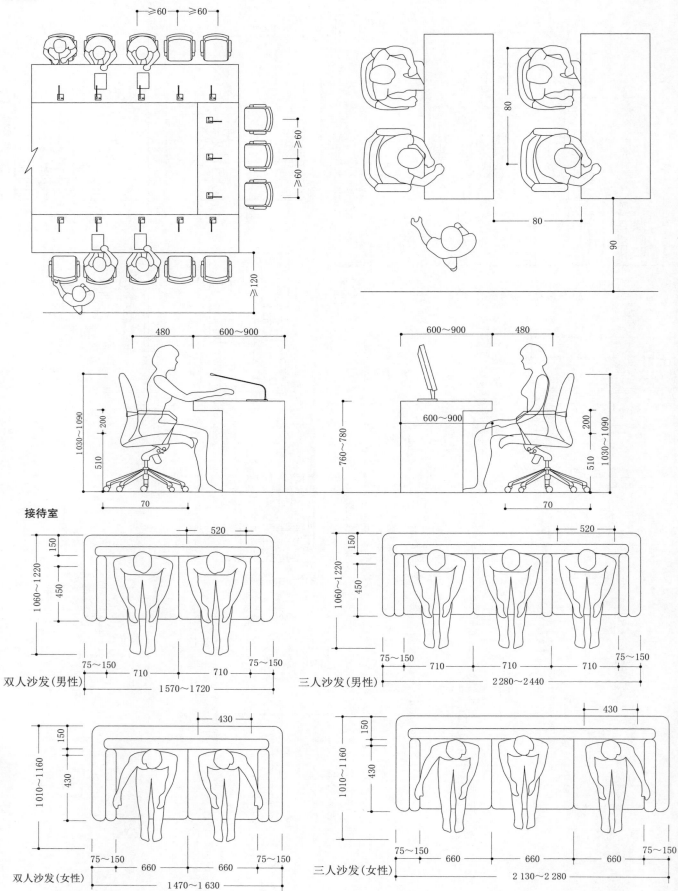

接待室

双人沙发(男性)

三人沙发(男性)

双人沙发(女性)

三人沙发(女性)

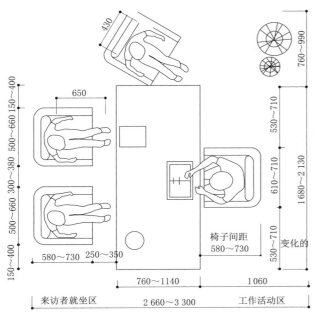

经理办公桌布置

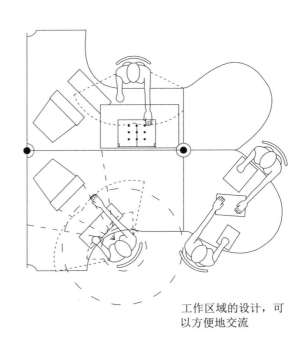

工作区域的设计，可以方便地交流

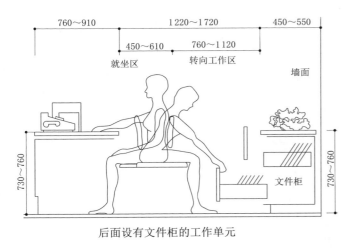

后面设有文件柜的工作单元

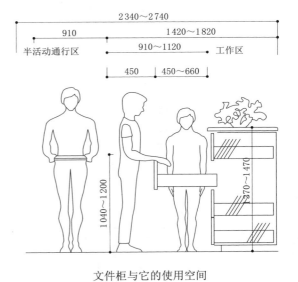

文件柜与它的使用空间

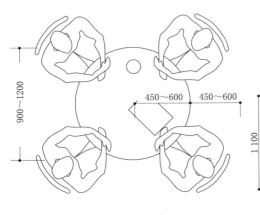

四人圆会议桌

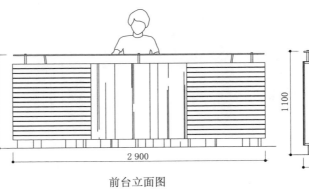

前台立面图　　　前台侧面图

27

家具人体功能尺寸

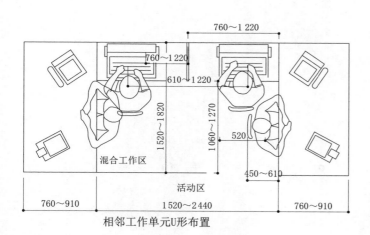

相邻工作单元U形布置

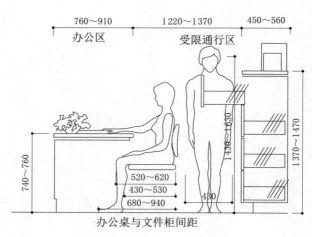

办公桌与文件柜间距

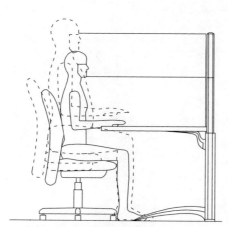

H_1高度：坐着时可看到屏风以外
H_2高度：坐着时看不到屏风以外

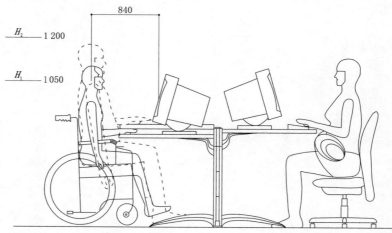

台面有适当的高度调节范围，可适合不同形体的人

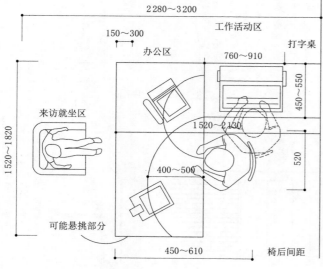

基本工作单元布置

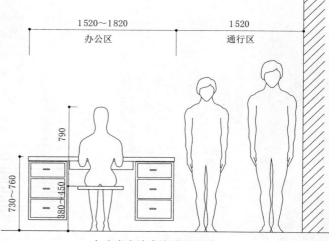

办公桌旁边允许通行尺寸

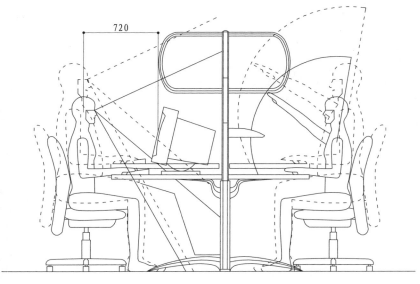

工作区适合人体的活动和视觉范围

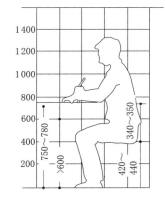

会议桌设计

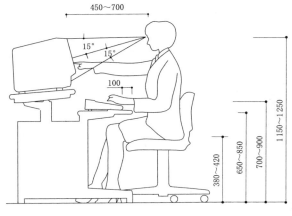

操作电脑

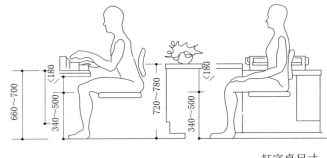

打字桌尺寸

办公室家具设计要点：
1. 设计要体现对工作者的关心和提高工作效率；
2. 既要满足办公需要，又要满足业务谈判需要。

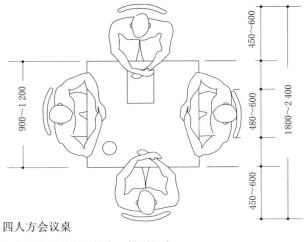

四人方会议桌

1. 会议桌尺寸变化较大，排列组合
   多种多样；
2. 每席位长度按520～900计算；
3. 会议桌高720～780。

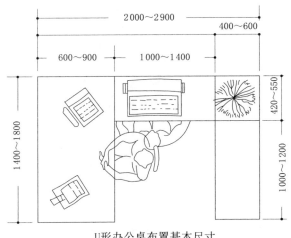

U形办公桌布置基本尺寸

2 800～3 600

1 400～1 800　　　　1 400～1 800

700～900

700～900

240～300

420～600

600～750

1 250～1 450

350

设有吊柜基本单元的办公尺寸

1 200～1 800　　　　1 200～1 800

600～900　　600～900　　600～900　　600～900

720～780

办公桌间距

下面是文件柜

650～750

1 350～1 500

搁板

绘图板

绘图桌

900　　可变化　　可变化　　300

绘图工作单元尺寸

2 700～3 000

700　　900～1 200　　900

10°

180

900

500～680

绘图桌间距

办公桌尺寸

	宽	深
二屉桌	900～1200	450～600
三屉桌	1100～1400	500～700
三件桌	1200～1800	600～850
经理桌	1400～2000	700～956

400～600

520～720

男性最大1 800

女性最大1 700

700～760

720～780

办公室主要尺寸（一）

600～1 200　　　　≥1 000　　400～600

520～720　　200～500

100～300

720～780

720～780

700～760

办公室主要尺寸（二）

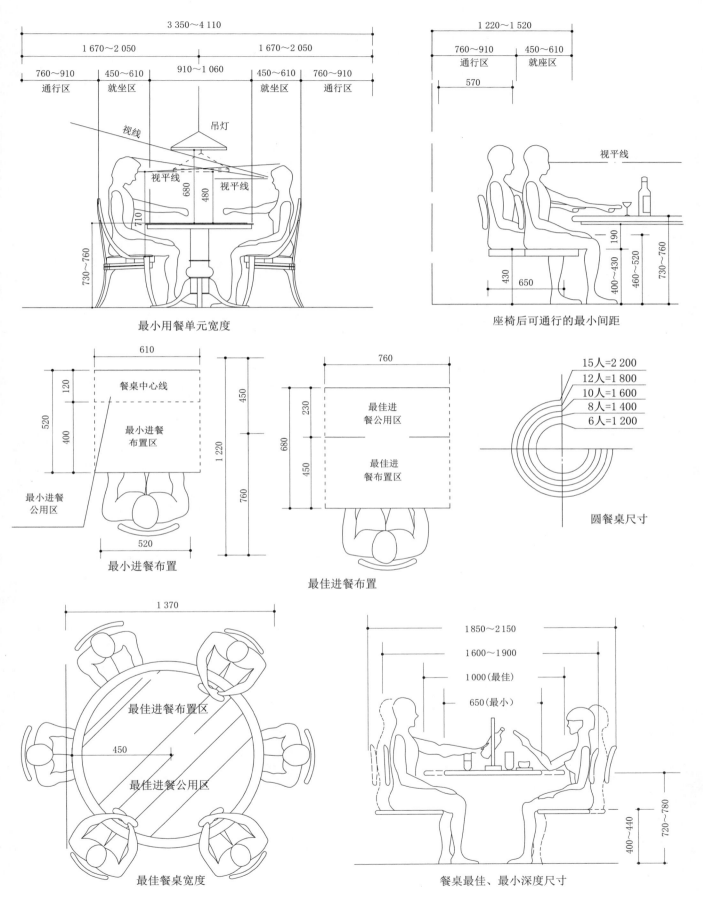

最小用餐单元宽度

座椅后可通行的最小间距

最小进餐布置

最佳进餐布置

圆餐桌尺寸

最佳餐桌宽度

餐桌最佳、最小深度尺寸

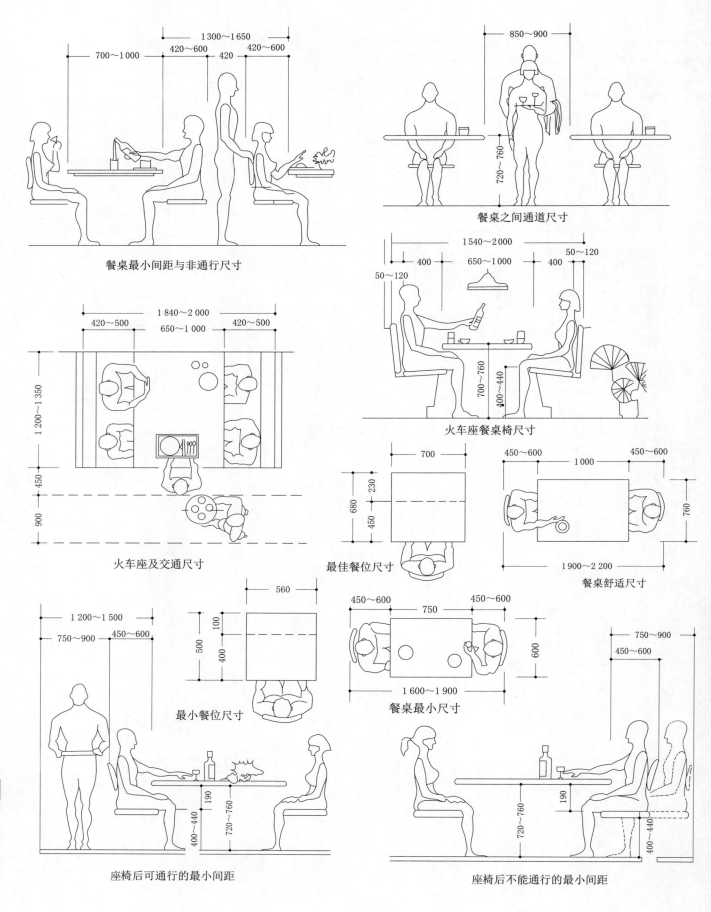

餐桌最小间距与非通行尺寸

餐桌之间通道尺寸

火车座餐桌椅尺寸

火车座及交通尺寸

最佳餐位尺寸

餐桌舒适尺寸

最小餐位尺寸

餐桌最小尺寸

座椅后可通行的最小间距

座椅后不能通行的最小间距

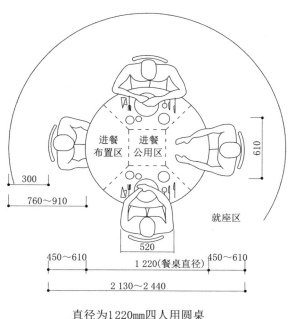

直径为1220mm四人用圆桌
（正式用餐的最小圆桌）

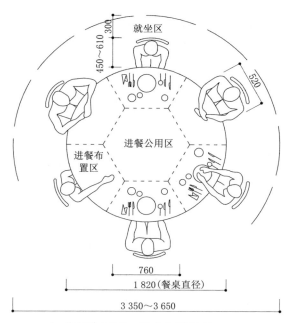

直径为1830mm的六人用圆桌
（正式用餐的最佳圆桌）

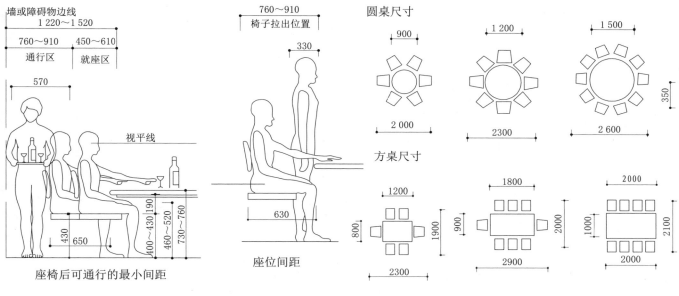

座椅后可通行的最小间距

座位间距

圆桌尺寸

方桌尺寸

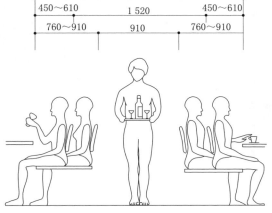

服务通道与椅子之间距离

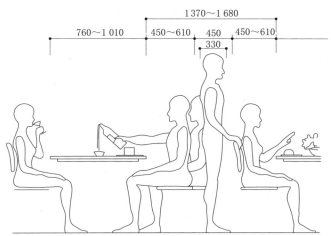

餐桌最小间距与非通行区

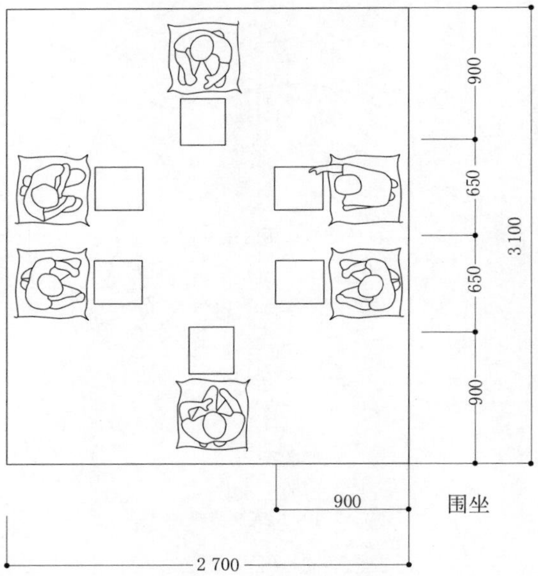

围坐

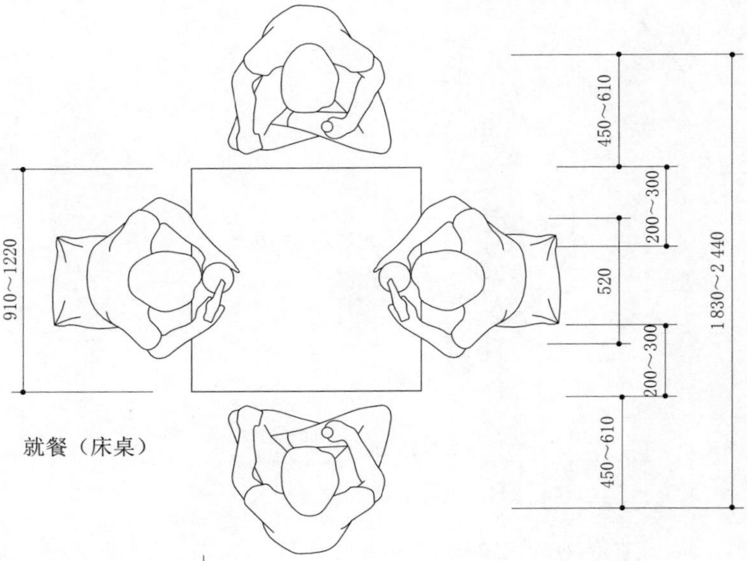

就餐（床桌）

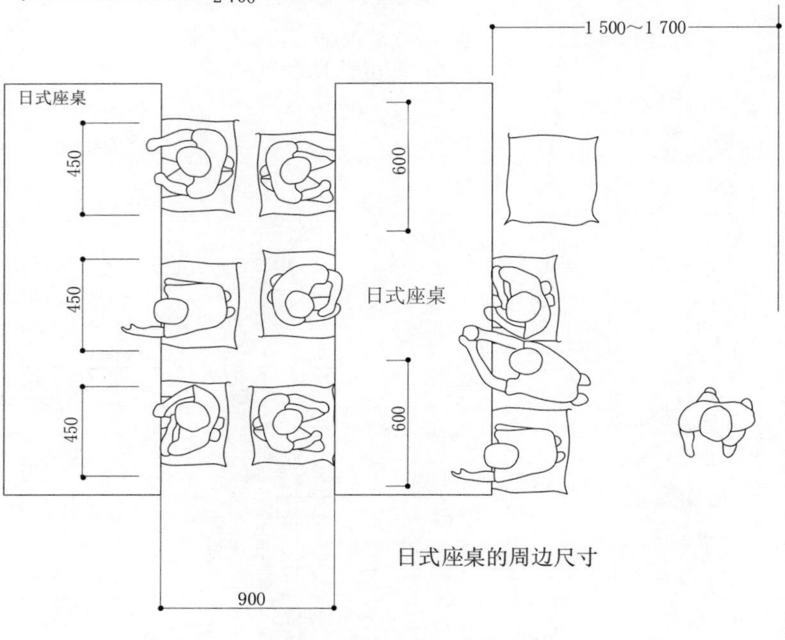

日式座桌

日式座桌

日式座桌的周边尺寸

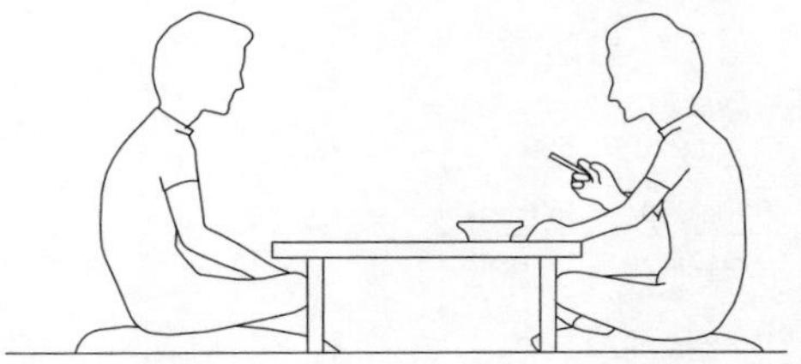

日式座席　　　2人面对面

就餐（床桌）　　就餐（带腿食盘）

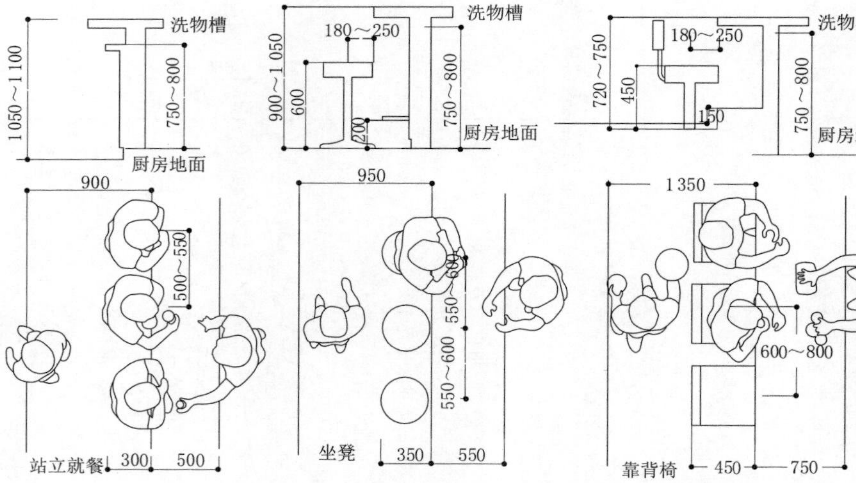

洗物槽　　洗物槽　　洗物槽

厨房地面　　厨房地面　　厨房地面

站立就餐　　柜台的主要尺寸　　坐凳　　靠背椅

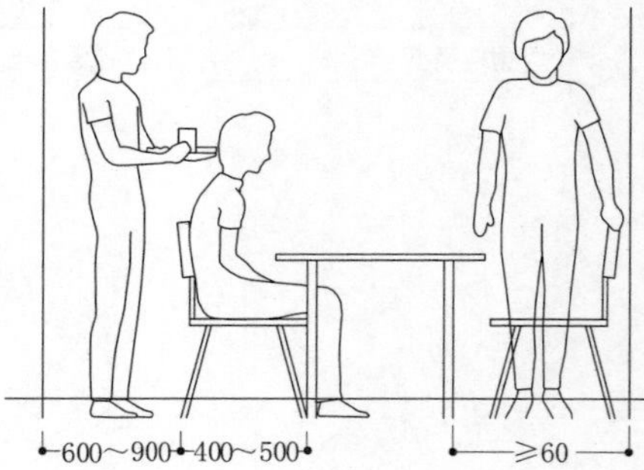

西餐厅

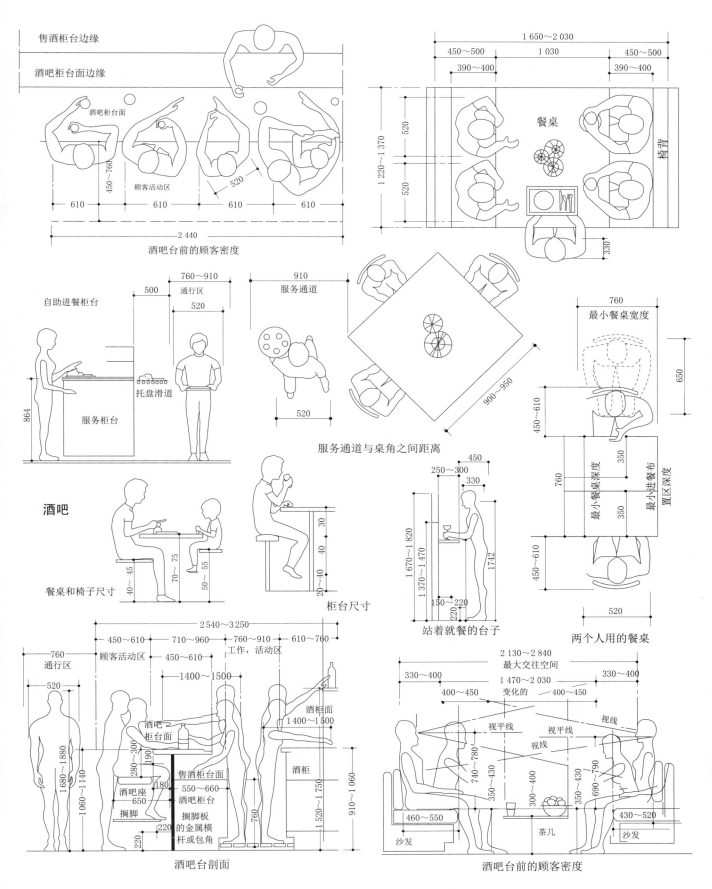

售酒柜台边缘

酒吧柜台面边缘

酒吧柜台面

450～760

顾客活动区

520

610 610 610 610

2 440

酒吧台前的顾客密度

1 650～2 030

450～500 1 030 450～500

390～400 390～400

520

餐桌

1 220～1 370

520

椅背

330

自助进餐柜台

500 760～910

通行区

520

托盘滑道

864

服务柜台

910

服务通道

520

900～950

服务通道与桌角之间距离

760

最小餐桌宽度

650

450～610

760

最小餐桌深度

350

450

250～300

330

1 670～1 820

1 370～1 470

1742

150～220

220

站着就餐的台子

最小进餐布置区深度

350

450～610

520

两个人用的餐桌

酒吧

70～75

40～45

50～55

20～40

40

30

餐桌和椅子尺寸

柜台尺寸

2 540～3 250

450～610 710～960 760～910 610～760

760 顾客活动区 450～610

通行区 工作,活动区

520 1 400～1 500

1 680～1 880

1 060～1 140

280～300 酒吧

190 柜台面

180

酒吧座 550～660

650 酒吧柜台

搁脚 售酒柜台面

220 搁脚板的金属横杆或包角

酒柜面 1 400～1 500

酒柜

760

1 520～1 750

910～1 060

酒吧台剖面

2 130～2 840

最大交往空间

330～400 1 470～2 030 330～400

400～450 变化的 400～450

740～780 视平线 视平线 视线

视线

350～430 300～400 350～430

460～550 茶几 430～520

沙发 沙发

酒吧台前的顾客密度

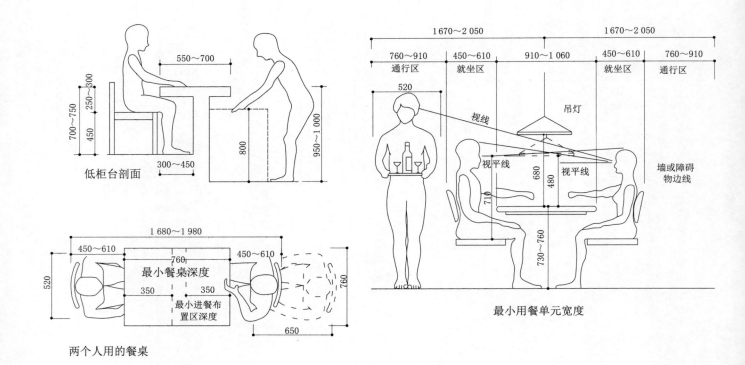

低柜台剖面

两个人用的餐桌

最小用餐单元宽度

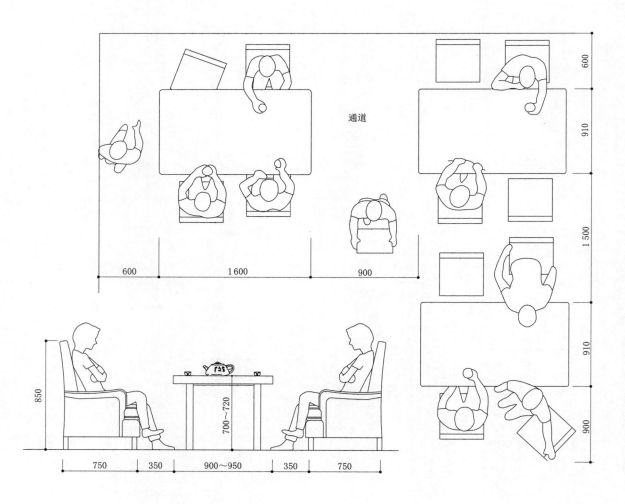

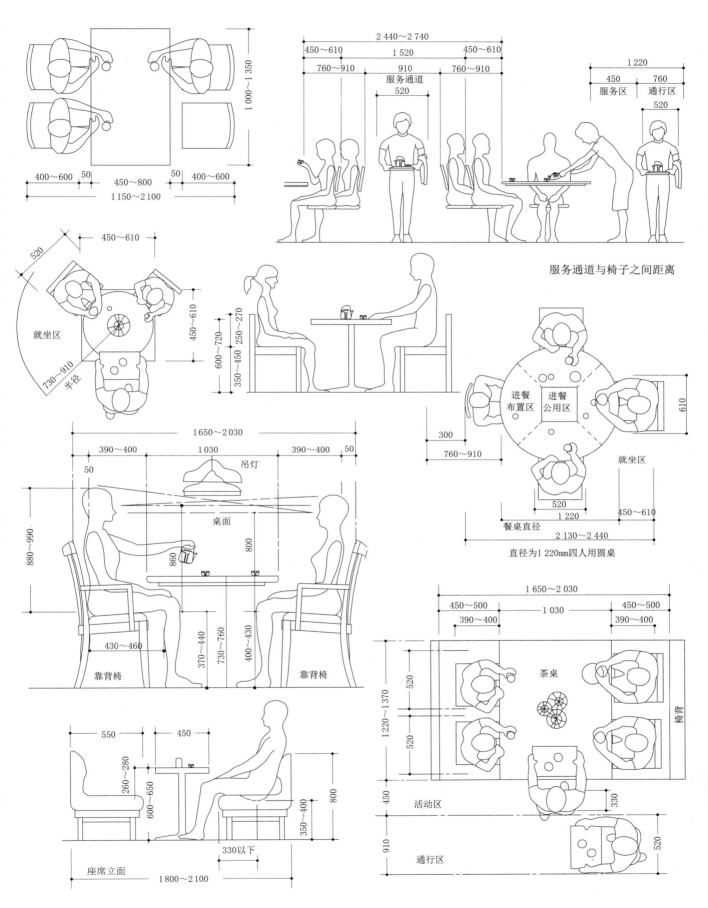

服务通道与椅子之间距离

直径为1 220mm四人用圆桌

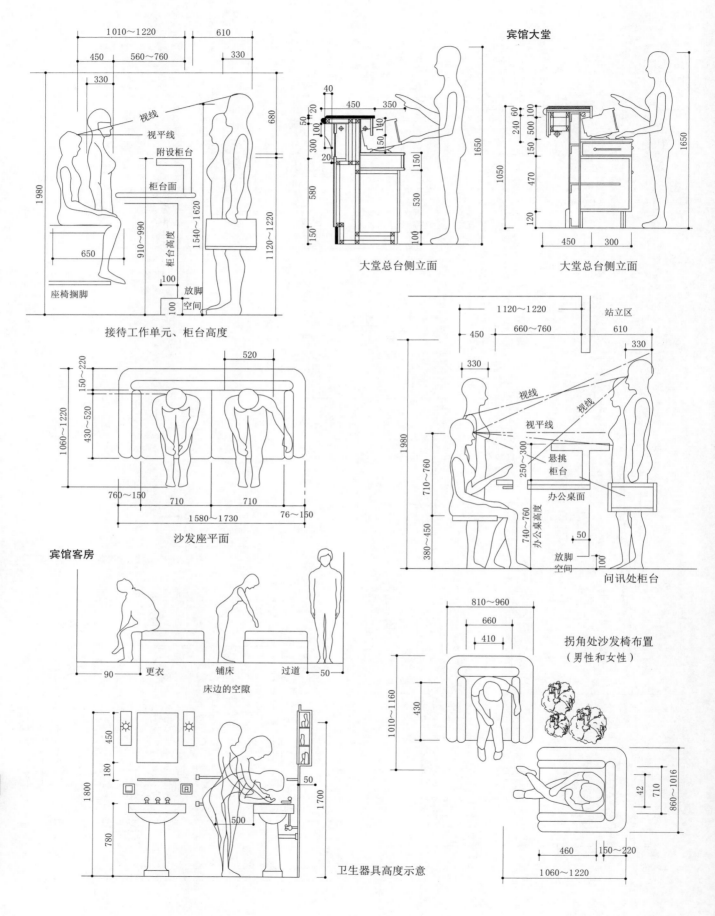

接待工作单元、柜台高度

大堂总台侧立面

大堂总台侧立面

宾馆大堂

沙发座平面

宾馆客房

床边的空隙

卫生器具高度示意

问讯处柜台

拐角处沙发椅布置
（男性和女性）

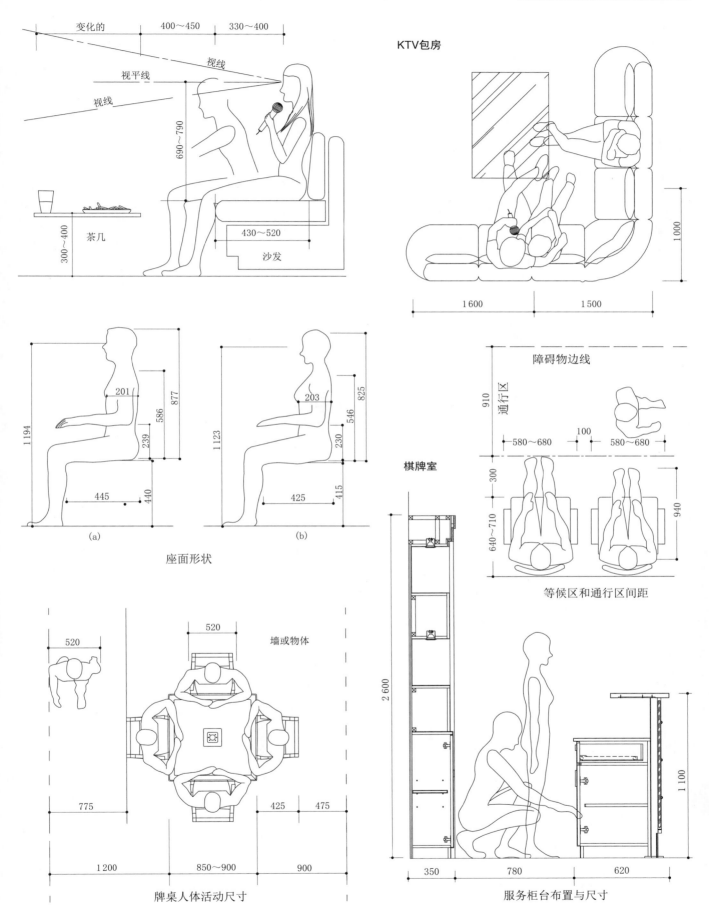

变化的　400~450　330~400

视线
视平线
视线

690~790

430~520

300~400

茶几

沙发

KTV包房

1000

1600　1500

201
877
586
239
1194
445　440

(a)

203
825
546
230
1123
425　415

(b)

座面形状

障碍物边线

通行区
910

580~680　100　580~680

300

640~710　940

棋牌室

等候区和通行区间距

520

520

墙或物体

775

425　475

1200　850~900　900

牌桌人体活动尺寸

2600

1100

350　780　620

服务柜台布置与尺寸

美发厅

美容院

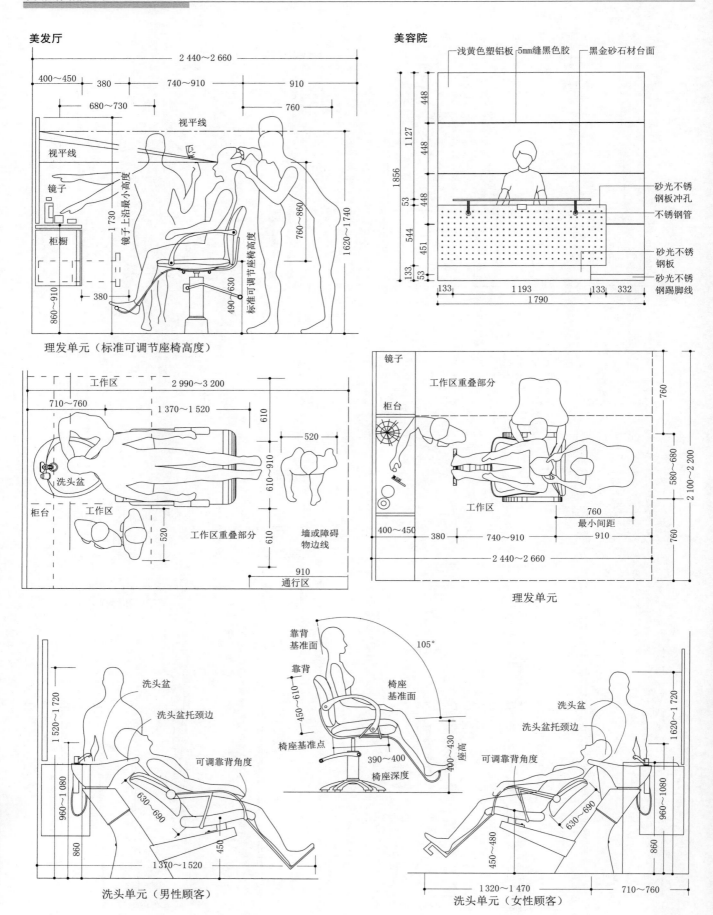

理发单元（标准可调节座椅高度）

理发单元

洗头单元（男性顾客）

洗头单元（女性顾客）

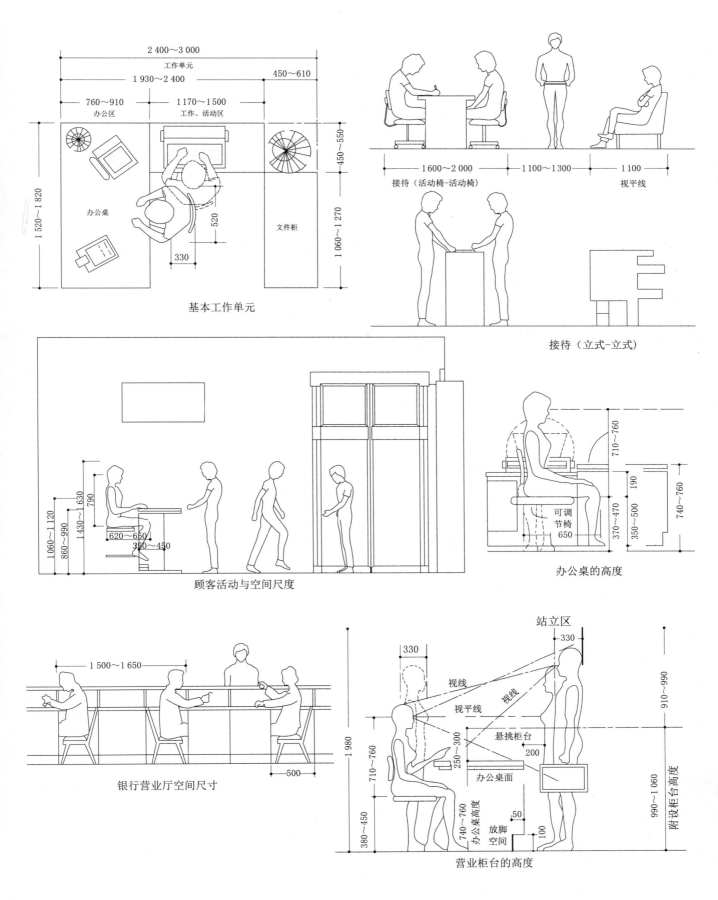

基本工作单元

接待（活动椅-活动椅）　视平线

接待（立式-立式）

顾客活动与空间尺度

办公桌的高度

银行营业厅空间尺寸

营业柜台的高度

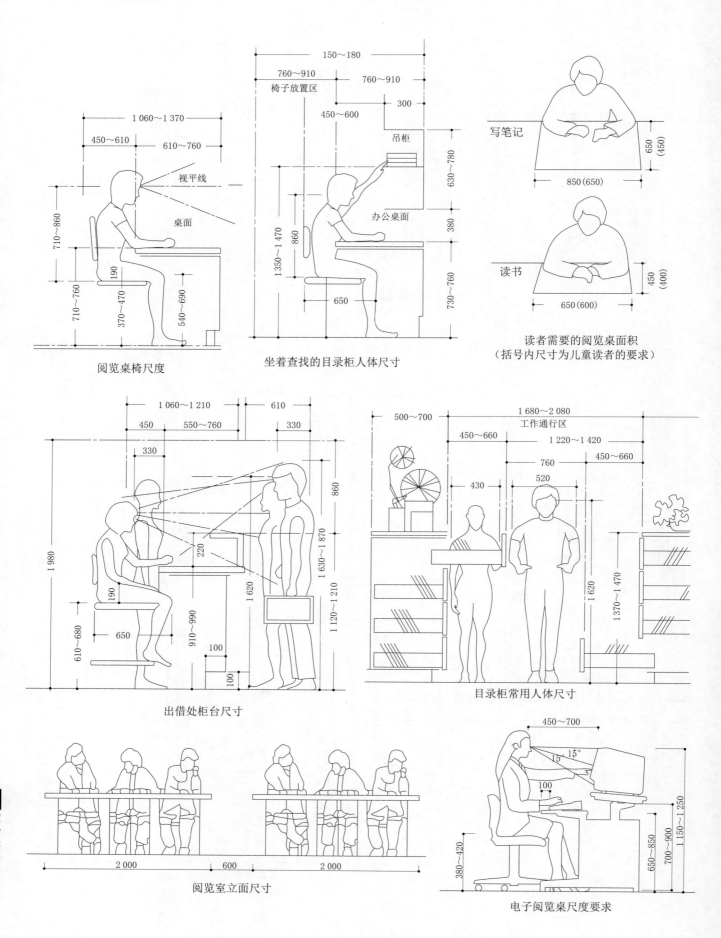

阅览桌椅尺度

坐着查找的目录柜人体尺寸

写笔记

读书

读者需要的阅览桌面积
（括号内尺寸为儿童读者的要求）

出借处柜台尺寸

目录柜常用人体尺寸

阅览室立面尺寸

电子阅览桌尺度要求

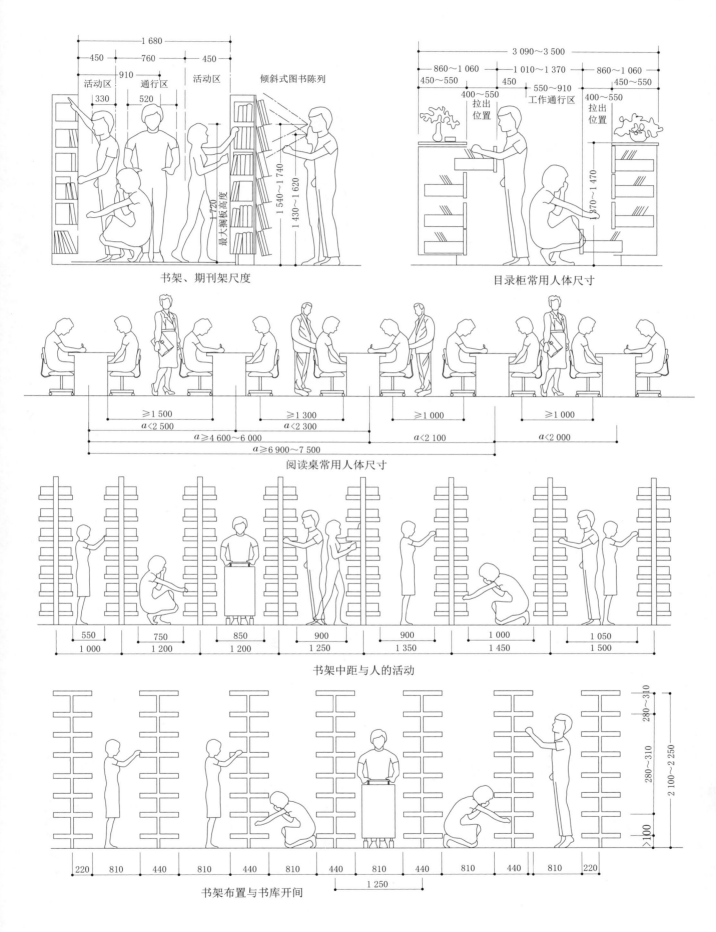

书架、期刊架尺度

目录柜常用人体尺寸

阅读桌常用人体尺寸

书架中距与人的活动

书架布置与书库开间

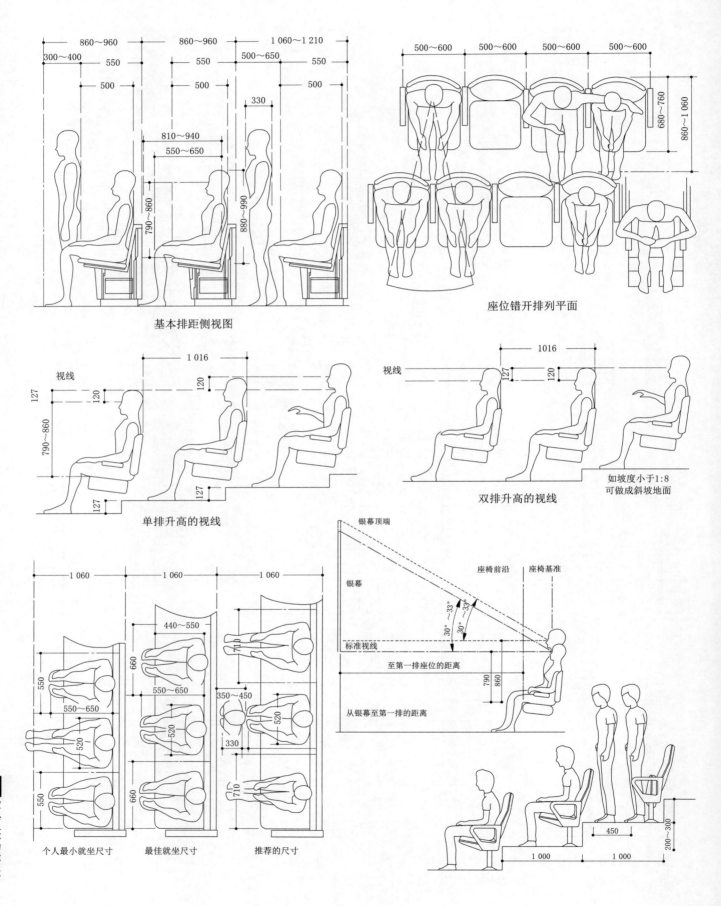

基本排距侧视图

座位错开排列平面

单排升高的视线

双排升高的视线

如坡度小于1:8可做成斜坡地面

个人最小就坐尺寸　　最佳就坐尺寸　　推荐的尺寸

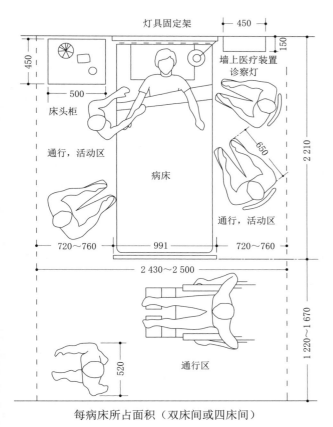

每病床所占面积（双床间或四床间）

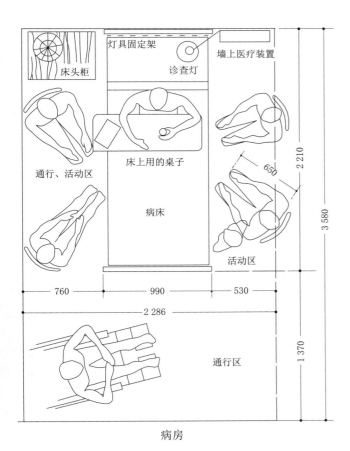

病房

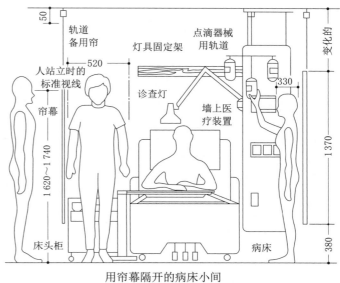

用帘幕隔开的病床小间

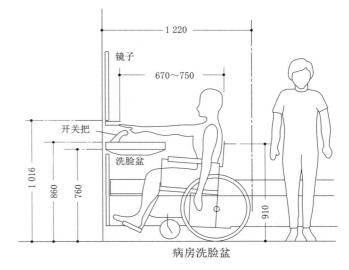

病房洗脸盆

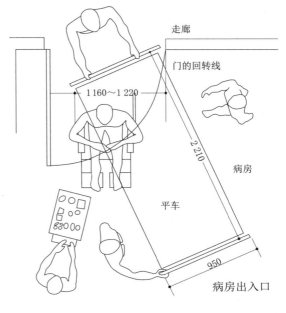

牙科诊所

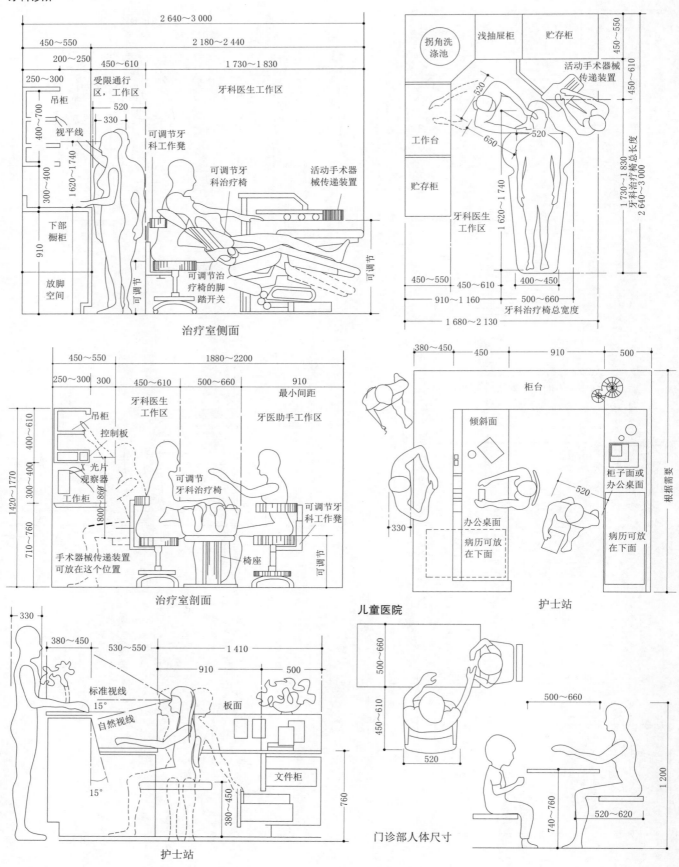

治疗室侧面

治疗室剖面

护士站

护士站

儿童医院

门诊部人体尺寸

儿童房

青少年房

幼儿园

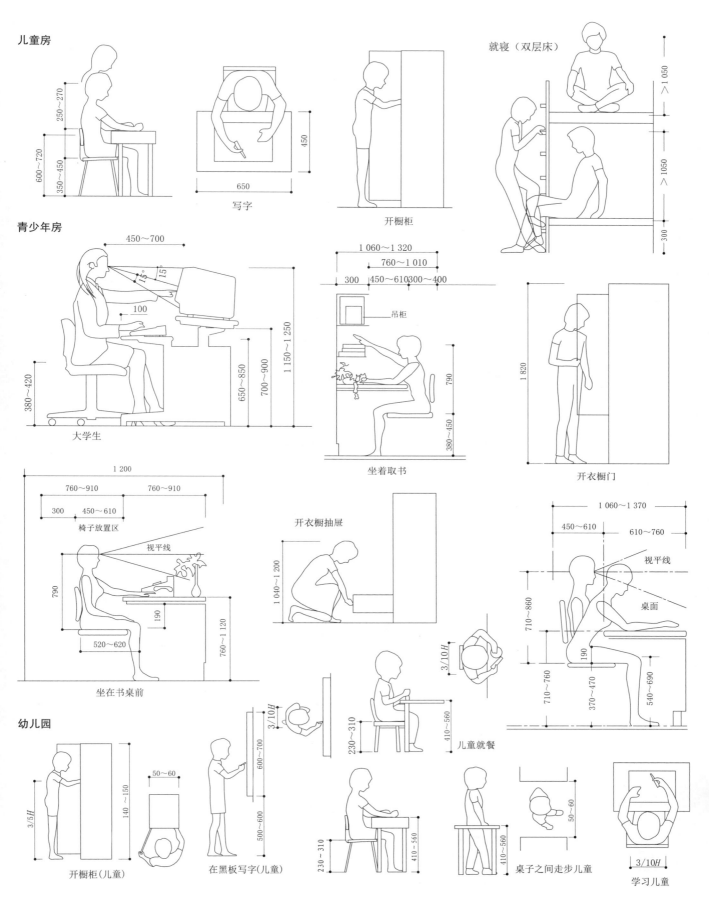

就寝（双层床）

写字

开橱柜

大学生

吊柜

坐着取书

开衣橱门

椅子放置区

视平线

开衣橱抽屉

视平线

桌面

坐在书桌前

儿童就餐

开橱柜(儿童)

在黑板写字(儿童)

桌子之间走步儿童

学习儿童

珠宝商店

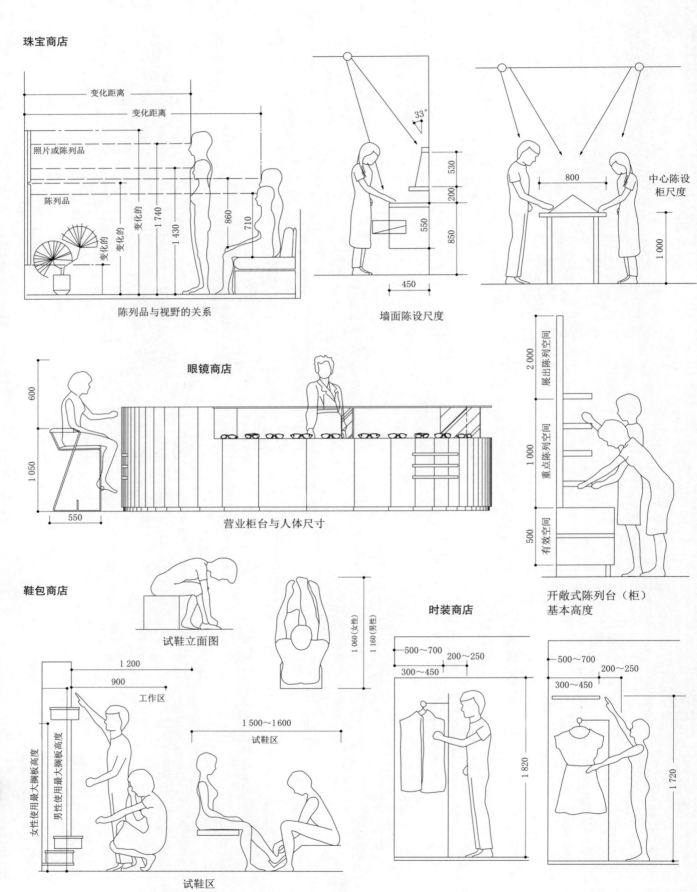

陈列品与视野的关系

墙面陈设尺度

中心陈设柜尺度

眼镜商店

营业柜台与人体尺寸

开敞式陈列台（柜）基本高度

鞋包商店

试鞋立面图

工作区

试鞋区

试鞋区

时装商店